同位体岩石学
Isotope Petrology

加々美寛雄
周藤賢治
永尾隆志 /著

共立出版

はじめに

　1800年代末から1900年代の初頭にかけて放射線を発する元素が存在することが発見された．それから約30年後，FennerとPiggot（1929）は，質量数238のウランが放射線を放出し質量数206の鉛に壊変することを使いノルウェー産の閃ウラン鉱の年代測定を行った．これが同位体を使い年代を算出した最初の研究であった．その約25年後にPatterson（1956）は鉛同位体を使い地球の正確な年齢を明らかにした．1960年代に入るとルビジウムとストロンチウムの同位体を使い岩石，鉱物の年代測定が行われるようになり，同時に鉛，ストロンチウムの同位体比から火成岩の成因が論じられるようになった．鉛同位体を使った花崗岩の成因に関する研究は牛来（1960）によって始められ，ストロンチウム同位体を用いた研究はGast（1960），Hurleyほか（1962），牛来（1963）などによって始められた．その後サマリウム，ネオジムを使った年代測定法が1960年代末までに確立され，その重要性が広く認められると，超苦鉄質岩を含むさまざまな岩石についての同位体データが急速に増えていった．これはルビジウム–ストロンチウム系が花崗岩など珪長質な岩石に適するのに対して，サマリウム–ネオジム系は超苦鉄質〜苦鉄質岩にも適用しやすいことによる．この系が導入されて以降，火成岩の主要な起源物質であるマントルあるいは下部地殻のネオジム同位体に関する情報が飛躍的に増加し，それに伴いそれらのストロンチウムの同位体的特徴も明らかにされるようになった．これらの情報を参考にネオジム，ストロンチウムの両同位体を併用し，火成岩の成因を明らかにする研究が精力的に行われるようになった．一方，これらより長い研究歴をもつウラン，鉛同位体を使った年代測定や火成岩の成因を明らかにする方法は，岩石・鉱物から鉛を抽出する際に，空気中あるいは使用する薬品中の鉛に汚染されないように完備したクリーンルームと実験器具が必要という事情もあり，日本の大学，研究所で広く行われるまでには至らなかった．しかし，世界各地からさまざまな岩石，鉱物についてこれらの元素の同位体測定が

活発に行われ，年代測定に，あるいはまたそれらの履歴を解明するうえで貢献していた．

放射線を放出し生成される同位体はさまざまな岩石・鉱物の履歴を明らかにする研究において必須な道具として用いられるようになり，最近ではストロンチウム，ネオジム，鉛のみならずハフニウムやオスミウムなども用いられるようになってきた．さらに水素，酸素，イオウなどの安定同位体を用いた研究も活発に行われている．これらの同位体を用いた研究は国内外の研究誌に多数掲載されるようになっている．

新第三紀以前の岩石の年代測定法として使われている系の多くは用いる元素が違っても基本は同じである．第1章では年代測定に関する基本的な用語の解説をする．第2章では，年代測定法として長い歴史をもつルビジウム-ストロンチウム系について，第3章では今から40年ほど前に確立されたサマリウム-ネオジム系について述べる．これらの章では年代測定を行ううえで基本となる式を紹介し，それを用いたいくつかの実例をあげ年代と同位体データから読み取れることについて解説する．また，これらの章では火成岩の成因の解明に用いられる同位体比の算出法についても述べる．以上の2つの系以外にも年代測定法として一般的に用いられているウラン（およびトリウム）-鉛系，カリウム-アルゴン系，化学年代法の1つであるCHIME法，およびフィッション・トラック法についても付録Iの項でふれる．第2章，第3章の年代測定法を用いて得られた実例は真の年代として理解されるものをあげた．しかし，これらの年代測定法を用いて得られた年代値の中には，偽りの年代値を示すものもある．第4章ではこの偽りの年代が生じる原因について実例をあげ紹介する．また，ある1つの火成岩体について異なる年代測定法を用いると，あるいは同じ年代測定法でも異なる鉱物を用いると，幅広いさまざまな年代値が得られることが普通に起こる．第5章ではその理由についてふれる．なお，この章のDodson（1973，1979）の閉鎖温度に関する式，および付録I.2（2）のプラトー年代の中の式に使われる用語は兼岡（1998）を参考にした．

第2章から第5章までは年代測定に関した内容であるのに対して，第6章は火成岩の成因を論じるうえで重要な起源物質のマントルのストロンチウム，ネオジムの同位体的特徴を中心に鉛同位体も加えふれる．第7章は9項目からな

るが，この章では日本列島に産出するさまざまな岩石のもつストロンチウムとネオジム同位体比について紹介する．この章の最初の項は，第2章，第3章で得られた同位体比が岩石の履歴解析に有効であることについて述べる．次の項では3から9番目の各項目の記述の焦点についてふれる．3番目の項では日本列島に産するマントル源捕獲岩について，4番目の項では下部地殻源捕獲岩について世界各地，主にユーラシア大陸中部〜東部に産する捕獲岩とあわせ紹介する．5番目の項では白亜紀以降の火成岩の母岩となっていることの多い中・古生層を，本州弧を中心に紹介する．6番目の項は海洋性リソスフェアの断片と考えられるオフィオライトについて，7番目の項は日本列島に広く分布している白亜紀〜古第三紀火成岩について琉球弧，本州弧，千島弧に分け記述する．8番目の項は東北日本弧・千島弧の新第三紀〜第四紀火山岩について，最後の9番目の項は西南日本弧の新第三紀〜第四紀火山岩について紹介する．

付録Ⅰでは，先にあげた年代測定法についてふれるが，付録Ⅱでは2つの物質が混合した場合（たとえばマグマ混合，あるいはマグマへの地殻物質の混入など），新たに生じる物質の示すストロンチウム，ネオジム同位体比の計算法についてふれる．

　本書は多数の方々のご協力を得て完成したものである．なお，下記の氏名はアルファベット順に，所属は日本地質学会名簿（2007）を参考にした．
　本書の内容の一部について濱本拓志（ダイアコンサルタント㈱），川野良信（佐賀大学文化教育学部），前田仁一郎（北海道大学大学院理学研究科），大平寛人（島根大学総合理工学部），大和田正明（山口大学大学院理工学研究科），佐野　栄（愛媛大学教育学部），土谷信高（岩手大学教育学部），柚原雅樹（福岡大学理学部）の各氏からご意見を頂いた．ジルコンについての情報は木股三善氏（筑波大学大学院生命環境科学研究科）にお世話になった．
　また，引用した論文の情報については土谷，柚原両氏のほか，平原由香（海洋研究開発機構地球内部変動研究センター），小出良幸（札幌学院大学人文学部），宮崎　隆（海洋研究開発機構地球内部変動研究センター），森清寿郎（信州大学理学部），志村俊昭（新潟大学理学部），白石和行（国立極地研究所），高澤栄一（新潟大学理学部），山元正継（秋田大学工学資源学部），芳川雅子

（京都大学大学院理学研究科付属地球熱学研究施設）の各氏にお世話になった．筆頭著者の加々美が文献を調べるにあたり，川崎容子氏（新潟大学理学部）と信州大学理学部の図書室の職員の方々にお世話になった．古い論文の詳しい情報については川野良信氏に調べて頂き，さらに論文の入手もお願いした．濱本，土谷，柚原の各氏には公表論文の原図を快くご提供頂いた．

　第4章の偽りのアイソクロンの実例は新たな図を加え MAGMA87 号から転載しているが，共著者の川野，大和田，志村，白石，柚原および今岡照喜（山口大学大学院理工学研究科），石岡　純（シービーエス㈱），加々島慎一（山形大学理学部），小山内康人（九州大学大学院比較社会文化研究院）の各氏には快くお認め頂いた．

　図の作成には川野氏をはじめ，角縁　進（佐賀大学文化教育学部），山口大学大学院理工学研究科院生の佐藤　彰，堀川義之，丸本和徳および佐藤　誠氏（新潟大学大学院自然科学研究科，現在，日さく㈱）の各氏にお世話になった．以上の方々に厚くお礼を申し上げる．

2008 年 6 月

　　　　　　　　　　　　　　　　　　　　　　　　　　　　加々美寛雄
　　　　　　　　　　　　　　　　　　　　　　　　　　　　周藤　賢治
　　　　　　　　　　　　　　　　　　　　　　　　　　　　永尾　隆志

もくじ

第1章 古い岩石の年代測定に用いられる時計の種類　1
　1.1　相対年代と絶対年代　1
　1.2　同位体　2
　1.3　同位体を利用した時計の種類　5
　1.4　壊変定数の決定　6
　　1.4.A　年代値が既知の試料を利用した決定法　6
　　1.4.B　放射線の計数による決定法　8
　　1.4.C　^{87}Rb の壊変定数　8
　1.5　半減期　9

第2章 Rb-Sr 系による年代測定　13
　2.1　Rb-Sr 系の歴史　13
　2.2　Rb, Sr の挙動　14
　2.3　Rb, Sr の同位体存在度と原子量　17
　2.4　Rb-Sr アイソクロン法による年代測定　20
　　2.4.A　アイソクロンの定義　20
　　2.4.B　Rb-Sr アイソクロン図の読み方　24
　2.5　Rb-Sr 全岩アイソクロン年代の実例　27
　　2.5.A　火成岩　27
　　2.5.B　堆積岩　34
　　2.5.C　変成岩　37
　2.6　Sr モデル年代　40
　　2.6.A　CHUR と DM の Sr 同位体進化線　40
　　2.6.B　CHUR と DM の Sr モデル年代　43
　　2.6.C　海水による Sr モデル年代　45
　2.7　Rb-Sr 系による年代測定の長所と短所　49

第3章 Sm-Nd 系による年代測定　51
　3.1　Sm-Nd 系の確立　51

- 3.2 Sm, Nd の挙動　*52*
- 3.3 Sm, Nd の同位体存在度と原子量　*54*
- 3.4 Sm-Nd アイソクロン法による年代測定　*57*
- 3.5 Sm-Nd アイソクロン年代の実例　*59*
  - 3.5.A インド半島の東ガード帯のグラニュライト　*60*
  - 3.5.B 領家帯の苦鉄質岩　*62*
  - 3.5.C 東グリーンランドの眼球片麻岩の副成分鉱物　*65*
  - 3.5.D 中部九州の肥後変成岩のざくろ石　*68*
  - 3.5.E フィンランドの変成作用を受けたコマチアイト　*71*
- 3.6 Nd モデル年代　*73*
  - 3.6.A Nd モデル年代の算出方法　*73*
  - 3.6.B Nd モデル年代の実例　*78*
  - 3.6.C Nd モデル年代の重要性　*86*
- 3.7 Sm-Nd 系による年代測定の長所と短所　*90*
- 3.8 イプシロン表示　*93*
  - 3.8.A イプシロン Nd（εNd）値　*93*
  - 3.8.B イプシロン Sr（εSr）値　*94*

第4章 偽りのアイソクロン　*97*

- 4.1 偽りのアイソクロンについて　*97*
- 4.2 アイソクロン図における混合線　*97*
  - 4.2.A 混合線　*97*
  - 4.2.B Sr 同位体比，1/Sr 比による偽りのアイソクロンの検証　*99*
- 4.3 混合線の生じる原因　*101*
  - 4.3.A 異なる起源物質から由来したマグマの混合　*101*
  - 4.3.B マグマ中への母岩の不完全な混入　*103*
  - 4.3.C マグマとほかのマグマに起源をもつ熱水との混合　*105*
  - 4.3.D 単一の起源物質から生じたマグマの不均一混合　*108*

第5章 年代値の不一致と閉鎖温度　*111*

- 5.1 年代値の違いが生じる原因　*111*
- 5.2 閉鎖温度　*113*
  - 5.2.A 鉱物の閉鎖温度　*116*
  - 5.2.B 火成岩体の全岩アイソクロンの閉鎖温度　*118*

5.2.C　Sm-Nd, Rb-Sr 全岩アイソクロン年代と U-Pb ジルコン年代　*119*
　5.3　閉鎖温度による火成岩体の冷却史の実例　*121*

第6章　マントルの Sr, Nd, Pb 同位体組成　*125*
　6.1　CHUR と Nd 同位体進化線　*125*
　6.2　Nd, Sr 同位体比に基づくマントル列　*125*
　6.3　5種のマントル端成分　*129*
　6.4　マントル端成分の成因　*131*

第7章　日本列島を構成する物質の Sr, Nd 同位体比　*135*
　7.1　同位体による岩石の履歴を解析　*135*
　7.2　日本列島に分布する岩石と記述の焦点　*138*
　7.3　マントル物質　*143*
　　7.3.A　マントル物質の産出地　*143*
　　7.3.B　マントル起源の捕獲岩　*143*
　　7.3.C　地表に露出したマントル起源の岩体　*146*
　7.4　下部地殻物質　*148*
　　7.4.A　下部地殻物質の産出地　*148*
　　7.4.B　下部地殻物質のイプシロン領域　*149*
　　7.4.C　マントル物質と下部地殻物質の関係　*152*
　7.5　原生累代～中生代堆積岩　*153*
　　7.5.A　堆積岩のイプシロン Sr 値と Nd 値の広がり　*154*
　　7.5.B　本州弧の各地質区のイプシロン値の領域　*155*
　　7.5.C　火成岩の形成過程に混入した本州弧堆積岩の取り扱い　*156*
　　7.5.D　本州弧堆積岩の化学的特徴　*157*
　　7.5.E　日高変成帯のイプシロン領域　*159*
　7.6　海洋性リソスフェアを構成する岩石　*159*
　　7.6.A　秋吉帯・丹波帯　*159*
　　7.6.B　舞鶴帯夜久野オフィオライト　*162*
　7.7　白亜紀～古第三紀火成岩　*163*
　　7.7.A　火成活動の変遷　*163*
　　7.7.B　火成岩類の起源物質　*170*
　7.8　東北日本弧，千島弧（北部北海道）の新第三紀～第四紀火山岩　*190*
　　7.8.A　東北日本弧の第三紀火山活動　*190*

7.8.B　東北日本弧の第三紀玄武岩および珪長質火山岩のSr, Nd同位体比　*191*
　7.8.C　北部北海道の第三紀玄武岩のSr, Nd同位体比　*202*
　7.8.D　東北日本弧における第四紀火山岩のSr, Nd同位体比　*205*
 7.9　西南日本弧，琉球弧の新第三紀〜第四紀火山岩　*210*
　7.9.A　西南日本の新生代玄武岩とSr, Nd同位体比　*212*
　7.9.B　瀬戸内火山岩類のSr, Nd同位体　*219*
　7.9.C　外帯酸性類のSr, Nd同位体　*224*
　7.9.D　九州の第三紀の火山岩のSr, Nd同位体　*225*
　7.9.E　フィリピン海プレートの沈み込みに伴う第四紀火山岩のSr, Nd同位体比　*230*
　7.9.F　フィリピン海プレートの沈み込みと直接的な関係をもたない第四紀火山　*236*

付録 I　*239*
 1　K-Ar系　*239*
 2　Ar-Ar系　*241*
　（1）プラトー年代　*241*
　（2）プラトー年代とアイソクロンの関係　*244*
 3　Th-Pb系，U-Pb系；コンコルディア法　*244*
　（1）Th, U, Pbの化学的特徴　*244*
　（2）コンコルディア法　*247*
　（3）Tera-Wasserburgコンコルディア法　*251*
 4　CHIME法　*254*
 5　フィッション・トラック法　*255*

付録 II　*257*
 2つの物質の混合による同位体組成変化　*257*

引用文献　*263*

索　引　*283*

第1章　古い岩石の年代測定に用いられる時計の種類

1.1　相対年代と絶対年代

　地質にかかわる研究者は，ある地域の岩石の形成過程を明らかにするために，地質調査を行い，その情報をまとめ地質図や地質断面図を作成する．図1.1は地質断面図の一例である．この図から，三葉虫を含む堆積岩の形成→褶曲作用→花崗岩質マグマの貫入→陸上に隆起し，侵食による不整合面の形成→海水面下に再び沈降し，アンモナイトを含む堆積岩の形成→地表に隆起し，侵食作用→玄武岩質マグマの貫入→安山岩質マグマの火山活動という順序の地質過程と岩石の形成過程を読み取ることができる．このように各岩石が形成された順序を**相対年代**（relative age）という．堆積岩に含まれる化石などにより，三葉虫を含む堆積岩が形成された時代は古生代，アンモナイトを含む堆積岩が形成された時代は中生代と推定されるが，花崗岩質マグマが貫入したのは古生代から中生代にかけてのある時代としかわからない．また，玄武岩質マグ

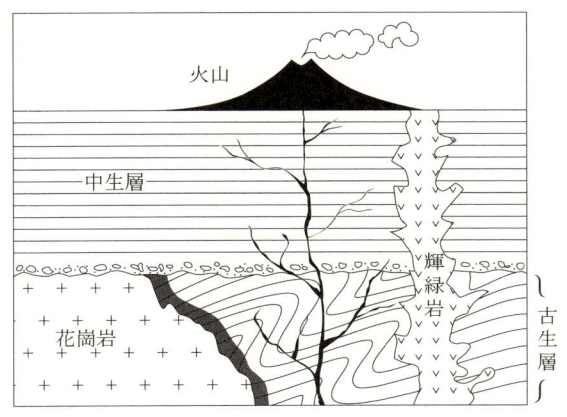

図1.1　地質断面図
花崗岩体周辺の古生層中の灰色の部分は接触変成作用を受けたことを示す．また古生層の不整合面上は基底礫岩を示す．

マの貫入と安山岩質マグマの噴出とが一連の火成活動で起こったかどうかもはっきりしない.

これらの不明な点は，一連の地質現象が起きた時代（**地質時代**；geological age）に数値を与えることによって容易に解明される．たとえば，三葉虫を含む堆積岩の形成には古生代オルドビス紀中頃の 450 Ma，花崗岩の形成には中生代ジュラ紀初期の 200 Ma の数値を与えれば，2 種の岩石が形成された時間に 2 億 5 千万年の隔たりがあることがわかる．また，輝緑岩の貫入が古第三紀の始新世の 38 Ma で，安山岩の噴出が第四紀更新世の 1 Ma であるとすると，両岩石は全く異なる時代のマグマの活動によって形成されたものであることが明確になる．

各岩石に与えられた年代を表す数値については，**絶対年代**（absolute age），**数値年代**（numerical age），**放射年代**（radiometric age），**同位体年代**（isotope age）などの用語が用いられている．同位体を用いた年代測定法と年代値を扱う時は同位体年代を用いることにする．年代の数値の単位として用いられる **Ma** は Mega-annum（10^6 年）の略語である．そのほか，先カンブリア時代の岩石には 10 億年を示す単位として **Ga** が頻繁に用いられるが，これは Giga-annum（10^9 年）の略語である．第四紀については 1,000 年単位を示す **Ka**（Kilo-annum の略語）が使用される．

本書では，白亜紀，新生代などの地質時代名をしばしば使用するので，これに同位体年代を加味した**地質年代表**（geological time table）を表 1.1 に示した．この表の顕生累代の各時代を区切る年代値は Harland ほか（1989），Cambridge University Press（1990）を編集した地学事典（1996）にしたがった．先カンブリア時代（原生累代，始生累代，冥王累代）の時代区分と年代値については Condie・Sloan（1997）と Ernst（2000）にしたがった．また，地球の年齢の 45.4 億年については本書（§2.4.A）にしたがった．第 2 章では Rb-Sr 系，第 3 章では Sm-Nd 系を説明するが，第 1 章では基礎となる用語について記述する．

1.2 同位体

岩石に含まれる**原子**（atom）の中には，時間とともに，温度・圧力に関係

表1.1　標準地質年代表

累代	代	紀		世	100万年 (Ma)
顕生累代 (570)	新生代 (65.0)	第四紀 (1.64)		完新世 (0.01)	0.01
				更新世 (1.63)	1.64
		第三紀 (63.36)	新第三紀 (21.66)	鮮新世 (3.56)	5.20
				中新世 (18.1)	23.3
			古第三紀 (41.70)	漸新世 (12.1)	35.4
				始新世 (14.6)	50.0
				暁新世 (15.0)	65.0
	中生代 (180)	白亜紀 (81)			146
		ジュラ紀 (62)			208
		三畳紀 (37)			245
	古生代 (325)	ペルム紀 (45)			290
		石炭紀 (73)			363
		デボン紀 (46)			409
		シルル紀 (30)			439
		オルドビス紀 (71)			510
		カンブリア紀 (60)			570
原生累代 (1930)	(後期) (330)				900
	(中期) (700)				1600
	(早期) (900)				2500
始生累代 (1400)	(後期) (500)				3000
	(中期) (500)				3500
	(早期) (400)				3900
冥王累代 (640)					4540

( ) 内の数値は各年代の期間を100万年単位で示す.

なく規則的にほかの元素の原子に変化するものがある．変化してできた原子数を数えることによって，岩石の年齢を測定することが可能である．しかし，元の元素の原子数が多ければ，同一時間内で変化してできる原子数は当然多くなり，またその逆のこともいえる．したがって，変化してできた原子数から岩石の年齢を測定するためには，元の元素の原子数もわからなければならない．

　原子は，**陽子**（proton）と**中性子**（neutron）から構成される**原子核**（atomic nucleus）と，それを取りまく**電子**（electron）から構成されている．陽子数はその元素の原子番号を示しているが，陽子数が同一で，中性子数が異なる原子を互いに**同位体**（isotope）であるという．同位体は質量は異なるが，化学的性質はほぼ同じである．同位体は，原子核が安定であるかどうかによって**安定同位体**（stable isotope）と**放射性同位体**（radioactive isotope）に分けられる．安定同位体の原子核は**放射線**（radiation）を放出せず，原子核は変化しな

い.一方,放射性同位体の原子核は不安定で,原子核から α 線（α-rays）, β 線（β-rays）, γ 線（γ-rays）などの放射線を出しながら,より安定な原子核へと変化する.この現象を**放射壊変**（radioactive decay）という.放射壊変により生成される同位体を**放射性源同位体**（radiogenic isotope）という.また,元の放射性同位体を**放射性核種**（radioactive nuclide）あるいは**親核種**（parent nuclide；あるいは単に親核, parent nucleus）,放射性源同位体を**娘核種**（daughter nuclide；娘核, daughter nucleus）ともいう.本書ではこれらの用語を使用する.

α 線は He 原子核（陽子2,中性子2）の流れである.そのため α 線が放出されると質量数が4（陽子＋中性子）,原子番号が2（陽子）減少することになる（図1.2）.たとえば,原子番号62で質量数147の Sm は α 線を放出し,原

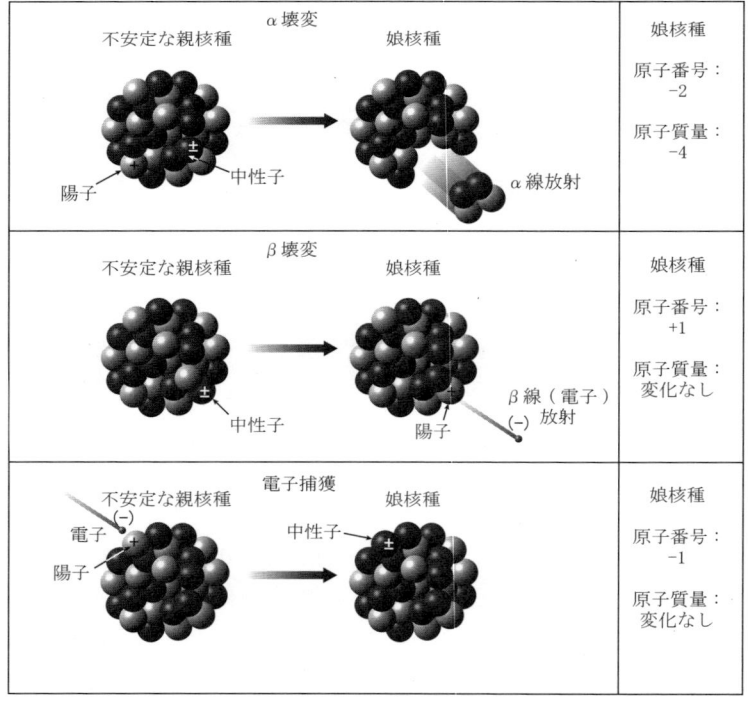

図1.2 壊変様式および原子番号と質量数の変化（Lutgens・Tarbuck, 1998）

子番号 60 で質量数 143 の Nd に変化する．このように α 線を放出する現象を **α 壊変**（α-decay）という．一方，β 線は電子の流れである．陽子と中性子の質量は同じであるが，電子の質量はこれらの 1,840 分の 1 にすぎない．したがって，β 線が放出されても質量数は変わらず原子番号が 1 増えるのみである（図 1.2）．たとえば K は原子番号 19 で，質量数 39，40，41 の 3 つの同位体をもち，このうち質量数 40，すなわち ^{40}K は原子核が不安定な放射性同位体である．この同位体の 89.52 % は原子核から β 線を放出し Ca（原子番号 20）の同位体 "^{40}Ca" に変化する．このように β 線を放出する現象を **β 壊変**（β-decay）という．そのほか**電子捕獲**（electron capture）があるが，これは β 線放出とは逆に電子を捕獲する壊変で，原子番号が 1 減少する（図 1.2）．たとえば，^{40}K の残りの 10.48 % は β 線を捕獲して Ar（原子番号 18）の同位体 "^{40}Ar" に変化する．また，本書で詳しく紹介する Rb の 2 つの同位体（85，87）のうち，^{87}Rb は β 線を放出し ^{87}Sr に変わる．

ある放射性同位体の原子核の壊変する確率（**壊変定数**，decay constant）は各同位体によって異なるが，温度・圧力に関係なく一定である．壊変定数の著しく大きい，あるいはそれとは逆に著しく小さい同位体は，数千万年〜数十億年前に形成された岩石の年代測定には適していない．年代測定には元の元素の原子数と，壊変によって生成された元素の原子数の両者を知る必要がある．壊変定数があまりにも大きいと，元の原子がほとんどなくなってしまうので，壊変によって生成された原子数のみからは年齢を計算できないことになってしまう．一方，壊変定数が小さすぎると，壊変によって生成される原子数が少ないことになる．この場合には，現在の分析機器の測定能力では，壊変によって生成された原子数を正確には測定できないこともある．そのため，数百万年，数千万年あるいは数十億年前に形成された古い地質時代の岩石の年齢を測定する場合には，それに適した壊変定数をもつ同位体を選択する必要がある．

1.3　同位体を利用した時計の種類

現在よく使用されている同位体年代測定法と，La-Ba 系，La-Ce 系，Re-Os 系などのように，近い将来，同位体年代測定法として確立する可能性のある時計を表 1.2 に示した．この表には各系における親核種の**壊変定数**と**半減期**

表1.2 放射性同位体核種の壊変様式

親核種	娘核種	壊変様式	壊変定数 (/年)	半減期 (億年)	安定同位体**
^{40}K	^{40}Ar	E.C.	0.581×10^{-10}	119	^{36}Ar
^{40}K	^{40}Ca	β	4.962×10^{-10}	13.9	^{42}Ca, ^{44}Ca
^{87}Rb	^{87}Sr	β	1.42×10^{-11}	488	^{86}Sr
^{138}La	^{138}Ba	E.C.	4.42×10^{-12}*	1570	^{137}Ba
^{138}La	^{138}Ce	β	2.33×10^{-12}*	2970	^{142}Ce
^{147}Sm	^{143}Nd	α	6.54×10^{-12}	1060	^{144}Nd
^{176}Lu	^{176}Hf	β	1.94×10^{-11}*	357	^{177}Hf
^{187}Re	^{187}Os	β	1.666×10^{-11}*	416	(^{186}Os), ^{188}Os
^{232}Th	^{208}Pb	α, β	4.9475×10^{-11}	140	^{204}Pb
^{235}U	^{207}Pb	α, β	9.8485×10^{-10}	7.04	^{204}Pb
^{238}U	^{206}Pb	α, β	1.55125×10^{-10}	44.7	^{204}Pb

Th-Pb系, U-Pb系のα, β壊変については付図.2を参照. *；研究者により異なる. **；アイソクロン式［§2.4.Aの(2.9)式］で分母に使われる安定同位体. Osについては^{186}Osが今まで使われてきたが最近は^{188}Osが使われるようになってきている.

(half life) を示した.

　ある系による同位体年代測定法が多くの研究者に受け入れられるためには，親核種の壊変定数の決定，親核種と娘核種となる元素の岩石・鉱物からの抽出，親核種と娘核種の定量分析，娘核種の高精度の同位体測定が行われるようになることが不可欠である.

1.4　壊変定数の決定

　壊変定数は次の２つの方法により得られる．１つはほかの系により年代値が得られている試料を使い算出する方法である．もう１つは放射性同位体から発する放射線を検出器で計数する方法である．現在使われている^{87}Rbの壊変定数，1.42×10^{-11}/年が決まるまでの経緯を例に，この２つの方法について説明する.

1.4.A　年代値が既知の試料を利用した決定法

　最初に１つ目の方法である．われわれが手にする岩石や鉱物にはRbやSrが含まれていることが多い．Srの４つの同位体（84, 86, 87, 88）中の放射性源同位体^{87}Srの原子数（^{87}Sr*）は，岩石や鉱物が形成された時（t年前）にもっていた^{87}Rbの原子数（^{87}Rb$_t$）から，これらが現在もっている^{87}Rbの原子数（^{87}Rb$_p$）を差し引くことで得られるが，この関係は^{87}Sr* = ^{87}Rb$_p$($e^{\lambda t} - 1$)で表

される.この式については§2.4.Aで詳しくふれるが,λは^{87}Rbの壊変定数である.この式から明らかなように,年代値"t"が既知の試料について,^{87}Sr*,^{87}Rbの原子数を測定すると壊変定数(λ)が算出できる.tの値は,天然の物質から得られた年代値を用いる場合と,Rbの化学薬品の放置期間(この間に^{87}Srが生成される)を用いる場合とがある.tの値は前者では数千万年〜数十億年,後者では数年〜十数年である.

1.4.A-a 天然の鉱物や岩石による方法

天然の物質を用いて壊変定数を算出した代表的研究は次のとおりである.Aldrichほか(1956)とWetherillほか(1956)は,U-Pb系の年代測定により年代値が明らかにされたペグマタイト鉱物を使用して,^{87}Rbの壊変定数として1.39×10^{-11}/年を提案した.Kulp・Engels(1963)はK-Ar系による年代値から,1.47×10^{-11}/年を提案した.以上は鉱物の年代値を使用しているが,Tetleyほか(1976)は急冷した火成岩のK-Ar年代値から,1.42×10^{-11}/年を提案している.

すべての年代測定系において,使用する鉱物(あるいは岩石)がゆっくり冷却する過程で,鉱物や岩石中の放射性源同位体の逸散が停止し閉鎖系になった時期,すなわち,その鉱物や岩石の同位体年代に対応する時期(同位体年代を刻み始めた時期)における温度を**閉鎖温度**(closure temperature)という(第5章).閉鎖温度は年代測定系と鉱物によってまちまちである.ある年代測定系の壊変定数をほかの年代測定系の年代値から算出する場合,両系の閉鎖温度がほぼ等しいことが重要である.たとえば,白雲母(muscovite)の閉鎖温度はK-Ar系とRb-Sr系ともに350℃程度である.したがって白雲母のK-Ar年代値を使い^{87}Rbの壊変定数を決めるには,ほかの鉱物よりも白雲母を使用したほうがよい.

1.4.A-b 薬品による方法

Rbの化学薬品を使う方法では,薬品を放置した期間(t年間)に^{87}Rbの壊変から生成された^{87}Sr*を測定し,^{87}Rbの壊変定数を算出する.Hamilton(1965)は著書"Applied Geochronology"の中で,この方法を最初に用いたのはFritze・McMullin(1964)で,彼らは数kgの高純度のRb塩をある期間放置し1.51×10^{-11}/年を得たと紹介している.しかしHamiltonは彼らからの個人

的情報というかたちで記述しているため，正確な試料の重量や放置期間は不明である．薬品によって算出された精度の高い壊変定数は，Davis ほか（1977）によって報告された 1.419×10^{-11}/年である．この値は 20 g の $RbClO_4$ を 19 年間放置して得られたものである．

以上の薬品を使用して壊変定数を得る方法は，結果がでるまでに長い時間を要する．しかし質量分析計の測定精度が良くなってきたことにより，この方法は ^{87}Rb 以外の親核種の壊変定数決定法としても用いられるようになっている．

1.4.B　放射線の計数による決定法

次は放射線を検出器で計数する 2 つ目の方法である．Flynn・Glendenin（1959）は ^{87}Rb の原子核から放出される β 線の計数に基づき ^{87}Rb の壊変定数として 1.475×10^{-11}/年を見積もった．また，Neuman・Huster（1974）は同様な方法により 1.42×10^{-11}/年と見積もった．この計数法は優れているような印象を受けるが，放射線が微弱なため精度が上がらないという欠点もある．また，一度放出された放射線が再びほかの ^{87}Rb に吸収されるため，正確な数値が計数されにくいという指摘もある．

1.4.C　^{87}Rb の壊変定数

1970 年代以前における Rb-Sr 系による年代測定の研究では，^{87}Rb の壊変定数として 1.39×10^{-11}/年と 1.47×10^{-11}/年の両者が使用されていたが，地質学的研究などからは古い年代値が期待される岩石を年代測定の対象としていた研究者は，1.39×10^{-11}/年を採用する傾向があった．一方，逆に若い年代値を期待した研究者や β 線の計数に基づく方法に共感した研究者は，1.47×10^{-11}/年を好んで使用する傾向があった．しかし，どちらの壊変定数を用いるかによって，得られる年代値に大きな違いが生じる．たとえば，1.39×10^{-11}/年の壊変定数によって 1000 Ma の年代値が得られる場合，1.47×10^{-11}/年の壊変定数では年代値は 946 Ma[$= (1000 \times 1.39 \times 10^{-11})/(1.47 \times 10^{-11})$] となる．そのため，公表された年代値のデータを比較する場合，同一の壊変定数によって年代値を再計算する必要があった．

2 つの壊変定数のうちの 1.39×10^{-11}/年は，上述したように U-Pb 系による年代値を用いて算出されたものである．^{235}U と ^{238}U の新しい壊変定数が Jaffey ほか（1971）によって提示された．この新しい壊変定数を用いて 1.39×10^{-11}/

年を再計算すると 1.41×10^{-11}/年となる．また，1975年前後に報告された壊変定数が 1.42×10^{-11}/年に集中することから国際地質年代委員会は，この値を ^{87}Rb の壊変定数として使用することを奨励した（Steiger・Jäger, 1977）．その結果，現在では，ほとんどの研究者がこの壊変定数を採用している．しかし，Rb-Sr 系で測定された隕石の年代値は，U-Pb 系で測定されたそれよりも明らかに若い値を示すことから，Minster ら（1982）は ^{87}Rb の壊変定数として 1.402×10^{-11}/年を提案している．現在，^{87}Rb の壊変定数として使用されている 1.42×10^{-11}/年についても，± 0.01 の不確かさ（uncertainty）があるので，この値も再検討されるようになるかもしれない．なおこの不確かさは，何名かの研究者の得た壊変定数のばらつきの程度を標準偏差値で表したものである．

1.5 半減期

放射線に関する研究は1895年，ドイツの物理学者 Roentgen の X 線の研究に始まる．その後，1896年に Becquerel は，ウラニウム塩が X 線に似た放射線を放出しているのを発見している．その2年後，M. S. Curie と P. Curie はトリウムも放射線を放出していることを発見し，この現象を**放射能**（radioactivity）と呼称した．彼らは放射線が化合物から放出されるのではなく，元素そのものから放出されるという重要な発見も行い，同時にポロニウムとラジウムの2つの**放射性元素**（radioactive elements）を発見した．

放射性元素の**半減期**については，イギリスの物理学者 Rutherford と化学者 Soddy（1902a～d）による以下のような重要な発見がある．彼らはトリウム"エマナチオン（emanation）"から放出される放射線が，指数関数的に54.5秒ごとに半減する，すなわち，半減期が54.5秒で指数関数的に減少することを発見している．なお，トリウム"エマナチオン"は，後に質量数220の同位体をもつラドンであることがわかった．また彼らはトリウム X（後の ^{224}Ra）が，^{220}Rn とは異なる速度（3.6日ごと）で半減することだけでなく，これと相補的に新たな元素が形成されることを発見している（図1.3）．さらに彼らは，放射性元素の原子は不安定で α 線と β 線を放出してほかの元素の原子に変化することや，放出される放射線量は放射性元素の原子数に比例することなど

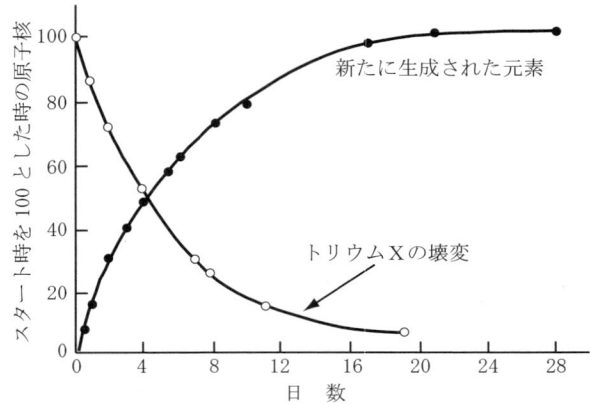

図1.3 トリウム X (^{224}Ra) の壊変と半減期

トリウムの再生はその後の研究により ^{220}Rn が生成されていることが明らかとなった.なお ^{224}Ra, ^{220}Rn とも ^{232}Th の壊変により ^{208}Pb が最終的に生成される過程の途中で生成される(付図.2参照).本図は Dalrymple(1991)を引用した.

の重要な発見をしている.なお,放射性元素とは放射性同位体のみが存在する元素(上述のポロニウム,ラジウム,ラドンのほかテクネチウム,プロメチウム,トリウム,ウランなど)をいうが,K,Rb のように放射性同位体(放射性核種)を含む元素についてもいうことがある.しかし本書で扱うのは本来の意味での放射性元素でないため,以降,放射性同位体という語を使う.ここで再び Rutherford・Soddy(1902a〜d)の発見"放出される放射線量は放射性元素(同位体)の原子数に比例する"に戻ると,この関係は次式で示される.

$$-(dN/dt) = \lambda N \tag{1.1}$$

(1.1)式の λ は壊変定数,N は任意の時刻 t における放射性同位体の原子数である.またマイナス(−)は,単位時間あたりに壊変する原子数が時間とともに減少することによる.(1.1)式を変換すると次式となる.

$$-(dN/N) = \lambda dt \tag{1.2}$$

(1.2)式を積分すると次式が得られる.

$$-\int(dN/N) = \lambda \int dt \tag{1.3}$$

(1.3)式は不定積分の公式にしたがって次式に変換される.

$$-(\ln N + C) = \lambda t \tag{1.4}$$

(1.4)式から次式が得られる.

$$-\ln N = \lambda t + C \tag{1.5}$$

ここで，$\ln N$ は e を底とする自然対数，C は積分定数である．t=0 のとき，式は $C = -\ln N$ となる．これは壊変が開始する時点における放射性同位体の原子数（N_0）である．したがって次式となる．

$$C = -\ln N_0 \tag{1.6}$$

(1.6) 式を (1.5) 式に代入すると

$$-\ln N = \lambda t - \ln N_0 \tag{1.7}$$

(1.7) 式をさらに転換すると，最終的に (1.8) 式が得られる．

$$N_0 = Ne^{\lambda t} \tag{1.8}$$

放射性同位体の半減期は，その原子数が半減するのに要する時間である．上に示した (1.8) 式は，$2 = 1e^{\lambda t}$ となり，さらに $\lambda t = \ln 2$ が導かれるので，最終的に半減期は $\ln 2/\lambda$ を計算することによって得られる．^{87}Rb の壊変定数は 1.42×10^{-11}/年なので，その半減期は 488 億年となる．年代測定に用いるほかの放射性同位体の半減期を表 1.2 に示した．

第2章 Rb-Sr系による年代測定

2.1 Rb-Sr系の歴史

　Rbが放射線を発する元素であることを最初に発見したのはThomson (1905) であった．しかし，質量数87のRbのβ壊変によって生成されるのが，^{87}Srであることがわかったのは1937年になってからである．この現象はHemmendinger・Smythe, Hahnほか, Mattauchによって同時期に発見されている．また，精度の高いSr同位体測定法や，**同位体希釈法** (isotope dilution method) を用いた精度の高いRb, Srの定量分析法は，1953年にDavisとAldrichによって確立された．Sr同位体測定法の確立は，Mattauch (1938) が測定を試みてから15年が経過している．また，^{87}Rbの壊変定数は1919年にHahnとRothenbackが9.5×10^{-10}/年を報告して以来，現在，用いられている1.42×10^{-11}/年に定まる1977年まで，実に約60年を要している．

　Rb-Sr系による最初の年代測定は，リシア雲母 (lepidolite), ポルクス石 (pollucite) などのRbに富み，Srをほとんど含まない鉱物に限られていた．Srを含まない鉱物は^{87}Srも含まないので，測定される^{87}Srはすべて^{87}Rbの壊変による生成物とみなし年代値を算出した．その後，鉱物生成時からSrをすでに含む鉱物についても年代測定が行われるようになり，そのSrには常に一定の割合の^{87}Srが含まれていると仮定し年代値を算出した．その後，さまざまな岩石や鉱物についても測定が行われるようになると，放射性源^{87}Srをわずかしか含まない岩石や鉱物，あるいはもともと多量にSrを含む岩石や鉱物などについては，一定の割合の^{87}Srが含まれると仮定して算出した年代値では精度が上がらないことが明らかとなり，**アイソクロン** (isochron, 等時線ともいう) を用いる方法が考案されるようになった．

　Rb-Sr系のアイソクロン年代測定法は1950年代末～1960年代初めに，オーストラリア国立大学 (通称ANU) のSchreiner (1958), Compston・Jeffery (1960), Compstonほか (1960) や，南アフリカのBernard Price Institute

(BPI) の Allsop (1961), Hales (1961), Nicolaysen (1961) などによって確立された．また，Compston・Jeffery は，ある岩石が結晶分化作用などで形成された後に変成作用を受けると，岩石による年代値は結晶分化作用の時の年代値を示すのに対して，鉱物の年代値は変成作用を受けた若返りの年代値を示すことを明らかにした．

Rb-Sr 系はその後，さまざまな岩石や鉱物の年代測定に用いられ現在に至っている．

2.2　Rb, Sr の挙動

Rb はアルカリ金属 (alkali metal) に属している．アルカリ金属の電荷は +1 価である．Rb のイオン半径（6 配位）は 149 pm で，K の 138 pm（6 配位）に近い数値である．一方，Sr は Ca や Mg と同じアルカリ土類金属 (alkaline-earth metal) に属しており，電荷は +2 価である．両元素のイオン半径は，Ca が 100 pm（6 配位），112 pm（8 配位），Sr が 113 pm（6 配位），125 pm（8 配位）で多少違いがある．電荷が同じでイオン半径が似ている元素どうしは化学的挙動も似ている．このことは，Rb と Sr が，どのような岩石に，またどのような鉱物に濃集しやすいかを考えるうえで重要である．

Rb は花崗岩 (granite) あるいはアルカリ質火成岩などの K に富む岩石中に多量に含まれる．火成岩の主成分鉱物は，かんらん石 (olivine)，輝石類 (pyroxene group)，角閃石類 (amphibole group)，雲母類 (mica group)，斜長石 (plagioclase)，カリ長石 (K-feldspar)，石英 (quartz) である．これらの鉱物および火成岩の副成分鉱物に含まれる Rb と Sr 重量濃度（以降，濃度と略記する）を表 2.1 に示す．岩石の Rb, Sr 濃度を表 2.2 に示す．

カリ長石や雲母類は K を多量に含んでいるため，この両鉱物には Rb も多量に含まれる．長石のうち，主にアノーサイト (anorthite ; $CaAl_2Si_2O_8$) 成分とアルバイト (albite ; $NaAlSi_3O_8$) 成分を端成分とする固溶体からなる斜長石の場合，アルカリ金属の Na に富む斜長石に Rb が多量に含まれることが期待される．しかし，Na のイオン半径が 102 pm（6 配位）と Rb の 149 pm と比べ大きな違いがあるため，Na に富む斜長石の Rb 濃度は低い．

一方，Sr は Ca と挙動が似ているため，玄武岩 (basalt)，はんれい岩

表2.1 鉱物の Rb, Sr 濃度と Rb/Sr 比

鉱物名	Rb 濃度 (ppm)	Rb 濃度範囲 (ppm)	Sr 濃度 (ppm)	Sr 濃度範囲 (ppm)	Rb/Sr
主成分鉱物					
かんらん石	0.13	0.004–0.55	5.51	0.162–21.0	0.024
斜方輝石	0.36		2.02		0.18
単斜輝石	1.7	1.1–2.3	6.32	0.226–21	0.27
角閃石	76.8	0.2–167	106	3–1060	0.725
黒雲母	550	122–2525	31.1	0.867–676	17.7
白雲母	476	125–1000	46	2.0–398	10.3
斜長石	14.1	0.14–56	566	0.65–5000	0.0091
カリ長石	561	53–1650	396	3–5100	1.42
石英	0.67	0.001–2.5	0.32	0.03–1.0	2.1
副成分鉱物					
アパタイト	1.55	0.31–2.18	1329	35–73558	0.0011
方解石*	–		2170	1220–3400	–
緑れん石	31	4–59	8520	5900–11900	0.0036
ざくろ石	1.9	0.019–3.9	19.3	0.98–330	0.098
チタン鉄鉱	0.48	0.15–0.76	1.99	0.21–4.57	0.24
チタナイト	2.7		1980	0–6700	0.0021
電気石	1.3	0.1–6.0	601	38–2469	0.0021
ジルコン	21	0.27–5.8	50.4	0.87–77.0	0.042

Faure (2001) を引用. *:カーボナタイトを構成する方解石.

(gabbro) あるいは石灰岩 (limestone) などの Ca に富む岩石中に多量に含まれる.また,Sr は火成岩の主成分鉱物ではホルンブレンド (hornblende) に多く含まれ,特に斜長石に多量に含まれる.ただし,Sr は結晶中で 8 配位をとりやすいのに対して,Ca は 6 配位と 8 配位の両者ともとるので,Ca を置換する Sr 量には限界がある.たとえば,単斜輝石 (clinopyroxene) の主成分元素は Ca であるが Sr 濃度はきわめて低い.これは単斜輝石では Ca は 6 配位をとるため 8 配位をとりやすい Sr はほとんど入らないことによる.

K と Ca は互いに対照的な化学的挙動を示すので,Sr は $KAlSi_3O_8$ の化学組成をもつカリ長石にはほとんど含まれそうにはないが,この鉱物の場合は少し複雑で Sr も多量に含まれる.これは次の理由による.カリ長石の主成分元素の Si の電荷は +4 価であるが,結晶構造の Si が入る箇所に +3 価の電荷をもつ Al が入る.そのため,+1 価の電荷の K のみでは,鉱物全体の電荷のバランスを保てなくなるため,+2 価の電荷の Sr が入る.同じ理由で +2 価の Ba,Pb もカリ長石に多量に含まれる場合があり,この Pb に富むカリ長石は

表2.2 岩石,水のRb, Sr濃度とRb/Sr比

岩 石 名	Rb濃度 (ppm)	Rb濃度範囲 (ppm)	Sr濃度 (ppm)	Sr濃度範囲 (ppm)	Rb/Sr
超苦鉄質岩					
ダンかんらん岩	0.39	0.072-2.42	4.6	0.12-14.7	0.0085
輝岩	1.65	0.38-3.47	64	0.23-199	0.016
かんらん岩	1.27	0.093-4.48	19	0.4-50.4	0.068
苦鉄質―珪長質岩					
はんれい岩	32		293	41-860	0.11
斜長岩	4.5	1.6-14.7	667	156-1441	0.0067
閃緑岩	88		472	173-870	0.19
花崗閃緑岩	122		457	40-1100	0.27
花崗岩	230		147	2.16-917	1.56
アルカリ岩					
アルカリ超苦鉄質岩	80		1300		0.062
アルカリはんれい岩	-		1367	446-2195	-
モンゾニ岩,石英モンゾニ岩	136		167	29-876	0.81
閃長岩	136		553	5.2-2924	0.25
ネフェリン閃長岩	364	85-950	1098	47-3500	0.33
ランプロファイアー	115		1010		0.11
キンバーライト	68	63-162	879	48-1883	0.077
ランプロアイト	272	50-614	1633	549-3150	0.18
カーボナタイト	-		2350	300-3910	-
堆積岩					
頁岩	140		300		0.47
砂岩	60		20		3
石灰岩	<5		610		<0.008
深海炭酸塩岩	10		2000		0.005
深海粘土	110		180		0.61
グロビゲリナ軟土	10		900		0.012
水					
河川水	0.001*		0.068**		0.015
海水	0.124*		7.74***		0.016

引用文献は次のとおりである.火成岩;Faure (2001), 堆積岩;Faure・Hurley (1963), *;Albarède (2003), **;Faure (1986), ***;Faure・Mensing (2005).

特にアマゾナイト(amazonite)と命名され,緑色の飾り石として使用されている.

　火成岩には主成分鉱物のほかに副成分鉱物として,かつれん石(allanite),アパタイト(apatite),ざくろ石(garnet),チタン鉄鉱(ilmenite),磁鉄鉱(magnetite),チタナイト(titaniteあるいはsphene),電気石(tourmaline),ジルコン(zircon)などが含まれている.これらの中でCaを含むのはかつれ

ん石, チタナイト, アパタイトである. 特に $Ca_5(PO_4)_3(F, CO, OH)$ の化学組成をもつアパタイトには Sr が多量に含まれる. また, 変質作用により生成される二次鉱物として方解石（calcite）, 緑れん石（epidote）などがあるが, これらの鉱物とも Ca を含むので Sr も多量に含まれる.

　以上のように岩石と鉱物の Rb, Sr 濃度および Rb/Sr 重量濃度比（単に比と略記する）は, K あるいは Ca が主要元素として含まれるかどうかによっておおよそ見当がつく. 火成岩の場合, 一般的に岩石の SiO_2 濃度（重量％）が増すにつれて Ca 濃度は低下し, それとは対照的に K 濃度は増加する. したがって SiO_2 濃度が高い火成岩ほど Rb/Sr 比は高くなる. 上にあげた火成岩の主成分鉱物の中で, 雲母類は K を含むため Rb 濃度が高く, Sr 濃度が非常に低い. したがってこの鉱物の Rb/Sr 比は著しく高い. それに対して斜長石, かつれん石, アパタイト, 方解石, 緑れん石, チタナイトなどのように, Ca を含む鉱物の Rb/Sr 比は非常に低い. ホルンブレンドは Si, Al, Fe, Mg, Ca を主要構成元素とするが, そのほかにも K などの元素を含むため Rb 濃度が高く, したがって Rb/Sr 比も比較的高い値である. K あるいは Ca をほとんど含まない斜方輝石（orthopyroxene）, 石英, チタン鉄鉱などは不純物としてごくわずかな量の Rb, Sr を含んでいる. このような鉱物の Rb/Sr 比は比較的高い値をもつことがある.

2.3　Rb, Sr の同位体存在度と原子量

　Rb の **同位体存在度**（isotopic abundance, あるいは isotopic composition）は, 現在の地球に存在するすべての物質において同一である. すなわち ^{85}Rb が 72.1654 ％, ^{87}Rb が 27.8346 ％を占めている（表 2.3）. この割合に各同位体の **原子質量単位**（atomic mass unit；u あるいは amu と略される）84.911792 と 86.909186 をそれぞれ乗じたものを加えると, Rb の **原子量**（atomic weight）85.467760 が得られる. この値もすべての物質で同一である. しかし, 年代がさかのぼるほど 2 つある同位体の質量数の多い ^{87}Rb の存在度が増加するため Rb の原子量も増加する. そのことを表 2.3 に示した. たとえば, 30 億年前の物質の ^{85}Rb は 71.3017 ％, ^{87}Rb は 28.6983 ％で, Rb の原子量は 85.485012 である. しかし, 地球が形成された 45.4 億年前でも Rb の原

表2.3 Rbの同位体存在度と原子量の経年変化

	0 Ga	1.0 Ga	2.0 Ga	3.0 Ga	4.0 Ga	4.54 Ga	48.8 Ga*
^{85}Rb	0.721654	0.718792	0.715914	0.713017	0.710102	0.708522	0.564568
^{87}Rb	0.278346	0.281208	0.284086	0.286983	0.289898	0.291478	0.435432
^{87}Rb/^{85}Rb	0.3857	0.3912	0.3968	0.4025	0.4083	0.4114	0.7713
Rb 原子量	85.467760	85.473477	85.479225	85.485012	85.490834	85.493990	85.781523

＊；^{87}Rbの半減期．

子量は85.493990で現在と大きく違わない．これは^{87}Rbの壊変定数が1.42×10^{-11}/年と非常に小さいことによる．なお，表2.3の48.8 Gaは^{87}Rbの半減期に相当する．

一方，放射性源同位体^{87}Srを含むSrの同位体の存在度と原子量は物質ごとに異なる．そのためSrの原子量は，^{87}Srの存在度を**表面電離型質量分析計**（thermal ionization mass spectrometer；通称，TIMS）で測定することによって得られる．Srは4つの同位体（^{87}Sr，^{84}Sr，^{86}Sr，^{88}Sr）をもっているが，^{87}Sr以外の3つは安定同位体である．安定同位体の原子数の比，すなわち^{84}Sr/^{86}Sr比の0.056584，^{88}Sr/^{86}Sr比の8.375209は時代にかかわらずすべての物質で同一である．

表面電離型質量分析計を使用した，岩石や鉱物の^{87}Sr/^{86}Sr比の測定は次のように行われる．まず，試料から分離したSrを塩酸を使用してレニウム（Re）あるいはタンタル（Ta）リボン上に塗布する．これに電流を通して加熱し，Srをイオン化させて，^{87}Sr/^{86}Sr比を測定するのである．イオン化するときに^{87}Sr，^{84}Sr，^{86}Sr，^{88}Srが一様に蒸発するわけではない．実際には質量数の小さい同位体ほど蒸発しやすい．そのため^{88}Sr/^{84}Sr比は測定時間が経過するにつれて徐々に増加する．同様に^{87}Sr/^{86}Sr比も増加する．したがって，試料がもっている真の^{87}Sr/^{86}Sr比を加熱を開始してからの適切な時間経過のもとで決定することになるが，こうして決定した同位体比が真の値を示しているかどうかを判断するのはたいへん難しい．そこで安定同位体どうしの比，^{88}Sr/^{86}Sr = 8.375209を使用して，次式から^{87}Sr/^{86}Sr比を算出する．このことを**規格化**（normalization）という．

$$(^{87}Sr/^{86}Sr)_{n.r.} = (^{87}Sr/^{86}Sr)_{m.r.} \times [2\times(^{88}Sr/^{86}Sr)_{8.375209}] / [(^{88}Sr/^{86}Sr)_{m.r.} + (^{88}Sr/^{86}Sr)_{8.375209}]$$

2.3 Rb, Sr の同位体存在度と原子量

ここで n.r. は規格化された比，m.r. は測定された比を示す．このようにして規格化された，ある物質の $^{87}Sr/^{86}Sr$ 比を r とすると，その物質の Sr の原子量は次式から算出される．

			同位体存在度		各同位体の amu
$^{84}Sr/^{86}Sr$	0.056584	^{84}Sr ;	$(0.056584/\Sigma)$	×	83.913426
$^{86}Sr/^{86}Sr$	1.000000	^{86}Sr ;	$(1/\Sigma)$	×	85.909265
$^{87}Sr/^{86}Sr$	r	^{87}Sr ;	(r/Σ)	×	86.908882
$^{88}Sr/^{86}Sr$	8.375209	^{88}Sr ;	$(8.375209/\Sigma)$	×	87.905617
Total	$9.431793+r(=\Sigma)$		Sr の原子量；$86.908882 \times (9.514394+r)/\Sigma$		

ここで，本書で頻繁に使用する Rb/Sr 比と $^{87}Rb/^{86}Sr$ 原子数比との関係について説明しておく．ある火成岩体から岩石を採取し，その Rb と Sr の濃度を測定した結果，それぞれ R ppm と S ppm が得られたとする．次式で与えられる ^{87}Rb の値は実際の ^{87}Rb の原子数ではなく，**モル数**（number of moles）という用語で表現される数である．

$$^{87}Rb = [^{87}Rb \text{ 存在度} \times Rb \text{ 濃度}(R \text{ ppm})]/Rb \text{ 原子量}$$
$$= (0.278346 \times R)/85.467760 \quad (2.1)$$

一方の ^{86}Sr のモル数は次式で与えられる．Sr の原子量の算出で使用したように $^{87}Sr/^{86}Sr$ 比を r，$9.431793+r=\Sigma$ とする．

$$^{86}Sr = [^{86}Sr \text{ 存在度} \times Sr \text{ 濃度}(S \text{ ppm})]/Sr \text{ 原子量}$$
$$= [(1/\Sigma) \times S]/[86.908882 \times (9.514394+r)/\Sigma]$$
$$= S/[86.908882 \times (9.514394+r)] \quad (2.2)$$

したがって，

$$^{87}Rb/^{86}Sr = (2.1)/(2.2) = [0.283039 \times (9.514394+r)] \times (R/S) \quad (2.3)$$

これ以降本書では，同位体の原子数の比，たとえば，^{87}Sr の原子数と ^{86}Sr の原子数の比を $^{87}Sr/^{86}Sr$ 比のように表現する．また，単に **Sr 同位体比**（Sr isotopic ratio）と表現する場合もある．日本列島に産する岩石の $^{87}Sr/^{86}Sr$ 比（= r）のほとんどは 0.703 〜 0.730 の範囲内の値を示し，0.750 以上の高い値は稀である．$^{87}Sr/^{86}Sr$ 比が 0.703 の場合には，上述の計算式から，Rb/Sr 比を 2.89 倍すると $^{87}Rb/^{86}Sr$ 比が得られ，$^{87}Sr/^{86}Sr$ 比が 0.730 の場合では 2.90 倍，0.750 の場合では 2.91 倍すると，それぞれの $^{87}Rb/^{86}Sr$ 比が得られる．したがって，ある岩石について Rb, Sr 濃度がすでに得られている場合，Rb/Sr 比を

2.90倍すればその^{87}Rb/^{86}Sr比を見積もることができる.始生累代の岩石や隕石などでは,1を超える^{87}Sr/^{86}Sr比は普通にみられるが,この比が1の場合,Rb/Sr比を2.98倍すると^{87}Rb/^{86}Sr比が得られる.若い年代の鉱物も高いSr同位体比をもつことがある.たとえば,日本列島の本州弧産の後期白亜紀花崗岩類に含まれる雲母類には,1よりも大きいSr同位体比をもつものがある.しかし若い年代の岩石の場合,このような著しく高いSr同位体比をもつことはきわめて稀である.その稀な例として,琵琶湖東方に露出する貝月山花崗岩体(96.4 ± 4.8 Ma;沢田ほか,1994)(Rb-Sr全岩アイソクロン年代;§2.4.A)の中心付近を占める含ざくろ石白雲母花崗岩があげられる.そのSr同位体比は2.702を示し,^{87}Rb/^{86}Sr比はRb/Sr比の3.46倍である.

2.4 Rb-Srアイソクロン法による年代測定

縦軸に^{87}Sr/^{86}Sr比,横軸に^{87}Rb/^{86}Sr比をとった図を**Rb-Srアイソクロン図**(Rb-Sr isochron diagram)という.横軸を表す比の分子(^{87}Rb)と縦軸を表す比の分子(^{87}Sr)は親核種と娘核種の関係にある.ある火成岩体から採取したいくつかの岩石の^{87}Sr/^{86}Sr,^{87}Rb/^{86}Sr比の値が,この図で一本の直線上にプロットされると,直線の傾斜角度(直線と横軸とのなす角度)は,一般に,この火成岩体の形成年代を与えることになる.この原理について説明する.

2.4.A アイソクロンの定義

地球は45.4億年前に微惑星の衝突と集積によって形成されたと考えられている(Dalrymple, 1991, 2001;Albarède, 2003;Nelson, 2004).隕石のデータからは,創成時の地球の^{87}Sr/^{86}Sr比は0.69899であったと推定されている.この値からSrの同位体存在度を計算すると^{84}Sr,^{86}Sr,^{87}Sr,^{88}Srは,それぞれ0.559 %,9.871 %,6.900 %,82.670 %となる.地球全重量の約30 %はO,約30 %はFe,約15 %はSi,約16 %はMgで占められている.微惑星集積後,地球の中心部にはFeを主成分とし,Ni,Sを含む核が形成されるとともに,その外側にはマントルが形成された.マントルは主にO(約43 %),Mg(約22 %),Si(約21 %)などで占められているが,マントル中のMgは,Si, Fe, Ca, Oと結合してかんらん石や輝石などの珪酸塩鉱物を形成している.Mgと化学的性質(電荷,イオン半径)が異なるために,これらの珪酸塩鉱物

2.4 Rb-Sr アイソクロン法による年代測定

に入りにくい（適合性の悪い）元素は，地球史をとおしたマグマの活動によってマントルから地表に排除されていったと考えられている．

Rb, Sr などは適合性に乏しい元素の代表である．特に Rb はその傾向が著しい．マグマがマントルあるいは下部地殻から生成された場合，その起源物質と比較して，より多量の Rb と Sr がマグマ中に濃集する．45.4 億年前に地球を形成した物質中の Sr のうち 6.900 % は ^{87}Sr が占めている．起源物質には Rb も含まれているため，^{87}Rb の壊変によって生成された ^{87}Sr が，年代とともに起源物質中に蓄積されるようになり，その同位体存在度も 6.900 % より高くなる．

ある火成岩体から採取した火成岩 A が現在もっている ^{87}Sr$_p$ の原子数は次式で示される．

$$^{87}\text{Sr}_p = {}^{87}\text{Sr}_t + {}^{87}\text{Sr}^* \tag{2.4}$$

^{87}Sr$_t$ は火成岩 A が t 年前にマグマから形成された時にもっていた ^{87}Sr の原子数を示す．一方，^{87}Sr* は火成岩 A が形成後，現在に至る t 年間に，^{87}Rb の壊変によって生成された ^{87}Sr の原子数である．t 年間に ^{87}Rb の壊変によって生成された ^{87}Sr* は次式で表される．

$$^{87}\text{Sr}^* = {}^{87}\text{Rb}_t - {}^{87}\text{Rb}_p \tag{2.5}$$

^{87}Rb$_t$ は火成岩 A が t 年前にもっていた ^{87}Rb の原子数，^{87}Rb$_p$ は火成岩 A が現在もっている ^{87}Rb の原子数である．すなわち t 年前の ^{87}Rb の原子数から現在の ^{87}Rb の原子数を差し引いたのが，t 年間で増加した ^{87}Sr の原子数である．半減期の項（§1.5）で示した（1.8）式の $N_0 = Ne^{\lambda t}$ から，t 年前にもっていた ^{87}Rb$_t$ は次式で与えられる．

$$^{87}\text{Rb}_t = {}^{87}\text{Rb}_p e^{\lambda t} \tag{2.6}$$

（2.6）式を（2.5）式に，さらに（2.4）式に代入すると，

$$^{87}\text{Sr}_p = {}^{87}\text{Sr}_t + {}^{87}\text{Rb}_p e^{\lambda t} - {}^{87}\text{Rb}_p = {}^{87}\text{Sr}_t + {}^{87}\text{Rb}_p (e^{\lambda t} - 1) \tag{2.7}$$

（2.7）式は t 年間で増加した火成岩 A 中の ^{87}Sr の原子数と現在の原子数を表しているが，Sr の定量分析の精度よりも Sr 同位体比の測定精度のほうが高いことから，原子数の変化で表すのではなく，^{87}Sr や ^{87}Rb の原子数と 3 個の安定同位体（^{84}Sr，^{86}Sr，^{88}Sr）のいずれかの原子数との比，すなわち同位体比で表現するのが一般的である．1970 年代以前の表面電離型質量分析計はコレ

クターを1個しか備えていなかったことに加えて、電気的安定度や計算能力にも問題があった。そこで、Sr同位体比の分母には3個の安定同位体のうち ^{86}Sr が選ばれた。その主な理由は、^{86}Sr は ^{87}Sr に近接した位置にあって測定しやすいこと、3個の安定同位体のうち ^{86}Sr の同位体存在度が、^{87}Sr のそれに最も近いので計算上の誤差が少ないことなどによる。現在の質量分析計は改良され、異なる同位体を同時に測定できる複数個のコレクターを備えているばかりでなく、電気的安定度も著しく増している。さらに、コンピュータによる計算能力も飛躍的に発展した。したがって、現在では、^{86}Sr を選んだ上記の理由は、それほど重要な問題とはなってはいない。

以上のことから (2.7) 式は次のように表される。

$$(^{87}Sr/^{86}Sr)_p = (^{87}Sr/^{86}Sr)_t + (^{87}Rb/^{86}Sr)_p(e^{\lambda t} - 1) \qquad (2.8)$$

$(^{87}Sr/^{86}Sr)_t$ は岩石 A が t 年前にもっていた $^{87}Sr/^{86}Sr$ 比である。この比を **Sr 同位体比初生値** (initial $^{87}Sr/^{86}Sr$ ratio；initial Sr isotopic ratio) といい、火成岩の起源物質を考察するうえで重要な値である。(2.8) 式は Rb-Sr 系で基本となる式である。本文中で、しばしば使用している Rb-Sr 系の基本式とは、すべてこの式を指している。(2.8) 式を一般式で与えたのが (2.9) 式である。

$$(D/Dx)_p = (D/Dx)_t + (Pn/Dx)_p(e^{\lambda t} - 1) \qquad (2.9)$$

D は放射性同位体 Pn の壊変で生成される放射性源同位体 (Pn は親核種、D は娘核種)、Dx は D と同一元素の安定同位体である。

次に (2.8) 式について改めて説明する。この式の $(^{87}Sr/^{86}Sr)_p$ と $(^{87}Rb/^{86}Sr)_p$ は、表面電離型質量分析計によって測定される値である。したがって、(2.8) 式の未知数は $(^{87}Sr/^{86}Sr)_t$ と t の2つである。ある値の $^{87}Sr/^{86}Sr$ 比をもつマグマから、異なる Rb/Sr 比をもつ2種類の火成岩 (あるいは鉱物) が同時期 (t 年前) に形成された場合、現在、我々が手にするこれらの火成岩は互いに異なる $(^{87}Sr/^{86}Sr)_p$ と $(^{87}Rb/^{86}Sr)_p$ をもっていることになる。このような2つの火成岩の $(^{87}Sr/^{86}Sr)_p$ と $(^{87}Rb/^{86}Sr)_p$ を測定することによって、未知数の $(^{87}Sr/^{86}Sr)_t$ と t が計算される。数式のみからは、このように2種類の岩石試料から年代 "t" が計算されるが、年代精度を上げるため、通常、2試料のみによる年代決定はなされていない。

(2.8) 式は同一マグマから同時につくられたすべての火成岩の $(^{87}Sr/^{86}Sr)_p$

が, $(^{87}\text{Rb}/^{86}\text{Sr})_p$ によって決まることを示している. そこで, $(e^{\lambda t} - 1) = m$, $(^{87}\text{Sr}/^{86}\text{Sr})_t = C$, $(^{87}\text{Sr}/^{86}\text{Sr})_p = y$, $(^{87}\text{Rb}/^{86}\text{Sr})_p = x$ とおくと (2.8) 式は $y = mx + C$ の一次式で表される (図2.1).

同一マグマから同時に形成された, Rb/Sr 比 (すなわち $^{87}\text{Rb}/^{86}\text{Sr}$ 比) を異にする一連の火成岩は, Rb-Sr アイソクロン図において, $y = mx + C$ で示される一本の直線上にのる. この直線を**アイソクロン** (等時線) という. したがって, 測定点を結ぶ直線の傾斜 $m(= e^{\lambda t} - 1)$ から年代値が計算され, この直線と縦軸との交点 $[C = (^{87}\text{Sr}/^{86}\text{Sr})_t]$ から Sr 同位体比初生値が決定される. このように, 岩石の測定値のみからなるアイソクロンによって得られる年代値を **Rb-Sr 全岩アイソクロン年代** (Rb-Sr whole-rock isochron age) といい, 1種類の岩石とそれから分離した数種類の鉱物からなるアイソクロンによって得られる年代値を **Rb-Sr 全岩—鉱物アイソクロン年代** (Rb-Sr whole rock-mineral isochron age), あるいは **Rb-Sr 内的アイソクロン年代** (Rb-Sr internal isochron age) という. なお, Rb-Sr 全岩—鉱物アイソクロンで全岩を使わない場合, この語を削る. Rb-Sr 全岩アイソクロンと Rb-Sr 全岩—鉱物アイソクロンによる年代値は一致する場合もあるが, 一般的には前者のほうが古い年

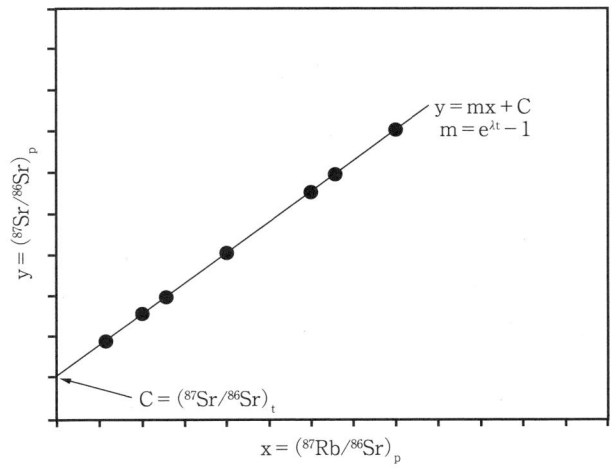

図2.1　Rb-Sr アイソクロン図
試料 (黒丸) から得られる直線の傾斜から年代値が, 縦軸と直線との交点から Sr 同位体比初生値が算出される.

代値を示す．日本列島の本州弧に分布する後期白亜紀～古第三紀の花崗岩体の場合，一般に，Rb-Sr 全岩アイソクロン年代のほうが Rb-Sr 全岩—鉱物アイソクロン年代よりも 5～10 Ma 古い年代値を与えている．

この年代値の差については第 5 章で詳しく述べるので，ここでは簡単にふれる．火成岩の全岩アイソクロン年代は，マグマが岩石に変わった時からの経過時間（年数）を示している．それに対して，鉱物を使用したアイソクロン年代は，岩石が冷却し鉱物の中に ^{87}Rb から生成された ^{87}Sr が蓄積されはじめてからの年数を示している．たとえば黒雲母を使用した年代値は，黒雲母の閉鎖温度（300℃）まで低下した以降の年数を表している．このように，閉鎖温度は火成岩体や変成岩体の冷却史を考察するうえで重要な手がかりを与える．この閉鎖温度は §2.5 でしばしばでてくるが，その温度は第 5 章の表 5.2 に示した．

2.4.B　Rb-Sr アイソクロン図の読み方

マグマは上部マントル，あるいは下部地殻で生成されると考えられている．マグマが地表に向かって上昇する途中で，地下のある場所に定置しマグマ溜まりを形成することがある．高温のマグマ溜まりの中では，どの場所においても Rb/Sr 比と ^{87}Sr/^{86}Sr 比は，それぞれ同一の値と考えられる．時間の経過とともにマグマ溜まり内の温度が低下し，やがてマグマから鉱物が晶出してくる．初期に晶出した密度の大きい鉱物がマグマ溜まりの下部に沈積すると，マグマの化学組成は変化する．このようなマグマの結晶分化作用（crystallization differentiation）を経てマグマ溜まりには，Rb/Sr 比を異にする種々の火成岩が形成されるようになる．

一例として Rb/Sr 比が 1 の値をもつマグマの結晶分化作用によって，石英閃緑岩（quartz diorite），トーナル岩（tonalite），花崗閃緑岩（granodiorite），花崗岩の 4 種の岩石が形成された場合，それぞれの岩石間で Rb/Sr 比にどのような違いが生じるかを考えてみる．各岩石の主成分鉱物は次のとおりである．石英閃緑岩：ホルンブレンド，斜長石，少量の石英，トーナル岩：ホルンブレンド，黒雲母（biotite），石英，斜長石，少量のカリ長石，花崗閃緑岩：黒雲母，石英，斜長石，カリ長石，花崗岩：黒雲母，石英，カリ長石，少量の斜長石．表 2.1 に各鉱物の Rb/Sr 比を示したが，この Rb/Sr 比の低い（Rb に乏しく Sr に富む）鉱物は斜長石で，反対にこの比の高い（Rb に富み Sr に乏

2.4 Rb-Srアイソクロン法による年代測定

しい）鉱物は黒雲母とカリ長石である．ホルンブレンドはカリ長石より低いが斜長石に比べ高い Rb/Sr 比をもつ．このような各鉱物の Rb/Sr 比の大小関係と，各岩石の構成鉱物の種類と量比との関係から，これら 4 種の岩石では，石英閃緑岩，トーナル岩，花崗閃緑岩，花崗岩の順に Rb/Sr 比は高くなっている．

^{87}Sr の原子数（縦軸）-^{87}Rb の原子数（横軸）図で，これら 4 種の岩石の ^{87}Rb と ^{87}Sr の原子数の経年変化を考えてみる．これらの岩石形成時には，岩石間で ^{87}Rb の原子数は大きく異なる（石英閃緑岩＜トーナル岩＜花崗閃緑岩＜花崗岩）が，^{87}Sr* の原子数（縦軸）はどの岩石もゼロである（図 2.2）．^{87}Rb は壊変し ^{87}Sr に変化するので，時間の経過とともに，どの岩石も ^{87}Rb の原子数が減少し，^{87}Sr の原子数が増加する方向へ変化する．^{87}Rb の原子数の減少数と ^{87}Sr の原子数の増加数が同一なことから，各岩石の増加方向は，^{87}Sr の原子数が一定の直線上の基点から左上方向に 45°の角度をなす．^{87}Rb の壊変で生成される ^{87}Sr の原子数は ^{87}Rb の原子数に比例するので，同一時間を経過した 4

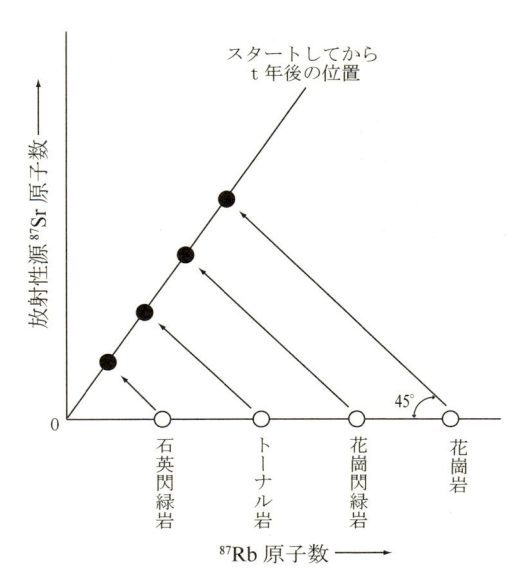

図 2.2　^{87}Rb の壊変による ^{87}Sr の生成

種の岩石は縦軸に斜交する一本の直線上にある（図2.2）．岩石形成後の時間経過が大きいほど，この直線と横軸とのなす角度は大きくなる．

次に Rb-Sr アイソクロン図で4種の岩石の $^{87}Sr/^{86}Sr$ 比と $^{87}Rb/^{86}Sr$ 比の経年変化を考えてみる（図2.3）．これらの岩石が形成されたときにもっていた Rb/Sr 比は，石英閃緑岩，トーナル岩，花崗閃緑岩，花崗岩の順に高くなっていたので［主成分鉱物間で Rb/Sr 比が異なっているために（表2.1），これらの鉱物の集合体である岩石間においても Rb/Sr 比は異なるということである］，$^{87}Rb/^{86}Sr$ 比もこの順に高くなっている．一方，Sr は重い元素（原子量は87.6に近似される）のうえに，^{87}Sr と ^{86}Sr の原子質量差が小さい（0.999617；Sr 原子量を求める式の項参照）ため，どちらかの同位体が選択的にある岩石に濃集するということ（同位体分別；isotope fractionation）は起こらない．このため，岩石形成時において，これら4種の岩石は同一の $^{87}Sr/^{86}Sr$ 比をもつことになる．すなわち，Rb-Sr アイソクロン図（図2.3）中において，形成時の4種の岩石は横軸に平行な直線上にプロットされる．これは，岩石形成時に4種の岩石が図2.2中で横一線にならんだ状態に相当する．

これらの岩石の $^{87}Sr/^{86}Sr$ 比と $^{87}Rb/^{86}Sr$ 比の経年変化は，^{87}Rb と ^{87}Sr の原子

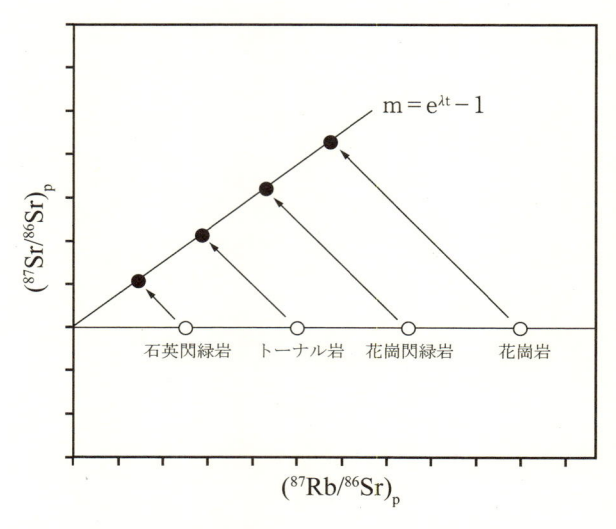

図2.3 Rb-Sr アイソクロンの説明

数の経年変化と同様である．すなわち，どの岩石においても，時間の経過とともに $^{87}Rb/^{86}Sr$ 比が減少し，$^{87}Sr/^{86}Sr$ 比が増加する方向（左上方向に横軸に対して 45°をなす）へ変化する．また図2.2と同様に，同一時間を経過した4種の岩石は縦軸に斜交する一本の直線（アイソクロン）上にあり（図2.3），岩石形成後の時間経過が大きいほど，アイソクロンと横軸とのなす角度は大きくなる．アイソクロン上の4点が石英閃緑岩，トーナル岩，花崗閃緑岩，花崗岩の $^{87}Rb/^{86}Sr$ 比と $^{87}Rb/^{86}Sr$ 比の測定値ということになる．すなわち，アイソクロンと横軸とのなす角度の大きさが，岩石の年代の古さを示しているのである．

　天然の岩石では，すべての測定値が直線上にプロットされることは少なく，多少とも直線から分散するのが普通である．したがって測定数が少ない（3〜4個）と，データが偶然に直線にのる場合もあるので注意を要する．Rb-Sr 全岩アイソクロン図を作成するのに必要な岩石試料数は，岩体の大きさ，岩体を構成する岩石の化学組成，特に Rb/Sr 比の変化幅の違いなどにより一様ではないが，精度のよいアイソクロンを得るためには，Rb/Sr 比を異にする10個前後の試料を測定する必要がある．なお，Rb-Sr 全岩―鉱物アイソクロン図の作成においては，鉱物種に限りがあるため，岩石から分離した2〜3種の鉱物の測定に基づいてアイソクロンを引くことは普通である．

2.5　Rb-Sr 全岩アイソクロン年代の実例

2.5.A　火成岩

　実際の Rb-Sr 全岩アイソクロン図の例を示す．1つは大阪府に分布する茨木複合花崗岩体の中の能勢岩体のものである．この岩体は日本列島にみられる代表的な正累帯深成岩体（normal zoned pluton）で，岩体の周辺部ほど苦鉄質，中央部ほど珪長質な花崗岩類からなる．2つ目は岡山県北部の奥津温泉周辺に分布する奥津花崗岩体のものである．この岩体も正累帯深成岩体である．3つ目は山口県の萩市北東に分布する，流紋岩質の火山岩類と花崗岩類からなる火山―深成複合岩体（volcano-plutonic complex）のものである．

2.5.A-a　能勢岩体

　田結庄（1971）によるこの岩体の研究以降，日本列島各地から累帯構造をも

つ深成岩体が報告されるようになった．能勢岩体は長径10 km，短径6 kmの不規則な形をした細長い岩体で，中〜古生層中に非調和に貫入している．この岩体は周辺部から内部に向かって石英閃緑岩，花崗閃緑岩，アダメロ岩（adamellite）からなる正累帯深成岩体（図2.4）であり，花崗閃緑岩質マグマが結晶分化作用を続けながら貫入したと考えられている．なおアダメロ岩は花崗岩中，石英，カリ長石，斜長石の割合がほぼ等しいものについて名付けられた．石英閃緑岩，花崗閃緑岩，アダメロ岩のそれぞれ3試料，2試料，1試料

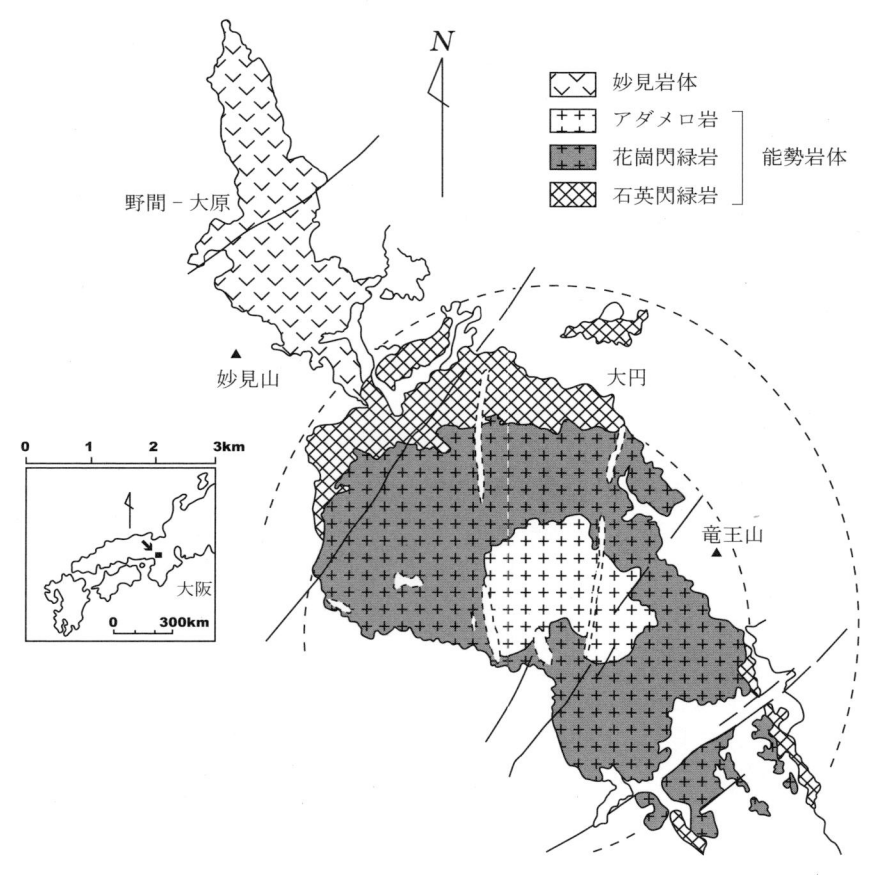

図2.4 能勢・妙見花崗岩体の地質図（田結庄，1971）
能勢・妙見花崗岩体以外の沖積層，大阪層群，中・古生層などを省略した．

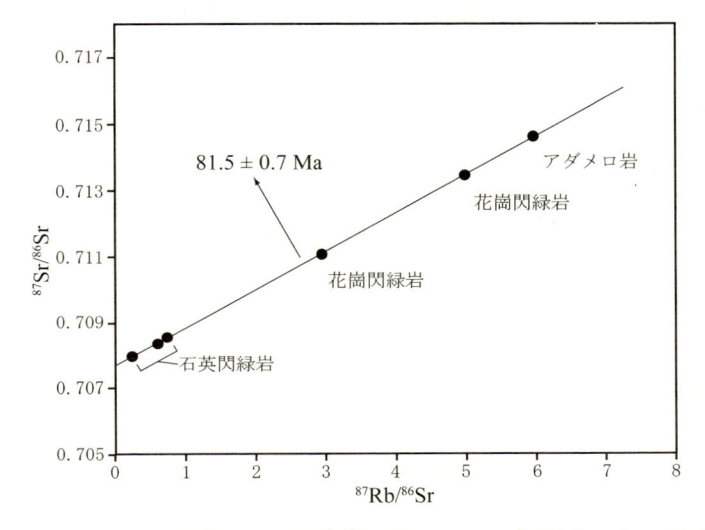

図2.5 能勢花崗岩体のRb-Sr全岩アイソクロン（田結庄ほか，1999）

合わせて6試料の$^{87}Rb/^{86}Sr$比，$^{87}Sr/^{86}Sr$比をRb-Sr全岩アイソクロン図にプロットすると，81.5±0.7 Maの年代値を示すアイソクロンが得られる（図2.5；田結庄ほか，1999）．測定値はアイソクロンからほとんど分散していないので，Sr同位体的に均質なマグマが分化しつつ，短時間に次々と貫入して累帯構造を示す花崗岩体が形成されたと考えられる．なお，この年代値は黒雲母のK-Ar年代の76 Maより5 Maほど古い．

2.5.A-b 奥津岩体

岡山県北部の奥津温泉付近に分布する正累帯深成岩体で，周辺部から内部に向かって花崗閃緑岩，花崗岩，アプライト質花崗岩（aplitic granite）がほぼ同心円状に分布している（図2.6；先山，1978）．花崗閃緑岩5試料，花崗岩2試料，アプライト質花崗岩2試料，アプライト（aplite）1試料の合計10試料は69.6±2.0 Maの全岩アイソクロン年代を与えている（図2.7；須藤ほか，1988）．また，花崗閃緑岩1試料とこれから分離した黒雲母，カリ長石，斜長石による全岩—鉱物アイソクロン年代は63.9±0.5 Maを示している（図2.7）．この全岩アイソクロン年代は，Sr同位体的に均質なマグマからの各岩相の形成年代を示している．一方，図2.7の全岩—鉱物アイソクロン年代は，

30　第2章　Rb-Sr系による年代測定

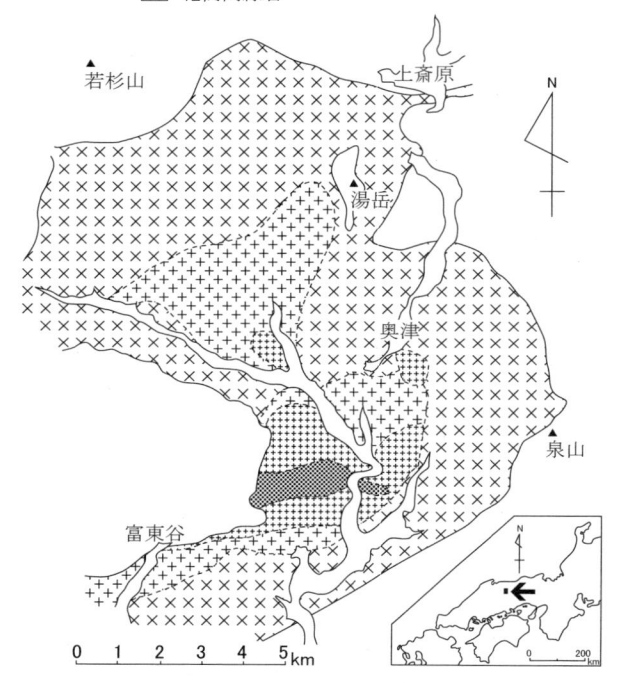

図2.6　奥津花崗岩体の地質図（先山，1978）
奥津花崗岩体以外の火成岩体，古生層などを省略した．湯岳周辺を除く花崗岩体内部と上斉原，奥津および富東田谷付近の樹枝状箇所は河川礫堆積物を示す．

花崗閃緑岩を構成する黒雲母，カリ長石，斜長石が晶出した後，温度が300℃（表5.2）に低下してから以降の年代を表している．したがって，両者の年代差が約500万年あることから，もとのマグマの分化時期と分化マグマの冷却時期との関係を次のように解析することができる．1) 花崗閃緑岩質，花崗岩質，アプライト質花崗岩質，アプライト質の各マグマは，69.6 ± 2.0 Ma にもとのマグマからの分化作用によって生成された．2) その後冷却を始め，約500万年後，花崗閃緑岩は300℃程度まで温度が低下した．

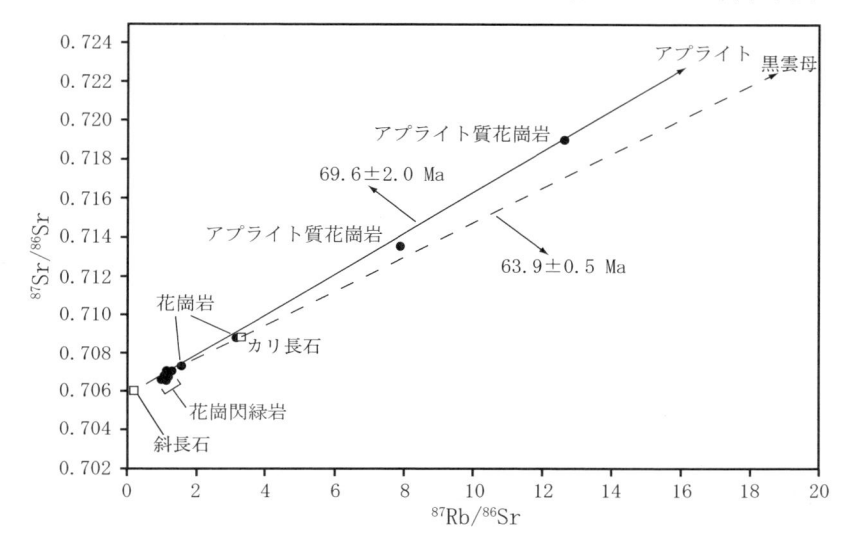

図2.7 奥津花崗岩体のRb-Sr全岩および鉱物アイソクロン（須藤ほか，1988）
実線；全岩アイソクロン，破線；鉱物アイソクロン．須藤ほか（1988）は年代値算出にYork（1969）の計算式を使っているのに対して，著者らはYork（1966）を用いているため，両者間で年代値と誤差に差が多少見られる．

2.5.A-c 萩市北東火山—深成複合岩体

　山口県の萩市北東の阿武地域には，流紋岩質の溶岩（rhyolitic lava）と火砕岩（pyroclastic rock）が広く分布し，それらに黒雲母花崗岩体が貫入している．この花崗岩体の北西部への延長は日本海の海底下に及んでいるので，岩体全体の大きさは不明である．地表に露出している部分は，南北の長径が約8 km，東西幅は最大で約1.5 kmの南北に伸びた形態を示している．この花崗岩体は中粒相，細粒相および斑状相に区分されるが，各岩相は互いに漸移関係にある．細粒相は一般的に岩体の周辺部に見られる．岩体の周囲に分布する流紋岩質凝灰岩についてはK-Ar法による年代測定が行われていて，白雲母，セリサイト（sericite）から87～84 Maの年代値が得られている．また，花崗岩体のペグマタイト（pegmatite）中の白雲母から80.9±2.6 MaのK-Ar年代値が報告されている．

　弓削ほか（1998）は流紋岩質溶岩と花崗岩体についてRb-Sr系による年代測定を行っている．流紋岩質溶岩から採取された9試料の$^{87}Rb/^{86}Sr$比と

^{87}Sr/^{86}Sr 比は，86.8±2.8 Ma（Sr 同位体比初生値；0.70544±0.00024）の全岩アイソクロン年代を与えている．一方，花崗岩体の細粒相2試料，中粒相1試料，斑状相2試料，アプライト3試料の合計8試料から，85.0±3.1 Ma（Sr 同位体比初生値；0.70526±0.00023）の年代値が得られている．この2つの年代値と Sr 同位体比初生値は誤差の範囲内で一致している．このことから，流紋岩と花崗岩の合わせて17試料のデータを同一の ^{87}Rb/^{86}Sr–^{87}Sr/^{86}Sr 図にプロットした結果，87.0±3.1 Ma の全岩アイソクロン年代を与えた（図2.8）．この年代値は火山—深成複合岩体形成時を示すと解釈されている．また，斑状相の試料とこの試料から分離した斜長石，カリ長石は 79.7±5.3 Ma の全岩—鉱物アイソクロン年代を示しているが，この年代値は17試料に基づく全岩アイソクロン年代よりも約700万年若い．これらの年代測定結果は，約 87 Ma に珪長質マグマが地表に噴出して流紋岩溶岩を形成したとともに，同時期にこのマグマは地下にも貫入して花崗岩体を形成したことを示している．Rb-Sr 全岩—鉱物アイソクロン年代（79.7 Ma）は花崗岩体中のペグマタイトの K-Ar

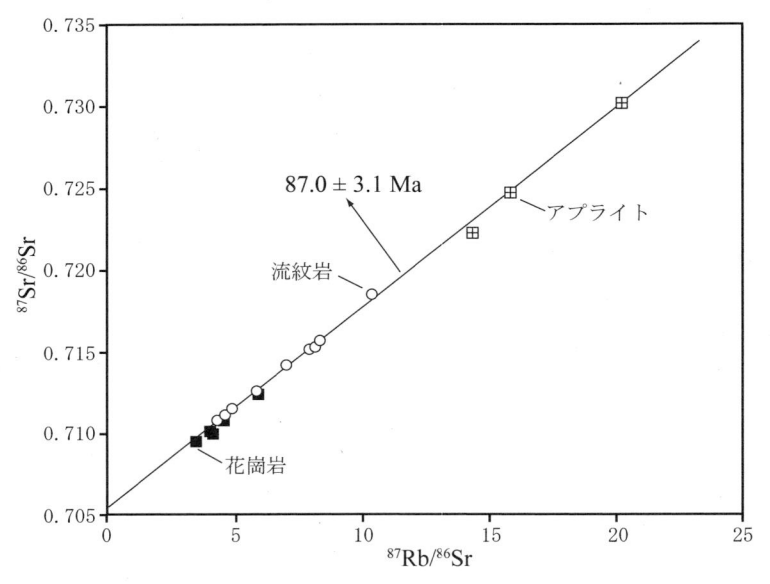

図2.8 阿武地域の火山—深成複合岩体の Rb-Sr 全岩アイソクロン（弓削ほか，1998）

白雲母年代（81 Ma）と一致しているので，前者の年代は斑状相が370℃程度（表5.2）に冷却した時の年代を示すものと考えられる．

以上紹介したのは萩市北東の阿武地域の火山―深成複合岩体であるが，このように火山岩と深成岩体が年代的に密接な関係がある例を今岡ほか（2000），西川ほか（2008）が紹介している．その中でRb-Sr全岩アイソクロン法により年代値が報告されている例をSr同位体比初生値とともに表2.4に示した．この表をみると流紋岩溶岩，火砕岩の年代値は花崗岩体と誤差の範囲内でほぼ一致しているが，年代の中心値に注目すると花崗岩体のほうが若干若い例がいくつかみられる．また，Sr同位体比初生値をみると，流紋岩溶岩と花崗岩体の値が一致するのは阿武地域，青海島の例であるが，長門峡～十種ヶ峰と，広島県吉舎および琵琶湖東地域では流紋岩溶岩のほうが花崗岩体より明らかに高い．Sr同位体比初生値が一致する火山―深成複合岩体は，同一マグマからの噴出相が流紋岩溶岩，貫入相が花崗岩体と考えられる（弓削ほか，1998；今岡ほか，2000；西川ほか，2008）．青海島の流紋岩溶岩と花崗岩体をつくったマグマの起源物質は，Nd同位体比初生値も加えた検討から上部マントル・下部地殻の可能性が強い（加々美・今岡，2008）．また，花崗岩体より高いSr同位体比初生値をもつ流紋岩溶岩あるいは火砕岩は，上部地殻を構成する堆積岩を混入したマグマから形成されたものと考えられる（井川ほか，1999；今岡ほか，

表2.4 火山―深成複合岩体のRb-Sr全岩アイソクロン年代値とSr同位体比初生値

地域		火砕岩	流紋岩溶岩	花崗岩体	引用文献
青海島 （山口県）	年代値(Ma)	86.5 (4.6)	86.4 (2.8)	84.3 (3.0)	1
	SrI 値	0.70675 (0.00019)	0.70589 (0.00012)	0.70583 (0.00047)	
長門峡～十種ヶ峰 （山口県）	年代値(Ma)	88.8 (7.1)	88.4 (13.8)	86.5 (5.9)	2
	SrI 値	0.70663 (0.00025)	0.70659 (0.00046)	0.70572 (0.00035)	
阿武 （山口県）	年代値(Ma)	–	86.8 (2.8)	85.0 (3.1)	3
	SrI 値	–	0.70544 (0.00024)	0.70526 (0.00023)	
波美谷山 （島根県）	年代値(Ma)	94.8 (3.2)	–	94.8 (0.8)*	1
	SrI 値	0.70658 (0.00009)	–	0.70607 (0.00003)*	
吉舎 （広島県）	年代値(Ma)	–	83.9 (13.2)	84.6 (6.3)	4
	SrI 値	–	0.70743 (0.00058)	0.70568 (0.00025)	
琵琶湖東 （滋賀県）	年代値(Ma)	–	94.7 (19.6)	94.5 (1.4)	5
	SrI 値	–	0.71063 (0.00041)	0.70989 (0.00007)	

＊：Rb-Sr全岩―鉱物アイソクロン法による．SrI値はSr同位体比初生値を示す．括弧内は誤差を示す．引用文献は次のとおりである．1；今岡ほか（2000），2；井川ほか（1999），3；弓削ほか（1998），4；松本ほか（1994），5；沢田ほか（1994）．

2000；西川ほか，2008）．

　これまで，実際の火成岩および構成鉱物の測定例に基づき，アイソクロンの意味している事柄について説明してきた．Rb-Sr 系による年代測定は堆積岩や変成岩にも適用されているが，測定対象の堆積岩間あるいは変成岩間において，それらの形成時に **Sr 同位体平衡**（Sr isotopic equilibrium）が成立していた場合に限り，意味のある年代が得られる．

2.5.B　堆積岩

2.5.B-a　粗粒堆積岩

　Rb-Sr 系を粗粒な砕屑物からなる堆積岩に適用して年代測定することは困難なことが多い．これは堆積作用が海底や湖底などのような環境，すなわち，火成岩が形成される時よりもはるかに低温下で進行するので，形成された堆積岩相互の間で，また，堆積岩を構成する粒子間で，Sr 同位体平衡が成り立っていないためである．Ikawa (1999) は，島根県日原町に分布する丹波帯の鹿足層群の堆積岩 2 試料と，これらから分離した微細粒の粘土鉱物（clay mineral）について $^{87}Sr/^{86}Sr$ 比と $^{87}Rb/^{86}Sr$ 比を報告している．これらのデータを使用して Rb-Sr アイソクロン図を検討してみた．2 組の堆積岩と粘土鉱物のデータが形成する直線は，それぞれ 129 Ma，132 Ma の年代値を与えた．これらの年代は，地質学的研究から推定されている鹿足層群の堆積作用（deposition）の時代（中期ジュラ紀）とは大きくずれている．また，山口県徳山市に分布する周防帯の堆積岩 3 試料のデータ（Ikawa, 1999）から同様な方法で年代を計算すると，2 試料からは 155 Ma，175 Ma の年代値が得られた．しかし，ほかの 1 試料では直線と横軸とのなす角度が 90°以上になるため年代は計算されない．2 試料が示す年代は，この堆積岩に推定されている堆積作用の時代（ペルム紀末，250 Ma）とは大きく異なっている．以上の検討結果は，これらの堆積岩 5 試料の年代が堆積作用の時代を表していないことを示している．堆積岩 5 試料の直線は，いずれも岩石と鉱物の 2 点によるものである．すなわち，これらの堆積岩は陸源の粗粒砕屑物と微細粒の粘土鉱物からなるが，これらの物質が海水と Sr 同位体平衡が成り立っていなかったために，上記のような意味のない年代値が算出されたと判断される．

　Clauer ら (1993) は，エストニアのカンブリア紀に堆積した粘土岩

(claystone）について粗粒粒子と細粒粒子のRb, Sr同位体測定を行い，それぞれが別々のアイソクロンにプロットされることを明らかにしている．すなわち，粗粒粒子は638±9 Ma，細粒粒子は508±10 Maの年代値を与え，前者は原生累代最末期で堆積時と異なるのに対し，後者はオルドビス紀初期（あるいはカンブリア紀最末期）と堆積時に近い年代値である．Sr同位体比初生値は前者が0.712，後者が0.713を示し，いずれも当時の海水のSr同位体比，約0.7068と約0.7089（図2.16）より高い．なお，過去の海水のSr同位体比は，§2.6.C-aで述べるように海水から沈殿してできた石灰岩のSr同位体比から見積もられている．

2.5.B-b　細粒堆積岩

微細粒の粘土鉱物を主成分鉱物とする泥岩（mudstone）や頁岩（shale）などについては，Rb-Sr全岩アイソクロン法による年代測定が可能である．Shibata・Mizutani（1980）は飛騨金山町付近に分布する美濃帯の珪長質頁岩について，128±3 MaのRb-Sr全岩アイソクロン年代と133〜125 MaのK-Ar全岩年代を報告している．この堆積岩は，放散虫化石からジュラ紀チトニアン（152〜146 Ma）の初期（約150 Ma）に堆積したものと考えられている．この年代とRb-Sr全岩アイソクロン年代との違いについては，堆積作用時と続成作用（diagenesis）時の違いとして説明されている．さらにShibata・Mizutani（1982）は，岐阜県各務原市鵜沼に分布する三畳紀アニシアン（241〜240 Ma）に堆積した層状チャート（bedded chert）とジュラ紀バジョシアン（174〜166 Ma）に堆積した珪長質頁岩から，それぞれ211.9±4.7 Maと179.8±5.7 MaのRb-Sr全岩アイソクロン年代（図2.9），および207±7 Maと152〜151 MaのK-Ar全岩年代を報告している．全岩アイソクロン年代を得るのに用いた試料の採取場所を図2.10に示した．以上得られたRb-Sr全岩アイソクロン年代も続成作用の時代を示すものと解釈されている．この考えによれば，珪長質頁岩の堆積作用と続成作用の間はきわめて短く，一方，層状チャートの場合，両作用の間に約3000万年の時間間隙があったことになる．Faure・Mensing（2005）もShibata・Mizutani（1980, 1982）の主張と同様に，粘土鉱物を主成分鉱物とする頁岩のRb-Sr全岩アイソクロン年代は，続成作用の年代を示すものであり，それらの岩石の堆積作用の年代より若干若くなる

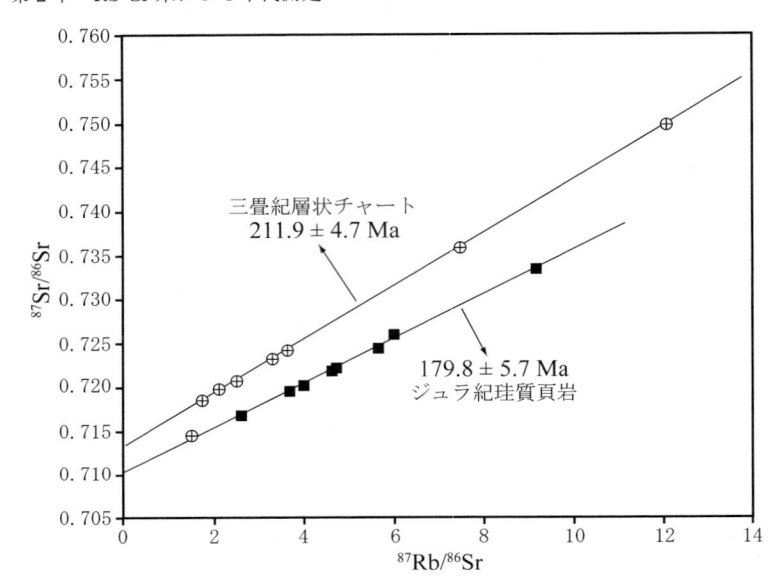

図2.9 飛騨金山町付近に分布する三畳系層状チャートとジュラ系珪長質頁岩の Rb-Sr 全岩アイソクロン (Shibata・Mizutani, 1982)

と指摘している.

堆積岩には海緑石 (glauconite) がよく含まれることから, この鉱物を使用した Rb-Sr アイソクロン法による年代測定が行われることが多い. しかし, この場合にも得られた年代値は続成作用の年代を示しているため, Faure・Mensing (2005) は堆積作用の年代を決定する方法として, 堆積岩に挟まれた火山灰層中の新鮮な鉱物 [黒雲母やサニデイン (sanidine) など], あるいはベントナイト (bentonite) を使用した年代測定を提唱している. しかし, 実際にはこのような火山灰層がどの堆積岩にも挟まれているとは限らないので, この方法を多くの堆積岩に適用することはできない. これまでに世界各地から公表された堆積岩の Rb-Sr 系に基づく年代測定値には, 10 Ma 前後あるいはそれより大きな年代誤差をもつものが多い. このことは, 堆積作用と続成作用との間にあまり時間間隙がない場合には, このような年代測定法によって両者の年代を区別することは困難であることを示しているといえよう.

Rb-Sr 系による堆積岩の年代測定には, このような困難な側面もあるが, 上

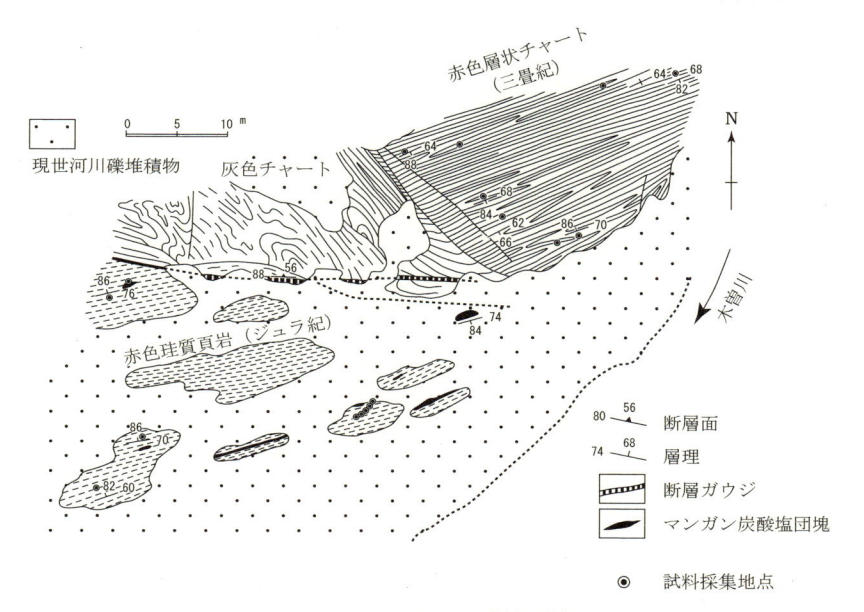

図2.10 図2.9に用いた試料の採取地点
Shibata・Mizutani (1982) を一部変更し引用した.

に例示したShibata・Mizutani (1980, 1982) やFaure・Mensing (2005) の研究にみられるような，この年代測定による研究をさらに深めることによって，堆積作用と続成作用の時間差を詳しく解明できる可能性がある．したがって，Rb-Sr系による堆積岩の年代測定が，堆積岩の形成にかかわる研究に大きな役割をはたすことが期待される．

2.5.C　変成岩

2.5.C-a　高変成度の変成岩

変成作用 (metamorphism) が起こった年代を明らかにするためには，通常，Rb-Sr全岩―鉱物アイソクロン法が適用される．これまでの研究においては，変成岩体から採取された複数の岩石試料が，Rb-Sr全岩アイソクロン図において直線上にプロットされる場合，その直線は変成作用の年代を示すアイソクロンであると解釈されることが多かった．現在でもそのように記述された著書がある．しかし，実際には，エクロジャイト相 (eclogite facies) のような高温・高圧下で，あるいはグラニュライト相 (granulite facies) のような高温

下で形成された変成岩からは，変成作用の時期を示す Rb-Sr 全岩アイソクロン年代を得ることは困難であることが多い．すなわち，これらの変成岩体の広い範囲から採取された試料についてはもちろんのこと，1露頭から採取された試料でさえ全岩アイソクロンを形成しないことが普通である．これらの事実は，グラニュライト相〜エクロジャイト相の変成作用を被ったときの温度・圧力条件でも Sr の拡散速度が遅く，変成岩体において Sr 同位体平衡が達成されにくいことを示している．変成岩体において Sr 同位体比が均一化されるのは，部分溶融を起こしたときである．これは生成された溶融物をとおして Sr 同位体平衡が成り立つためと考えられる．このような例は世界各地から報告されているが，この場合においても Sr 同位体比が均一化されるのは変成岩体全域に及ぶことはなく，部分溶融現象が観察される小規模な露頭範囲に限られることが多い．Sr 同位体比の均一化が及ぶ範囲は，部分溶融度や原岩の化学組成の均一さなどに依存すると考えられるので，今後の研究が必要である．部分溶融に伴い Sr 同位体比が均一化された変成岩体に H_2O のような流体相が残存している場合，岩体の温度が約 400 ℃ まで低下しても，Sr 同位体平衡を保ったままの状態が続くことから，得られた Rb-Sr 全岩アイソクロン年代が，部分溶融を示す年代よりもかけ離れて若くなってしまうという研究例がある（Kagami ほか，2003）．このことは，H_2O のような流体相の存在が Sr 同位体平衡と関係していることを予想させる．

2.5.C-b 低変成度の変成岩

低変成度の変成岩から得られた Rb-Sr 全岩アイソクロン年代が，変成作用の時期を示すと考えられる数少ない例がある．この場合，変成作用の時期に H_2O をとおして Sr 同位体比の均一化が進行した可能性が強い．そのような変成岩の Rb-Sr 全岩アイソクロン年代の柴田・西村（1989）による研究例を紹介する．

福岡県若宮町小河原に分布する三郡変成帯の緑れん石-藍閃石 (glaucophane) 帯に属する結晶片岩 (crystalline schist) の Rb-Sr 全岩アイソクロン年代は 308 ± 19 Ma である（図 2.11）．アイソクロン年代を決めた 7 試料は珪質〜泥質片岩であるが，アイソクロンから外れる $^{87}Rb/^{86}Sr$ 比の小さい 2 試料は苦鉄質片岩である．試料は地層の北東-南西走向に直交する 1 ルート，約 300 m

2.5 Rb-Sr 全岩アイソクロン年代の実例

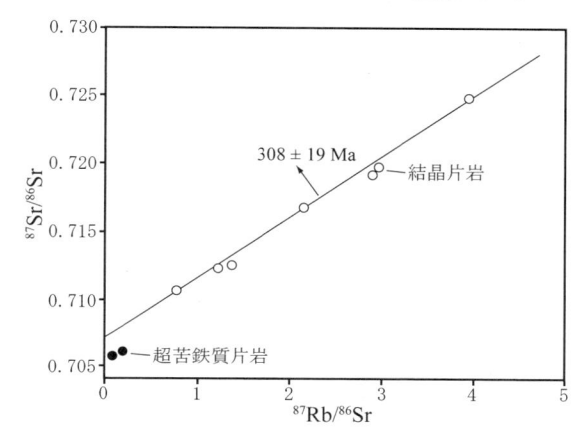

図 2.11 三郡変成帯の結晶片岩の Rb-Sr 全岩アイソクロン（柴田・西村，1989）

の範囲から採取された．一方，この結晶片岩の白雲母による Rb-Sr 全岩—鉱物アイソクロン年代は 298 ± 12 Ma で，白雲母の K-Ar 年代は 272 ± 8 Ma と 259 ± 6 Ma である．結晶片岩の原岩の堆積作用の年代は化石が少なく不明である．しかし，得られた Rb-Sr 全岩アイソクロン年代は，閉鎖温度 370℃の白雲母（表5.2）の K-Ar 年代より明らかに古いので，この全岩アイソクロン年代は変成作用の時期を示すと解釈される（柴田・西村，1989）．

また，山口県錦町出合に分布する三郡変成帯のパンペリー石（pumpellyite）-アクチノ閃石（actinolite）帯と緑れん石-藍閃石帯に属する結晶片岩については，3種の年代測定法によって類似の年代が得られている．すなわち，Rb-Sr 全岩アイソクロン年代が 219 ± 8 Ma，岩石と白雲母による Rb-Sr 全岩—鉱物アイソクロン年代が 224 ± 8 Ma，白雲母の K-Ar 年代が 228 ± 7 Ma を示す．なお，全岩アイソクロンから外れる $^{87}Rb/^{86}Sr$ 比の小さい2試料は苦鉄質片岩で，若宮町（図 2.11）の場合と同じである．Rb-Sr 全岩アイソクロン年代の測定に使用された試料は，地層の北東-南西走向に直交する1ルート，約 100 m の範囲から採取されている．この結晶片岩の原岩の時代はペルム紀末～三畳紀初頭（約 250 Ma）と考えられている．このような結晶片岩にかかわる年代値とその源岩の時代を総合すると，Rb-Sr 全岩アイソクロン年代が示す 219 Ma は変成作用の時代と解釈される（柴田・西村，1989）．

変成岩に関する Rb-Sr 全岩アイソクロン年代の研究はまだ十分には進んでいないが，変成作用の過程のある時期を示唆する全岩アイソクロン年代が得られるのは，次のような変成作用の諸現象が変成岩体に刻印されている場合である．

① 部分溶融を起こさない限りグラニュライト相〜エクロジャイト相のような温度・圧力条件においても Sr 同位体平衡は成り立たない．部分溶融を起こすと生成された溶融物をとおして，少なくとも1露頭規模以下の範囲で Sr 同位体平衡が成り立つ可能性がある．この場合にはアイソクロンが形成される．

② 部分溶融を生じた変成岩体に，H_2O のような流体相が存在し続けると，岩体の温度が 400 ℃ 程度まで低下しても，岩体内部において Sr 同位体平衡が保持されることがある．この場合，得られたアイソクロンが示す年代値は部分溶融が生じた時期とはならない．

③ H_2O が十分に存在すると，低変成度の変成作用において Sr 同位体平衡が成り立つ可能性がある．ただし化学組成の著しく違う岩石の場合，同位体平衡は成り立ちにくい．

2.6　Sr モデル年代
2.6.A　CHUR と DM の Sr 同位体進化線

Rb-Sr アイソクロン法が確立される以前（1950 年代）においては，過去に形成されたあらゆる種類の岩石や鉱物は，それらの形成時には同一の $^{87}Sr/^{86}Sr$ 比（0.712；当時測定された海水の平均値で，この値は地殻の平均を示すものと考えられていた）をもっていたと仮定して，岩石や鉱物の年代値を算出していた．すなわち，岩石や鉱物の $^{87}Sr/^{86}Sr$ 比，$^{87}Rb/^{86}Sr$ 比の測定値とそれらが形成時にもっていた $^{87}Sr/^{86}Sr$ 比（0.712）を用いて，§2.4.A の (2.8) 式から年代値を算出したのである．このように岩石や鉱物に Sr 同位体比初生値を仮定して算出される年代値を **Sr モデル年代**（Sr model age, Rb-Sr model age）という．

現在では，Sr モデル年代を算出するのに用いられる，基準となる Sr 同位体比としては，地殻の平均値ではなく，隕石（meteorite）と中央海嶺玄武岩

(mid-ocean ridge basalt；**MORB**) の起源マントル物質が用いられることが多い．

　DePaolo・Wasserburg（1976a，1976b）は，隕石の仲間の1つであるコンドライト（chondrite）と同一の Nd 同位体比と Sm/Nd 比（§3.2，3.3参照）をもつ物質が地球内部に存在していると考え，この仮想的な物質を **CHUR**（CHondritic Uniform Reservoir の略語）と呼んだ．地球の全化学組成と隕石の平均化学組成とが類似していることから，CHUR という用語は現在では**全地球**（Bulk Earth）と同一の意味で普通使用される．本書では両方の用語を使う．MORB の起源マントル物質は，マントルの広範囲を占めていると考えられる．MORB はマグマ中に濃集しやすい**不適合元素**（incompatible elements；液相濃集元素ともいい，K，Rb などのイオン半径の大きい低電荷元素と Ti，Zr，Nb などの高電荷元素を含む）に著しく枯渇していることから，MORB の起源マントルを**枯渇したマントル**（Depleted MORB Mantle；**DM** あるいは **DMM**）というのが一般的である．なお，イオン半径の大きい低電荷元素は **LILE**（Large Ion Lithophile Elements），高電荷元素は **HFSE**（High-Field Strength Elements）と略され，本書でもこの用語を使う．

　CHUR と DM における地球創成以降の Sr 同位体比の経年変化を，年代値を横軸に，Sr 同位体比を縦軸にとった図で検討してみる（図2.12）．両者とも Rb を含んでいるので，Sr 同位体比は45.4億年前から現在に向かって徐々に増大していく．その軌跡は，^{87}Rb の壊変定数が非常に小さいので直線として近似される．2本の曲線は CHUR と DM の Sr 同位体比の進化（変化）を示していることから，本書ではこれらの曲線に対して **Sr 同位体進化線**（Sr isotopic evolution curve）の用語を用いる．Sr 同位体進化線は Rb-Sr 系の基本式［§2.4.A の (2.8) 式］で描かれる．このことは，CHUR と DM の Sr 同位体進化線の位置と傾斜が，それぞれの $(^{87}Sr/^{86}Sr)_p$ と $(^{87}Rb/^{86}Sr)_p$ によって決定されることを示している．CHUR の $(^{87}Sr/^{86}Sr)_p$ として 0.7045～0.7055 が用いられているが，本書では 0.7045 を用いる．この値はコンドライトの $^{143}Nd/^{144}Nd$ 比（0.512638；§3.3参照）と同一の値をもつ新生代の海洋玄武岩の $^{87}Sr/^{86}Sr$ 比から得られたものである（DePaolo・Wasserburg，1976b；DePaolo，1988）．一方，CHUR の $(^{87}Rb/^{86}Sr)_p$ の値は次の方法により

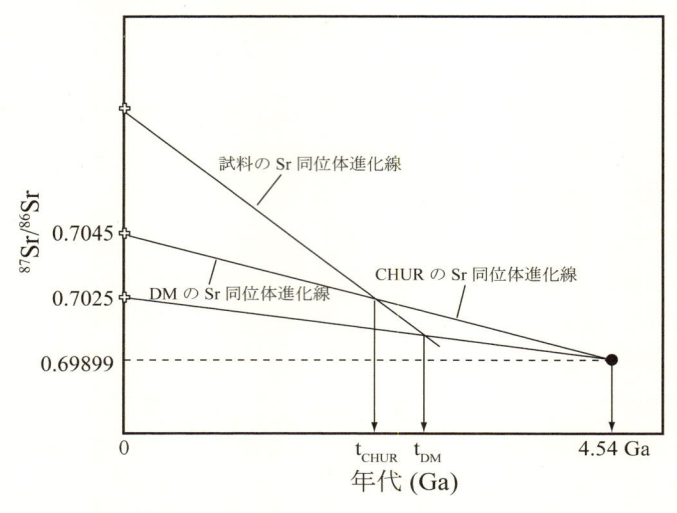

図2.12 CHURとDMのSr同位体比の経年変化
各線の傾斜は$^{87}Rb/^{86}Sr$比を示し, 傾斜が大きいほどこの比が大である.

算出される. コンドライトの45.4億年前のCHURのSr同位体比として0.69899が妥当なものと考えられている. $(^{87}Sr/^{86}Sr)_p = 0.7045$, $(^{87}Sr/^{86}Sr)_{4.54\,Ga} = 0.69899$を用いると, §2.4.Aの(2.8)式からCHURの$(^{87}Rb/^{86}Sr)_p$として0.0827が得られる. 実際には, CHURの$(^{87}Rb/^{86}Sr)_p$として0.082から0.090までのさまざまな数値が用いられているが, これは研究者によって, 使用する$(^{87}Sr/^{86}Sr)_p$, 地球の年齢, 地球創成時のSr同位体比が異なっていることによる. 本書ではCHURの$(^{87}Rb/^{86}Sr)_p$として0.0827を用いるが, この値は国際的にも広く使用されている. なお, Rb-Sr系のCHURのパラメータの$(^{87}Sr/^{86}Sr)_p$と$(^{87}Rb/^{86}Sr)_p$の値は上述のようにコンドライトから直接得られた値ではないので, Rb-Sr系ではCHURではなく**UR**(Uniform Resevoir)が使われることもあるが, 本書ではCHURを使う.

DMについて, $(^{87}Sr/^{86}Sr)_p$を0.7025, 45.4億年前のSr同位体比を0.69899とすると, §2.4.Aの(2.8)式からDMの$(^{87}Rb/^{86}Sr)_p$として0.0527が算出される.

2.6.B　CHUR と DM の Sr モデル年代
2.6.B-a　Sr モデル年代の算出方法と意義

　火成岩の CHUR あるいは DM についての Sr モデル年代について解説する．火成岩 X の $(^{87}Sr/^{86}Sr)_P$ と $(^{87}Rb/^{86}Sr)_P$ のデータを用いると，§2.4.A の (2.8) 式から，火成岩 X の Sr 同位体進化線が作成される．この曲線と CHUR および DM の Sr 同位体進化線との交点で示される年代値を，それぞれ，火成岩 X の CHUR と DM の Sr モデル年代といい（図 2.12），それぞれの年代値は次式によって得られる．

　　CHUR を用いたモデル年代；$t_{CHUR} = (1/\lambda)\ln[1 + \{0.7045 - (^{87}Sr/^{86}Sr)_{試料}\}/$
　　　　　　　　　　　　　　　　$\{0.0827 - (^{87}Rb/^{86}Sr)_{試料}\}]$

　　DM を用いたモデル年代；$t_{DM} = (1/\lambda)\ln[1 + \{0.7025 - (^{87}Sr/^{86}Sr)_{試料}\}/$
　　　　　　　　　　　　　　　　$\{0.0527 - (^{87}Rb/^{86}Sr)_{試料}\}]$

　こうして得られる Sr モデル年代とは年代学上，あるいは火成岩の成因を考察するうえで，どのような意味をもっているだろうか．たとえば，図 2.12 の火成岩 X の CHUR の Sr モデル年代を考えてみる．この火成岩を形成したマグマは，Sr モデル年代で示される○○ Ma に CHUR から生成された．このマグマは CHUR よりも高い $^{87}Rb/^{86}Sr$ 比をもったことから，マグマが冷却・固化して形成された火成岩は，CHUR よりも傾斜の大きい Sr 同位体進化線を描くようになった，というのが 1 つの解釈である．

　しかし実際には，このマグマが，仮想的な CHUR と同一組成の物質から生成されたという根拠もなければ，○○ Ma に生成されたということも確かなことではない．したがって，Sr モデル年代は，苦鉄質〜超苦鉄質岩，あるいは石灰岩のように，Rb-Sr アイソクロン法による年代測定が困難だった岩石に適用されることが多かった．種々の地域の，あるいは種々の地質時代のこれらの岩石について，CHUR の Sr モデル年代を算出して，Sr モデル年代の新旧関係の地質学的意義，これらの岩石を形成したマグマの起源物質と CHUR の化学組成との違いなどについて議論がなされてきた．しかし最近では，岩石からの Rb，Sr の抽出法の改良と，表面電離型質量分析計による測定精度の向上が図られたことから，Rb と Sr をごく少量しか含まない苦鉄質〜超苦鉄質岩とその構成鉱物についても，Rb と Sr の高精度の同位体測定が可能になってきてい

る．したがって，現在では，Sr モデル年代が適用される岩石は石灰岩などに限られるようになった．

2.6.B-b　Sr モデル年代の適用例

次に Sr モデル年代を適用した研究例をあげる．この研究で扱っている岩石や鉱物の $^{87}\text{Rb}/^{86}\text{Sr}$ 比はきわめて低いため，それらの Sr 同位体進化線は水平に近い緩傾斜を示す（CHUR あるいは DM の Sr 同位体進化線と斜交しない）．このような岩石や鉱物を扱った研究例は少ないが，それらの形成時期や晶出時期などについて，次のように論じられている．9000 万年前に活動した南アフリカ産のキンバーライト（kimberlite）はダイアモンドを包有している．このダイアモンドはざくろ石を包有している．Richardson ほか（1984）はこれらの岩石や鉱物の Sr モデル年代に焦点をおき，ざくろ石の晶出した時期を論じ

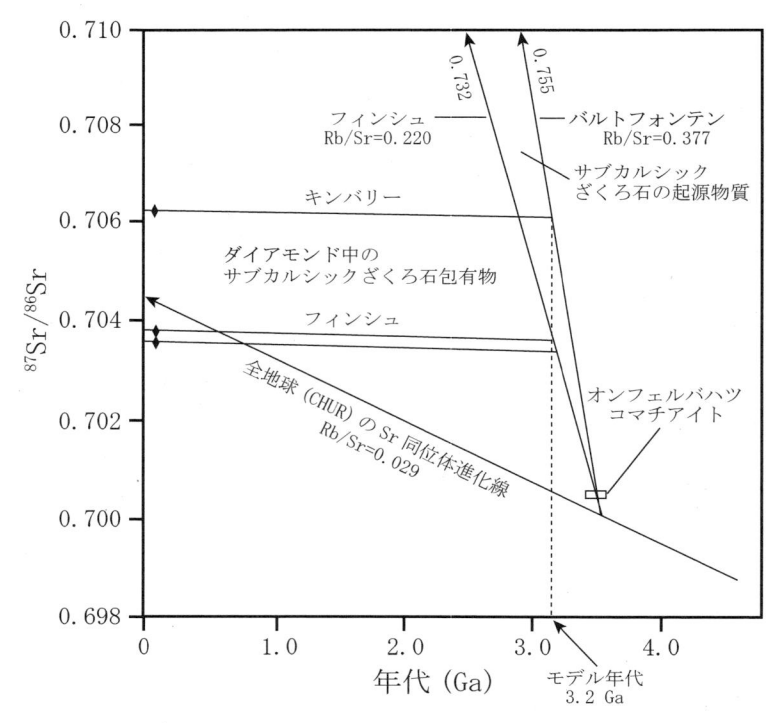

図2.13　ダイアモンドに包有されたざくろ石の Sr モデル年代
（Richardson ほか，1984）

ている.彼らは図2.13に基づき,35億年前頃にCHURからRb/Sr比(0.377,0.220)の高いマントルが形成され,ざくろ石はこのマントルから33～32億年前に晶出したと解釈している.33～32億年の年代値はざくろ石のSrモデル年代であるが,35億年の年代値と,35億年から33～32億年までの高いRb/Sr比をもつマントルのSr同位体進化線の情報は,キンバーライトの周辺に分布する岩石,キンバーライトとそれに包有されたエクロジャイト,かんらん岩(peridotite),鉱物などさまざまな物質から得られた年代値とSr,Nd同位体に関するデータに基づいている.

2.6.C 海水によるSrモデル年代
2.6.C-a 海水のSr同位体比の経年変化

石灰岩にはRbはごく微量しか含まれないが,Srは多量に含まれるため,この岩石の$^{87}Rb/^{86}Sr$比は著しく小さく,その変化幅も小さい.したがって,いくつかの石灰岩について$^{87}Rb/^{86}Sr$比と$^{87}Sr/^{86}Sr$比を測定しても,Rb-Sr全岩アイソクロンを得ることは困難である.化学組成が$CaCO_3$の石灰岩の多くは,海水中に溶解していたCO_2がCaと結合して形成されたものである.世界各地の石灰岩については,含まれる化石などからその形成時代(海水からの沈殿時期)が明らかにされているものが多く存在する.これらの石灰岩のSr同位体比の経年変化は,地質時代における海水のSr同位体比の経年変化を示すものと考えられている.図2.14に示したように顕生累代(5.7億年～現在)の海水のSr同位体比の経年変化(McArthurほか,2001;Faure・Mensing,2005)は大きく複雑に変動しているが,この変動の一因は,火成活動,特に海底に噴出したマントル起源のマグマの活動の強弱と関係すると考えられている.形成時期が不明な石灰岩については,そのSr同位体比を海水のSr同位体比の経年変化曲線と照合することにより,形成時期を推定することができるが,これは次のような方法による.石灰岩の$^{87}Rb/^{86}Sr$比はきわめて小さいので,この岩石のSr同位体進化線は水平線で近似できる.この水平線と海水のSr同位体比の経年変化曲線との交点から年代値を算出するが,この年代値は海水を使用したSrモデル年代である.古生代の石灰岩からSr同位体比として0.7075が測定されたとすると,そのSr同位体進化線と海水のSr同位体比の経年変化曲線との交点は4カ所ある(図2.14).このような場合,化石などの

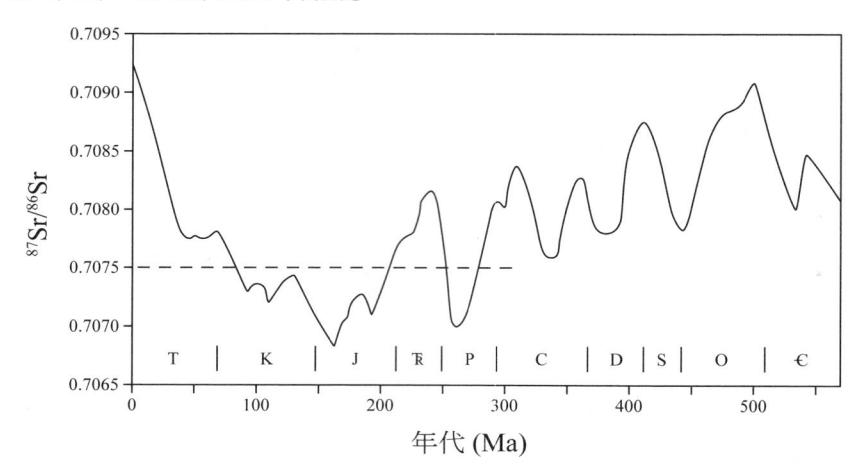

図2.14 顕生累代の海水のSr同位体比経年変化（Faure・Mensing，2005）
McArthurほか（2001）が集めたデータを曲線として示したFaure・Mensing（2005）の一部を変更し引用した．€；カンブリア紀，O；オルドビス紀，S；シルル紀，D；デボン紀，C；石炭紀，P；ペルム紀，₸R；三畳紀，J；ジュラ紀，K；白亜紀，T；第三紀（第四紀を含む）．

データを加味すると年代値を絞り込むことができる．この方法は，有孔虫の単体の年代測定などにも利用されるので適応範囲が広いといえよう．

ここで述べた方法が有効なのは，ある一定の時間において地球上の海水のSr同位体比は均一な値であったということを前提にしているからである．実際に現在の海水の$^{87}Sr/^{86}Sr$比についてみると，太平洋，大西洋，インド洋を問わず一定で$0.70918±0.00001$（2σ）である．また海水のSr濃度は7.74ppmと高い（1gの海水に約8μg）．Sr同位体比の均一性の原因は，Srの海水中の滞留時間は250〜500万年で，海水の混合時間の数100年〜約1000年に比べ，はるかに長いことによる．大きな河川の流れ込む付近の海水の$^{87}Sr/^{86}Sr$比は大きく変動してもよさそうであるが，河川水のSr濃度は約0.07ppm（表2.2）で，これは海水のSr濃度の100分の1以下のため大きな影響を与えない．

2.6.C-b　海水のSr同位体比の経年変化と火成活動との関係

Veizer・Compston（1976）は始生累代（39〜25億年）の約33億年前から現在までの海水のSr同位体比の経年変化を明らかにしている（図2.15）．このSr同位体比の変化は，大陸の火成活動によって形成された岩石の種類の時

2.6 Sr モデル年代　47

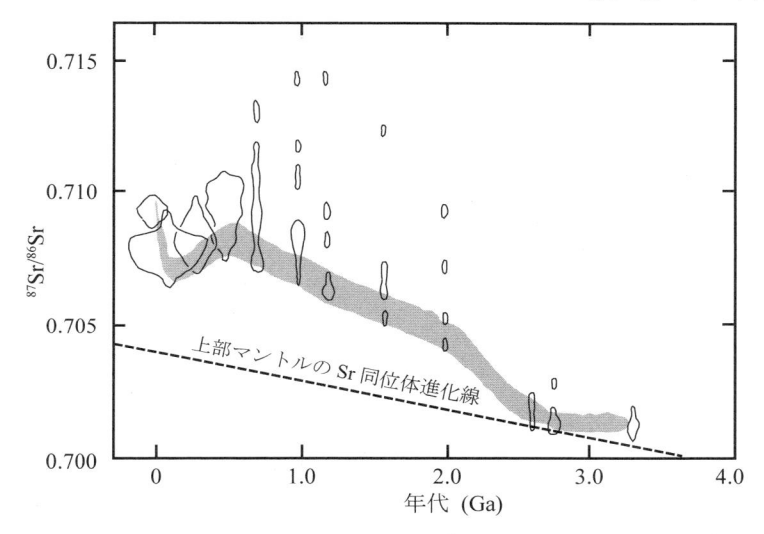

図2.15 海水の Sr 同位体比経年変化（Veizer・Compston, 1976）
紡錘形；データの頻度分布，灰色のゾーン；海水の Sr 同位体比の範囲．

代的変化，あるいはそれらの化学組成の時代的変化によく対応しているため，海水の Sr 同位体比の経年変化と地質過程との因果関係を説明した例として，いろいろな教科書で紹介されている．彼らが考察した内容を詳しくみてみよう．図 2.15 にみられるように，25 億年前よりも古い海水の Sr 同位体比はマントルの Sr 同位体進化線に沿ってプロットされている．このような対応関係は，始生累代におけるマントルの活動や火成活動の特徴などから説明されている．始生累代の火成活動の特徴として次の点があげられる．1) マントル対流が活発で，マントルを起源とする $^{87}Sr/^{86}Sr$ 比の低い火成岩（たとえばコマチアイト；komatiite）の活動が激しかった．2) トーナル岩（Tonalite），トロニエム岩（Trondhjemite），花崗閃緑岩（Granodiorite；それぞれの頭文字をとって，これらを通称 **TTG** と呼ぶ）のような，$^{87}Sr/^{86}Sr$ 比の低い花崗岩質マグマの活動が活発であった．そのような岩石を主体とする大陸地域では，時間が経過しても ^{87}Rb の壊変で生成された ^{87}Sr は少なかったと考えられる．そのため大陸地域から海洋に流れ込む河川水の Sr 同位体比は低く，したがって海水の Sr 同位体比はマントルに比べ著しく高くならなかったと推定される．また図 2.15 には，海水の $^{87}Sr/^{86}Sr$ 比が 25 億年前頃（原生累代初期）から急激に

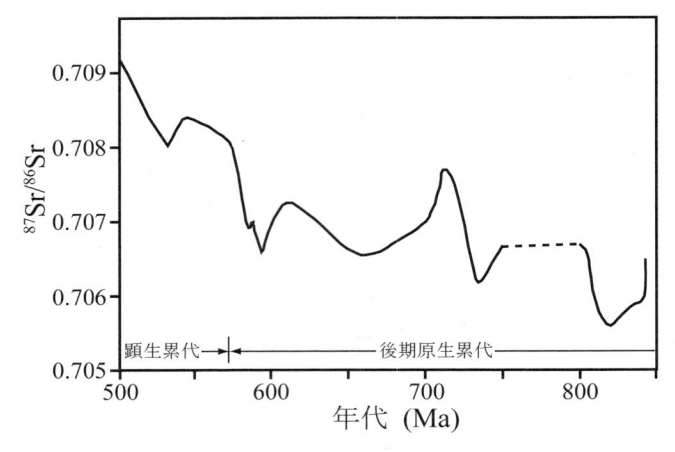

図2.16 原生累代末期〜顕生累代初期の海水の Sr 同位体比経年変化
（Faure・Mensing, 2005）

本図は Jacobsen・Kaufman（1999）が集めたデータを曲線として示した Faure・Mensing（2005）の一部を変更し引用した．

高くなることが示されている．これは原生累代になると，Sr 同位体比の高い河川水が海洋に流入したからだと考えられている．高い Sr 同位体比は，原生累代になってから大陸地域において大量に形成された，$^{87}Sr/^{86}Sr$ 比と $^{87}Rb/^{86}Sr$ 比の高い花崗岩類からもたらされたものである．中生代の中頃（約 150 Ma）になると，海水の Sr 同位体比は急激に下がる．この時代には海洋底拡大によりマントル起源の低い $^{87}Sr/^{86}Sr$ 比をもつマグマが活発化した．その結果，このマグマあるいはマグマから形成された火山岩に由来する Sr の混入によって，海水の Sr 同位体比は低下したものと説明されている．

Veizer・Compston（1976）の研究以降，原生累代（25〜5.7億年）末期から現在にかけて形成された石灰岩についての多数の Sr 同位体的研究が行われてきた．このような研究の蓄積により，海水の Sr 同位体比の経年変化が詳しく明らかにされてきた．原生累代末期〜顕生累代初期の海水の Sr 同位体比の変化の様子を図 2.16（Jacobsen・Kaufman, 1999；Faure・Mensing, 2005）に示した．

2.7 Rb-Sr系による年代測定の長所と短所

　この系による年代測定は，K-Ar系あるいはU-Pb系とともに世界各地の研究所，大学などで盛んに行われている．その理由としては次の諸点が考えられる．

① この系による年代測定の歴史は50年以上と長く，Rb，Srの抽出法および同位体測定法が十分に確立されている．すなわち，多くの岩石，鉱物からの両元素の抽出を比較的容易に行うことができる．また，表面電離型質量分析計もかなり自動化されているので，Srの同位体測定も比較的容易に行うことができる．

② 測定する岩石のRb/Sr比の幅が広いほど，アイソクロンの精度が上がるとともに，得られる年代値の誤差が小さくなる．火成岩体，とくに花崗岩体の場合，Rb/Sr比に幅のある岩石種，鉱物種の選択が比較的容易である（表2.1，表2.2）．

③ 隕石および先カンブリア時代から第三紀までの広範囲の地質時代の岩石を年代測定することができる．

④ Rb-Sr全岩アイソクロン年代およびRb-Sr全岩―鉱物アイソクロン年代を検討することによって，岩石あるいは岩体の冷却史を解析できる．

⑤ Rb-Sr全岩アイソクロン法により得られたSr同位体比初生値を用いて，火成岩体を形成した起源物質の化学組成を検討することができる．

　しかしどの年代測定法にも短所があり，Rb-Sr系もその例外ではない．短所として次の諸点が考えられる．

① RbとSrは流体相などをとおして移動しやすい元素のため，変質作用や変成作用を被った火成岩から，その形成年代を得ることは困難なことが多い．

② Sr同位体比とRb/Sr比の異なる2つの物質がさまざまな割合で混合した場合，混合線は，Rb-Srアイソクロン図上で2つの物質を結ぶ直線で表されるので，混合線とアイソクロンを識別するのが困難な場合がある．混合線については§4.2で述べる．

③ 石灰岩を除きSrに富みRbに乏しい岩石，鉱物は年代測定に適さない．

第3章　Sm-Nd系による年代測定

3.1 Sm-Nd系の確立

　SmとNdは**ランタノイド**（lanthanoides）に属している．ランタノイドを用いた同位体年代測定法はLa-Ba系，La-Ce系，Sm-Nd系，Lu-Hf系である（表1.2）．ただし，Baはアルカリ土類金属，Hfはチタン族元素（element of the titanium group）に属する．

　Smの同位体は144, 147, 148, 149, 150, 152, 154である．^{147}Smのα壊変により6.54×10^{-12}/年という速度で^{143}Ndが生成される．^{147}Smのほかに^{148}Smも放射性同位体（親核種）で，α壊変により^{144}Ndが生成されるが，壊変定数が9.9×10^{-17}/年ときわめて小さく，^{147}Smの壊変定数のわずか1/66,000に過ぎない．また，この^{148}Smは同時に^{152}Gdのα壊変による放射性源同位体（娘核種）でもある．しかし，^{152}Gdの壊変定数が6.42×10^{-15}/年と非常に小さいので壊変による^{148}Smの生成量は無視できる．本書では^{148}Smを安定同位体として扱う．一方のNdは142, 143, 144, 145, 146, 148, 150の同位体をもっている．^{143}Ndのほかに^{144}Ndも上述のように^{148}Smのα壊変により生成される放射性源同位体（娘核種）である．しかし，非常に小さな壊変定数のため壊変による生成量は無視できる．さらに，^{144}Ndは放射性同位体（親核種）でもありα壊変により^{140}Ceが生成される．しかし，壊変定数は3.01×10^{-16}/年と非常に小さい．本書では^{144}Ndを安定同位体として扱う．

　Sm-Nd系の基礎的研究は1970年までにほぼ確立されている．すなわち，^{147}Smの壊変定数に関する研究は1930年代中頃に始まり，1960年代に入るとWrightほか（1961），Donhoffer（1963），Valliほか（1965），Gupta・McFarlane（1970）により精度の高い値が報告されるようになった（DePaolo, 1988）．Lugmair・Marti（1978）は，以上の研究者による4つの値を平均して得た6.54（±0.05）$\times10^{-12}$/年を推奨値とし，現在もこの値が広く用いられている．また，Nd同位体比の精密な測定方法はWasserburgほか（1969）によって確立さ

れた．岩石や鉱物からのNdを含むREEの抽出はEugsterほか（1970）によって行われ，その後，REEからのNd，Smの抽出は酪酸，乳酸，王水，塩酸などさまざまな薬品を用いて行われている．

1970年から数年後，Notsuほか（1973）によって，ジュビナス・エコンドライト（Juvinas achondrite）について全岩，輝石，斜長石を使いSm-Ndアイソクロン年代として4.3±2.5 Gaが報告された．地球の岩石についてのNd同位体比の最初の測定は，カリフォルニア工科大学（通称，CALTEC）グループ（DePaolo・Wasserburg，1976a，1976b）とパリ大学グループ（Richardほか，1976）によって行われている．しかし，両グループ間で，Nd同位体比の分母に選択した安定同位体が違っていた．すなわちCALTECグループは6つの安定同位体（142，144，145，146，148，150）の中で^{144}Ndを選択したのに対し，パリ大学グループは^{146}Ndを選択した．ただ，後者の比を使うと火成岩は0.71前後の値を示し，この値は火成岩の$^{87}Sr/^{86}Sr$比に似ていることから両者を混同しやすいこと，また143と146が離れているので精度の高い測定を行うことが難しいことなどの問題があった．現在では$^{143}Nd/^{144}Nd$比に統一され用いられている．なお，146を除く残りの5つの安定同位体の中で^{144}Ndが選ばれたのは，Sr同位体比の分母に^{86}Srが選択されたのと同一の理由に基づいている（§2.4.A参照）．

3.2　Sm，Ndの挙動

希土類元素（Rare Earth Elements；**REE**）は，原子番号21のSc，39のY，57のLaから71のLuまでの元素からなるランタノイドの計17元素の総称である．地球化学でREEとして扱うのはその大部分を占めるランタノイドである．この中で原子番号61の放射性元素のPm（プロメチウム）は，構成する同位体がすべて放射性で，それらの半減期がわずか2.7分～17.7年と短い．そのためこの元素は自然界にはほとんど存在しない．

原子番号63のEuと70のYbは+2価と+3価の電荷をもつが，そのほかは+3価である．原子番号が大きい元素ほどイオン半径は小さい．REEのうち，原子番号の小さいLa～Euが**軽希土類元素**（Light Rare Earth Elements；**LREE**）で，原子番号の大きいGd～Luが**重希土類元素**（Heavy

Rare Earth Elements；**HREE**）である．また，Pm 付近から Ho 付近までを**中希土類元素**（Middle Rare Earth Elements；**MREE**）と呼ぶこともある．原子番号が 60 の Nd，62 の Sm は 6 配位から 12 配位をとり，鉱物種によりその配位数が違う［たとえば，チタナイト；7 配位，ジルコン；8 配位，モナズ石（monazite）；9 配位，かつれん石；11 配位など］．これは REE を含む鉱物がさまざまな化学組成をもつことによる（Henderson, 1984）．Nd と Sm の 6 配位のイオン半径を比べると，それぞれ 98 pm，96 pm，8 配位が 111 pm と 108 pm，12 配位が 127 pm と 124 pm である．このように両元素は電荷が等しく，また同一配位数ではイオン半径も近似している．そのため，両元素の化学的挙動は一見してほとんど同一のように思われる．しかし，軽希土類元素を特徴的に濃集する鉱物，重希土類元素を濃集する鉱物，さらには中希土類元素を濃集する鉱物もあり，そのため鉱物種により Sm/Nd 比に差が生じる．

　表 3.1 は火成岩の主成分鉱物，副成分鉱物の Sm，Nd 濃度と Sm/Nd 比を示した．表中の黒雲母とカリ長石はデータ数が少ないため予想値である．Rb-Sr 系では両元素の化学的特徴が著しく異なるため Rb/Sr 比が 0 に近い鉱物種もあった（表 2.1）．しかし Sm-Nd 系の場合，両元素はランタノイドに属しているためそのような極端に低い Sm/Nd 比をもつ鉱物種はなく，低い値でもかつれん石の 0.1（9 データの範囲；0.07～0.12）程度である．火成岩以外の岩石の鉱物のデータを調べても 0.08 以下のことはほとんどない．地球全体の平均を示すと考えられる CHUR（§2.6.A 参照）の Sm/Nd 比, 0.325（Wasserburg ほか，1981 および表 3.2）と比較すると，かつれん石は Sm に比し Nd が 3 倍程度濃縮しているにすぎない．主成分鉱物で低い Sm/Nd 比をもつのは長石類，高い比をもつのは輝石類である．ホルンブレンドは Sm，Nd 濃度も高く，Sm/Nd 比も比較的高いので Sm-Nd 系による年代測定では使いやすい鉱物である．なお，単斜輝石と角閃石類中のホルンブレンドは中希土類元素を濃集する．次に Sm/Nd 比の特に高い鉱物はゼノタイム（xenotime），ざくろ石である．この中でざくろ石は火成岩，あるいは変成岩の副成分鉱物として産することがあるため，Sm-Nd 系による年代測定では頻繁に使われている．ホルンブレンド，ざくろ石については §3.5 の Sm-Nd 系による年代測定の実例の中でふれることにする．

表3.1　鉱物のSm, Nd濃度とSm/Nd比

鉱物名	Sm濃度 (ppm)	Sm濃度範囲 (ppm)	Nd濃度 (ppm)	Nd濃度範囲 (ppm)	Sm/Nd
主成分鉱物					
かんらん石 (10)	0.061	0.006-0.108	0.199	0.018-0.365	0.307
斜方輝石 (21)	0.695	0.036-1.96	2.11	0.48-9.50	0.330
単斜輝石 (52)	2.50	0.211-6.92	6.62	0.393-25.2	0.378
ホルンブレンド (36)	6.09	0.530-21.4	20.3	2.04-72.3	0.300
黒雲母*	0.25		0.84		0.298
斜長石 (61)	0.320	0.010-1.49	1.78	0.095-7.1	0.180
カリ長石*	0.046		0.26		0.177
副成分鉱物					
かつれん石 (9)	2740	990-4230	26830	9000-39270	0.102
アパタイト (25)	185	52.9-604	746	302-1543	0.248
ざくろ石 (12)	9.86	0.248-25.1	9.69	0.175-17.4	1.02
チタン鉄鉱 (9)	2.70	1.07-6.35	9.70	3.40-16.1	0.278
モナズ石 (3)	22880	15000-30970	139540	88000-178600	0.164
チタナイト (7)	543	62-912	1510	56-4180	0.360
ゼノタイム (7)	5260	1730-7500	2250	772-4120	2.34
ジルコン (25)	3.81	1.21-9.70	11.9	2.91-36.6	0.320

データ；世界各地の火成岩から得られたデータを集めた加々美未公表資料.
鉱物名の後の括弧内はデータ数. 黒雲母, カリ長石の値は分配係数からの予想値.

　Sm, Ndは火成岩の主成分鉱物にはそれほど多く含まれないが, 副成分鉱物のかつれん石, アパタイト, モナズ石, チタナイト, ゼノタイムなどには多量に含まれている (表3.1). これらの鉱物にはほかのREEも多量に含まれる. 一般に火成岩のSm, Nd濃度はRb, Srに比べ低い傾向にあるが, アルカリ火成岩, カーボナタイト (carbonatite) などには多量に含まれている (表3.2). 火成岩のSm/Nd比は苦鉄質岩, 中性岩, 珪長質岩の順で低くなっているのが一般的である. これはRb/Sr比がこの岩石の順に高くなっていることと逆の関係になっている. すなわち, Sm-Nd系は苦鉄質岩の年代測定に適しているのに対して, Rb-Sr系は珪長質岩の年代測定に適していることを意味している. また火成岩のSm/Nd比の幅が狭いため, $^{143}Nd/^{144}Nd$比の幅も狭い. したがって火成岩の年代測定を行うには, Nd同位体比と$^{147}Sm/^{144}Nd$比の高精度の測定が要求される.

3.3　Sm, Ndの同位体存在度と原子量

　現在の地球物質のSmの同位体存在度と原子量は同一である. 同位体存在度

3.3 Sm, Nd の同位体存在度と原子量　55

表 3.2　岩石，隕石，水の Sm, Nd 濃度と Sm/Nd 比

岩 石 名	Sm (ppm)	Nd (ppm)	Sm/Nd
火山岩			
コマチアイト，ピクライト	1.14	3.59	0.317
ソレアイト（始生累代）	1.96	6.67	0.293
MORB ソレアイト	3.30	10.3	0.320
大陸性ソレアイト	5.32	24.2	0.220
カルク-アルカリ玄武岩	6.07	32.6	0.186
アルカリ玄武岩	8.07	41.5	0.194
粗面岩	14.1	73.2	0.192
安山岩	3.90	20.6	0.189
石英安山岩	5.05	24.9	0.202
流紋岩	4.65	21.6	0.215
キンバーライト	8.08	66.1	0.122
カーボナタイト	38.7	178.8	0.216
超苦鉄質岩			
ハルツバージャイト，輝岩	0.0025	0.0085	0.294
レルゾライト，ウエブステライト	0.582	2.28	0.255
苦鉄質-珪長質深成岩			
はんれい岩	1.78	7.53	0.236
石英閃緑岩，トーナル岩	4.01	16.8	0.238
花崗閃緑岩	6.48	29.9	0.216
花崗岩	8.22	43.5	0.188
アルカリ深成岩			
モンゾニ岩，石英モンゾニ岩	5.31	26.4	0.200
閃長岩	9.5	86	0.110
ネフェリン閃長岩	14.0	75.5	0.185
堆積岩			
頁岩	10.9	49.8	0.209
砂岩	8.93	39.4	0.227
グレイワッケ	5.03	25.5	0.197
石灰岩	2.03	8.75	0.232
そのほか			
河川水*	$(0.3-0.4) \times 10^{-6}$	2×10^{-6}	−
海水	0.545×10^{-6}	2.58×10^{-6}	0.211
コンドライト**	0.193	0.594	0.325

データ；Faure (1986), *；Albarède (2003), ただし Sm は予想値, **；Evensen ほか (1978), Boynton (1984), Taylor・Mclennan (1985) の平均値.

を表 3.3 に示したが，この存在度から計算すると Sm の原子量は 150.365568 である．Rb の原子量の経年変化を表 2.3 に示したが，それによると 45.4 億年前の原子量は現在より 1.000307 倍増加するが，Sm についても同様な計算を行うと 150.350043 が得られ，現在の 0.999897 倍と逆に減少する．これは Rb

表3.3 Sm, Nd の同位体と原子質量, 同位体存在度

原子番号	核種	各同位体の amu	同位体存在度
60	^{142}Nd	141.907719	1.141827/Σ
	^{143}Nd	142.909810	r/Σ
	^{144}Nd	143.910083	1/Σ
	^{145}Nd	144.912569	0.348417/Σ
	^{146}Nd	145.913113	0.7219/Σ
	^{148}Nd	147.916889	0.241578/Σ
	^{150}Nd	149.920887	0.236418/Σ
62	^{144}Sm	143.911996	0.030748
	^{147}Sm	146.914894	0.149957
	^{148}Sm	147.914818	0.112423
	^{149}Sm	148.917180	0.138200
	^{150}Sm	149.917272	0.073798
	^{152}Sm	151.919729	0.267384
	^{154}Sm	153.922206	0.227490

r；^{143}Nd/^{144}Nd 比，Σ；3.690140+r.

の場合2つある同位体中，放射性同位体の87は質量数の大きい側にあるのに対して，Smは7つある同位体中，147は小さいほうから2番目に位置することによる．

　放射性源同位体の^{143}Ndの存在度は物質ごとに異なっているので，Ndの原子量も物質ごとに違っている．試料のNd同位体比測定を表面電離型質量分析計で行う場合，Srの§2.3で記述したように同位体分別が必ず起こる．同位体分別の補正（規格化）はSrでは安定同位体の^{88}Sr/^{86}Sr 比 = 8.375209 以外を使う研究者はいない．しかしNdの場合，この補正は1つの安定同位体比と値に定まっていない．補正に使う安定同位体比とその値によって，世界のNd同位体研究者は2つのグループに分けられる．

　表3.4に安定同位体比を示した．この表のWに示した比の値はDePaolo・

表3.4 規格化する同位体による Nd 同位体比の違い

Nd 同位体比	W	O
^{142}Nd/^{144}Nd	1.138305	1.141827
^{143}Nd/^{144}Nd	0.511847	0.512638
^{145}Nd/^{144}Nd	0.348956	0.348417
^{146}Nd/^{144}Nd	0.724134	0.7216
^{148}Nd/^{144}Nd	0.243075	0.241578
^{150}Nd/^{144}Nd	0.238619	0.236418

W は ^{146}Nd/^{142}Nd = 0.636151，O は ^{146}Nd/^{144}Nd = 0.7219 で規格化した場合の Nd 同位体比．^{143}Nd/^{144}Nd 比の値は CHUR.

Wasserburg (1976) の CALTEC の研究者により，一方の O はオックスフォード大学の O'Nion ほか (1977) などの研究者により用いられ始めた．日本の研究者のほとんどは O の値を採用している．W の比の値を使うと CHUR の ^{143}Nd/^{144}Nd 比は 0.511847 となり，一方 O を使うと 0.512638 となる．したがって同じ物質であるにもかかわらず全く異なった値となっている．

同位体分別の補正（規格化）を行う場合，W では ^{146}Nd/^{142}Nd = 0.636151，O では ^{146}Nd/^{144}Nd = 0.7219 を使う．O の規格化は次式により行われる．

$$(^{143}Nd/^{144}Nd)_{n.r.} = (^{143}Nd/^{144}Nd)_{m.r.} \times [(^{146}Nd/^{144}Nd)_{m.r.} + (^{146}Nd/^{144}Nd)_{0.7219}]/[2 \times (^{146}Nd/^{144}Nd)_{0.7219}] \quad (3.1)$$

ここで n.r. は規格化された比，m.r. は測定された比である．

個々の研究者が用いている同位体比は，論文中の実験あるいは測定法のところに必ず書かれており簡単に判断できる．W では上述の ^{146}Nd/^{142}Nd（= 0.636151）が普通であるが，そのほかに ^{150}Nd/^{142}Nd = 0.2096，^{148}Nd/^{144}Nd = 0.24308 なども使われている．一方 O では，^{146}Nd/^{144}Nd（= 0.7219）のほかに ^{146}Nd/^{142}Nd = 0.63223，^{142}Nd/^{144}Nd = 1.141827，^{148}Nd/^{144}Nd = 0.241578，^{148}NdO/^{144}NdO = 0.242436 なども使われている．

W の ^{143}Nd/^{144}Nd 比の値を O の値に変更するには，上式の $(^{146}Nd/^{144}Nd)_{m.r}$ の値として 0.724134（表 3.4；W）を使う．最終的に，$(^{143}Nd/^{144}Nd)_O = 1.001545 \times (^{143}Nd/^{144}Nd)_W$ から変更することができる．

O グループの Nd 原子量は次式から算出される．

$$Nd 原子量 = 142.909810 \times (3.729249 + r)/(3.690140 + r) \quad (3.2)$$

ここで r は $(^{143}Nd/^{144}Nd)_{n.r.}$ である．この式は Sr 原子量の場合と同じ方法で得られる．次に ^{147}Sm/^{144}Nd 比の計算式は次のとおりである．S は Sm の濃度，N は Nd の濃度を示す．この式は ^{87}Rb/^{86}Sr 比と同じ方法で得られる．

$$^{147}Sm/^{144}Nd = 0.142522 \times (3.729249 + r) \times (S/N) \quad (3.3)$$

3.4　Sm-Nd アイソクロン法による年代測定

縦軸に ^{143}Nd/^{144}Nd 比，横軸に ^{147}Sm/^{144}Nd 比をとった図を **Sm-Nd アイソクロン図**（Sm-Nd isochron diagram）という．横軸を表す比の分子（^{147}Sm）と縦軸を表す比の分子（^{143}Nd）は親核種と娘核種の関係にある．ある火成岩体

から採取したいくつかの岩石の $^{143}Nd/^{144}Nd$ 比, $^{147}Sm/^{144}Nd$ 比の値が, この図で一本の直線上にプロットされると, 直線の傾斜角度（直線と横軸とのなす角度）は, 一般に, この火成岩体の形成年代を与えることになる（図3.1）. この原理は §2.4 の Rb-Sr アイソクロン法の場合と同一である.

§2.4.A の基本式 (2.9) は, Sm-Nd 系では次式で与えられる.

$$(^{143}Nd/^{144}Nd)_p = (^{143}Nd/^{144}Nd)_t + (^{147}Sm/^{144}Nd)_p (e^{\lambda t} - 1) \quad (3.4)$$

$(e^{\lambda t} - 1) = m'$, $(^{143}Nd/^{144}Nd)_t = C'$, $(^{143}Nd/^{144}Nd)_p = y'$, $(^{147}Sm/^{144}Nd)_p = x'$ とおくと, (3.4) 式は $y' = m'x' + C'$ の一次式で表される.

同一マグマから同時に形成された, Sm/Nd 比（すなわち $^{147}Sm/^{144}Nd$ 比）を異にする一連の火成岩は, Sm-Nd アイソクロン図において, $y' = m'x' + C'$ で示される一本の直線上にのる. この直線が**アイソクロン**である（§2.4.A 参照）. したがって, 測定点を結ぶ直線の傾斜（$m' = e^{\lambda t} - 1$）から年代値が計算され, この直線と縦軸との交点 $[C' = (^{143}Nd/^{144}Nd)_t]$ から **Nd 同位体比初生値**（initial $^{143}Nd/^{144}Nd$ ratio; initial Nd isotopic ratio）が決定される. このように, 岩石の測定値のみからなるアイソクロンによって得られる年代値を **Sm-Nd 全岩アイソクロン年代**（Sm-Nd whole-rock isochron age）といい, 1種類の岩石とそれから分離した数種類の鉱物からなるアイソクロンによって得られる年代値を **Sm-Nd 全岩―鉱物アイソクロン年代**（Sm-Nd whole rock-

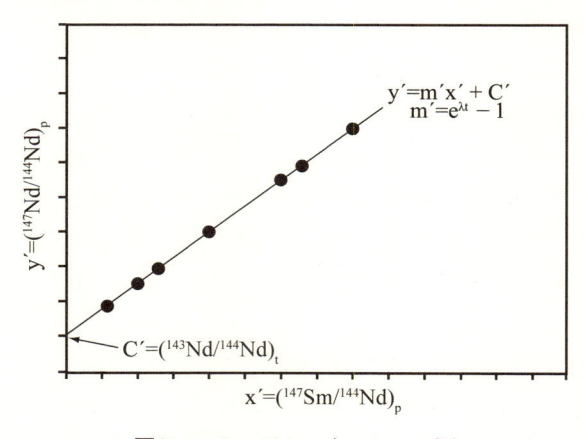

図3.1 Sm-Nd アイソクロン図
試料（黒丸）から得られる直線の傾斜から年代値が, 縦軸と直線との交点から Nd 同位体比初生値が算出される.

mineral isochron age),あるいは **Sm-Nd 内的アイソクロン年代**（Sm-Nd internal isochron age）という．なお，Sm-Nd 全岩―鉱物アイソクロンで全岩を使わない場合，この語を削る．

ある火成岩の Sm/Nd 比が 0.24，それから分離した単斜輝石，ホルンブレンド，斜長石，アパタイトの Sm/Nd 比が，それぞれ 0.38，0.30，0.18，0.25 とすると，Sm-Nd アイソクロン図において，岩石よりも Sm/Nd 比の高い側に単斜輝石，ホルンブレンドがプロットされ，低い側に斜長石がプロットされる．アパタイトは岩石とほぼ同一な位置にプロットされる．このように，岩石よりも LREE に富む鉱物は，Sm/Nd 比が岩石よりも低く，HREE に富む鉱物は Sm/Nd 比が岩石よりも高いのが普通である．これは Sm が Nd よりも HREE 側に位置するためである（原子番号は Sm が 62，Nd が 60）．Sm-Nd アイソクロン図において，輝石あるいはホルンブレンドに富むような苦鉄質岩は高 Sm/Nd 比側にプロットされ，斜長石やカリ長石に富む珪長質岩は低 Sm/Nd 比側にプロットされる．

3.5 Sm-Nd アイソクロン年代の実例

実際の Sm-Nd アイソクロン年代の測定例について 5 つあげる．1) 最初のインド半島の例は，東ガート帯（Eastern Ghats zone）を構成する変成岩や花崗岩などが，それぞれ異なった年代値をもつ例である．これらの岩石については，Rb-Sr アイソクロン年代や，ジルコンの U-Pb 年代も測定されているが，測定方法の違いにより，同一岩石について異なる年代値が得られているので，この点についても注目していただきたい．2) 2 つ目は領家帯のはんれい岩や変輝緑岩（metadiabase）などの苦鉄質岩である．はんれい岩は花崗岩の貫入によって熱的な影響を受けているために Rb-Sr 系などの年代測定では，その形成年代は得られていなかったが，Sm-Nd アイソクロン法によってようやく信頼される年代値が得られた例である．3) 3 つ目は副成分鉱物を用いた年代測定の例で，ここで紹介するのは東グリーンランドの始生累代最末期～原生累代初期の眼球片麻岩（augen gneiss）である．この例では同一鉱物から測定された Sm-Nd アイソクロン年代と U-Pb 年代との関係にも注目していただきたい．4) 4 つ目は 1 つの鉱物から年代が得られた例である．紹介するのは中部

九州地方の肥後変成岩中のざくろ石の1つの大きな結晶からいくつかの試料を作成し，それらから Sm-Nd アイソクロン年代を得た例である．5) 最後は緑色片岩相（greenschist facies）高温部から角閃岩相（amphibolite facies）低温部に相当する変成作用を受けたコマチアイトが，フィンランド東部のグリーンストーン帯（greenstone belt）に分布するが，この変成作用によって Nd 同位体平衡が達成された例である．

3.5.A　インド半島の東ガート帯のグラニュライト

　インド半島東部のベンガル湾沿には，東ガート帯のグラニュライト相の変成岩と花崗岩が分布している．これらの岩石は，ラヤガダ（Rayagada）では半径 6 km の円形をなす地域の内側に沿った，幅 0.5〜4 km の狭い部分を占める．Shaw ほか（1997）はこれらの岩石について，Sm-Nd 全岩アイソクロン年代，Sm-Nd 全岩—鉱物アイソクロン年代，Rb-Sr 全岩アイソクロン年代，Rb-Sr 全岩—鉱物アイソクロン年代，ジルコンを用いた U-Pb 年代など，種々の年代測定法による年代値を報告している（表 3.5）．

　一例として，苦鉄質グラニュライト（mafic granulite），斜方輝石グラニュライト（orthopyroxene granulite）および過アルミナスな花崗岩を源岩とするレプチナイト（leptynite）のデータから得られた，Sm-Nd 全岩アイソクロン図を示す（図 3.2）．Shaw ほか（1997）の研究で注目されるのは，年代測定法

表3.5　インド半島東ガート帯ラダガヤ地域に分布する変成岩類，花崗岩の同位体年代

年代測定系	Sm-Nd	Rb-Sr	U-Pb	Sm-Nd	Rb-Sr
鉱物，手法など	全岩アイソクロン	全岩アイソクロン	ジルコン	全岩 - 鉱物アイソクロン	全岩 - 鉱物アイソクロン
苦鉄質グラニュライト	1455±80			946±30	833±10 781±39
レプチナイト	1464±63	1366±75		573±12 567±63	
斜方輝石グラニュライト	1023±93	958±16		815±09 808±64	
珪線石花崗岩	1132±87				
泥質変成岩		1069±84	945±11 939±13	1067±43 613±20 554±52 500±54	534±03 498±40

年代値の単位は Ma．データ：Shaw ほか（1997）．

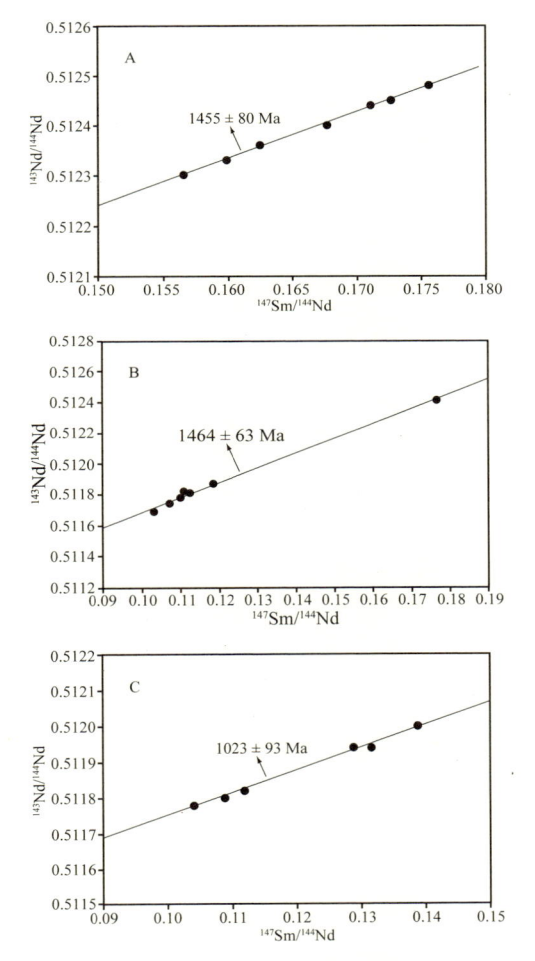

図3.2 インド半島東ガート帯ラダガヤ地域のSm-Nd全岩アイソクロン
(Shawほか, 1997)
A:苦鉄質グラニュライト, B:レプチナイト, C:斜方輝石グラニュライト.

の違いにより，年代値に規則的な違いのあることが明らかにされたことである（表3.5）．すなわち，Sm-Nd全岩アイソクロン法が最も古い年代値を与え，Rb-Sr全岩アイソクロン法，Sm-Nd全岩―鉱物アイソクロン法，Rb-Sr全岩―鉱物アイソクロン法の順に若い年代値となっている．この順は閉鎖温度の違いを示し，若い年代値を示す年代測定法ほど低い閉鎖温度をもっている．

U-Pbジルコン年代はSm-Nd系とRb-Sr系のいずれかの全岩アイソクロン年代と一致するか，あるいはこれらよりさらに古くなることが多いが，常にこのとおりになるわけではない．泥質変成岩（metapelite）の場合も，U-Pbジルコン年代の940 MaはRb-Sr全岩アイソクロン年代の1069 Maより年代誤差を考慮に入れても若い．

Shawほか（1997）はこれらの年代値から，東ガート帯を構成する岩石の形成過程を次のように解釈している．1) 1450 Ma；苦鉄質グラニュライトとレプチナイトの源岩である火成岩の貫入，2) 1000 Ma；斜方輝石グラニュライトの源岩と珪線石（sillimanite）花崗岩の貫入およびグラニュライト相変成作用，3) 800 Ma；800 Ma頃貫入したと予想される若い花崗岩体による熱変成作用，4) 550 Ma；パンアフリカ変動（Pan-African orogeny）による変成作用を受ける．

3.5.B 領家帯の苦鉄質岩

領家帯には白亜紀の花崗岩や変成岩に伴って，はんれい岩と変輝緑岩からなる苦鉄質岩が点在している．はんれい岩はホルンブレンドはんれい岩とノーライト（norite）を主体とし，コートランダイト（cortlandite；ホルンブレンドかんらん岩）あるいは斜長岩（anorthosite）を伴うことがある．はんれい岩はこれらの花崗岩中の捕獲岩としてみられることが多い．変輝緑岩は堆積岩源の変成岩に調和的な産状か花崗岩に捕獲されている．これらの苦鉄質岩は大陸性のリソスフェア性マントル（lithospheric mantle）由来のマグマから形成されたことをKagamiほか（2000）が論じている．

はんれい岩についての岩石学的研究によれば，この岩石がマグマから固結したときの温度，圧力は，それぞれ640〜920℃，600〜800 MPaと見積もられている（田結庄ほか，1989）．一方，はんれい岩の形成年代については，原生累代から後期白亜紀までのさまざまな考えがあった．このように，はんれい岩の形成時代を特定できなかった理由として，はんれい岩は花崗岩中の捕獲岩として産するだけでなく，花崗岩と断層で接していたり，花崗岩に貫入されていることなどから，はんれい岩の形成年代としては花崗岩のそれよりも古いという程度の情報しかなかったことによる．

Kagamiほか（1995）は，はんれい岩体を構成する岩石間で，Sm/Nd比が

著しく異なっていることに注目し，生駒山地に長径約 5 km の楕円形をなして露出する，領家帯中最大規模の生駒はんれい岩体について，Sm-Nd 全岩アイソクロン法による年代測定を行った（図 3.3）．この図に示されるように，ホルンブレンドはんれい岩，ノーライト，変輝緑岩は 192±19 Ma（前期ジュラ紀）の年代値を示すアイソクロン上にプロットされる．一方，斜長岩 4 試料のアイソクロンが示す年代値は 169±29 Ma（中期ジュラ紀）であるが，192 Ma のグループとは Nd 同位体比初生値が異なっている（図 3.3；横軸の最小値が 0.11 であることに注意）．2 つの Sm-Nd 全岩アイソクロン図から，苦鉄質岩の形成は次のように考えられる．ホルンブレンドはんれい岩，ノーライト，変輝緑岩は，約 192 Ma に同一のマグマから形成され，斜長岩は約 169 Ma に別のマグマから形成された．両マグマは Nd 同位体比を異にする起源物質から生成された．一方，コートランダイトは 2 つのアイソクロンから離れた位置にプロットされているので，この岩石の起源物質は，これら 2 つの苦鉄質岩グループの起源物質とは Nd 同位体比が異なっていた．このように生駒はんれい岩体の Sm-Nd 全岩アイソクロン法による年代測定の結果は，苦鉄質岩をもたらした起源物質が Nd 同位体組成の面で不均質性に富んでいたことを示唆している．

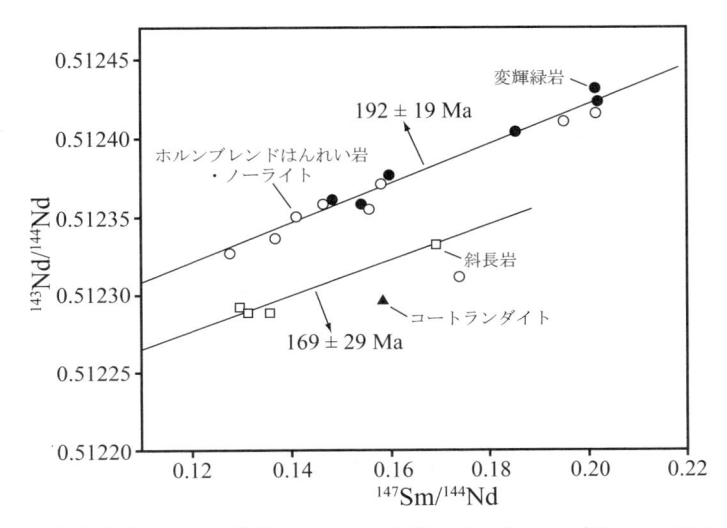

図 3.3 領家帯生駒はんれい岩体の Sm-Nd 全岩アイソクロン（Kagami ほか，1995）

全岩アイソクロンにプロットしたホルンブレンドはんれい岩1試料から分離されたホルンブレンドと斜長石を使い得られたSm-Nd全岩—鉱物アイソクロン年代は97.7±5.5 Maを示すが，同じ試料によるRb-Sr全岩—鉱物アイソクロン年代は71.8±9.5 Maである．また，図3.3の全岩アイソクロン上にプロットされた変輝緑岩のU-Pbジルコン年代は，70.0±0.2 Maと74.0±0.6 Maである．

領家帯の苦鉄質岩についてのSm-Nd系による年代測定は，生駒はんれい岩体だけでなく，瀬戸内海のものについても行われている．Okanoほか（2000）は，小豆島，粟島，梶島に露出するはんれい岩体とこれに伴われる変輝緑岩について，Sm-Nd全岩—鉱物アイソクロン年代とRb-Sr全岩—鉱物アイソクロン年代を測定し，前者から220〜200 Ma（後期三畳紀〜前期ジュラ紀）の年代値，後者から106〜75 Maの年代値を報告した．220〜200 Maは点在する岩体から得られたにもかかわらず狭い年代範囲に集中し，生駒はんれい岩体のSm-Nd全岩アイソクロン年代（192 Ma）に近いことから，Okanoほか（2000）はこの年代値をはんれい岩体と変輝緑岩の形成時期に近いと考えている．また，Rb-Sr全岩—鉱物アイソクロン年代の106〜75 Maは，苦鉄質岩が花崗岩の貫入によって熱的な影響を受けた時期を示すものと考えている．

なお，生駒はんれい岩体のSm-Nd全岩—鉱物アイソクロン年代（97.7±5.5 Ma）は同一年代測定法による220〜200 Maより若い．この違いが生じた原因を考える上でKameiほか（2000）による宮の原トーナル岩体（九州，肥後帯）と，柚原ほか（2000）による非持トーナル岩体（中部地方，領家帯）についての研究が参考になる．彼らは岩体のいくつかの地点から試料を採取し，それらについてSm-Nd全岩—鉱物アイソクロン年代測定を行っている．その結果をみると，宮の原トーナル岩体から211〜110 Ma，非持トーナル岩体から164〜86 Maという幅広い年代値が報告されている．Kameiほか（2000）と柚原ほか（2000）は使用したホルンブレンドのSm-Nd系の閉鎖温度が600〜750℃（Burton・O'Nion，1990；Goldberg・Dallmeyer，1997）と高く，そのため熱の影響に対して強いことを理由に，最も古い年代値がその岩体の形成時期に近いと解釈している．一方の最も若い年代値は，この岩体にホルンブレンドの閉鎖温度以上の強い熱的影響を与えた若い花崗岩体の形成年代に近いとし

ている．したがって，Sm-Nd全岩―鉱物アイソクロン法による年代幅は，岩体の形成後に受けた熱的影響の程度に応じ生じるという考えである．以上の宮の原，非持両トーナル岩体の年代データを参考に，生駒はんれい岩体の97.7±5.5 Ma（Sm-Nd全岩―鉱物アイソクロン年代）は花崗岩体から熱的影響を受けた年代を示すものと考えられる．

　領家帯の苦鉄質岩の形成年代に関するSm-Nd系による研究は引き続き行われ，中部地方の伊那山地に分布するものについては上述の瀬戸内，近畿地方から報告のあった年代値より若い後期ジュラ紀（約150 Ma）であることがわかってきた（柚原・加々美，2007，2008）．Sm-Nd系の年代測定法を導入したことにより，領家帯の苦鉄質岩は後期三畳紀末～後期ジュラ紀に活動したマグマから形成されたことが明らかにされたといえよう．

3.5.C　東グリーンランドの眼球片麻岩の副成分鉱物

　東グリーンランドのハーレ・フィヨルド（Hare fjord）には，カンブリア紀～デボン紀（570～363 Ma）に起こったカレドニア変動（Caledonian orogeny）の変成作用によって形成された眼球片麻岩が分布している．この岩石には副成分鉱物としてジルコン，アパタイト，チタナイト，かつれん石などが含まれている．Oberliほか（1984）は，これらの鉱物を対象にU-Pb系の年代測定を行っている．ジルコンは**コンコルディア図**（concordia diagram；付録I.3参照）において2552±5 Maと672±94 MaのU-Pb年代値を示す（図3.4）．この古い側の年代値は，図中の粒径フラクションからSteigerほか（1979）の報告した2520±25 Maとほぼ一致している．一方，若い側についてこの年代値で示される地質学的出来事がないため，彼らは現在までPbの拡散が続いたというTilton（1960）のモデルを使い説明をしている．なお，コンコルディア図はジルコンを用いた年代測定に頻繁に使われているため，付録I.3(2)の項で年代値の読み取り方を詳しく説明する．U-Pbかつれん石，暗色チタナイト，透明感のある綺麗なチタナイトもジルコンとほぼ同一の2つのU-Pb年代値を示す（図3.5）．一方，アパタイトのU-Pb年代値は470 Maである．これらの年代値は次のように解釈されている．1) ジルコン，かつれん石，チタナイトの古い年代値（2555 Ma）；これらの鉱物が晶出した年代を示す．2) アパタイトの年代値470 Ma；カレドニア変動の時期に相当することか

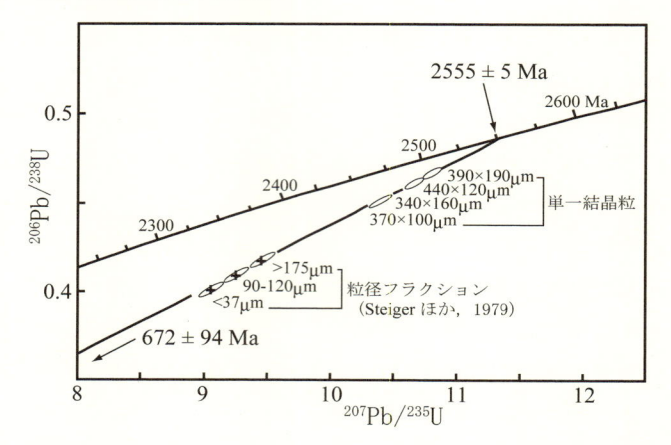

図3.4 東グリーンランド，ハーレ・フィヨルド地域に分布する眼球片麻岩の
ジルコンのコンコルデイア図（Steigerほか，1979；Oberliほか，1984）

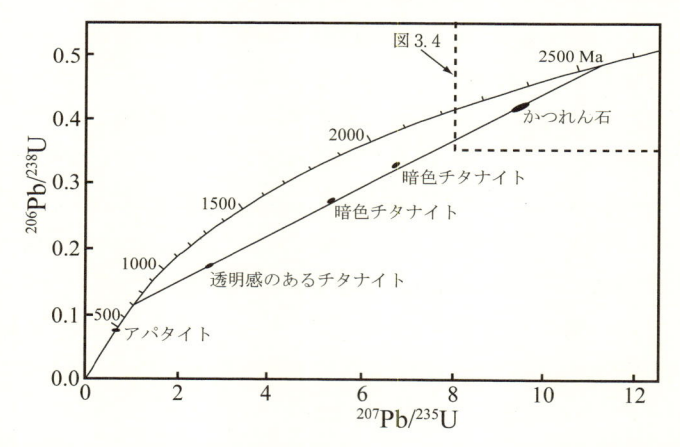

図3.5 東グリーンランド，ハーレ・フィヨルド地域に分布する眼球片麻岩の
かつれん石，チタナイト，アパタイトのコンコルデイア図
点線の部分は図3.4の範囲を示す．データはOberliほか（1984）による．

ら，このアパタイトはカレドニア変動の変成作用によって形成された．一方，ジルコン，かつれん石，チタナイトを結ぶディスコルディア［付録I.3(2)］から得られる若い年代値（672 Ma）のもつ意味は不明である．

　加々美ほか（1985）は，Oberliほか（1984）がU-Pb系の年代測定に使用した鉱物試料について，Sm，Nd同位体比の測定を行っている（図3.6）．ジル

3.5 Sm-Nd アイソクロン年代の実例　67

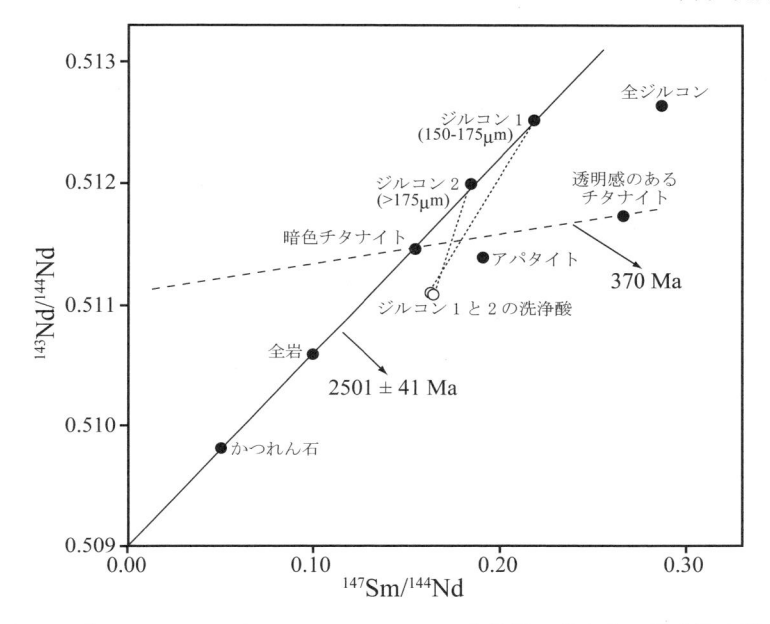

図3.6　東グリーンランド，ハーレ・フィヨルド地域に分布する眼球片麻岩の副成分鉱物のSm-Nd アイソクロン（加々美ほか，1985）

コンについては，粒径の異なるもの，酸で洗浄したものと洗浄しなかったものなど，3種類の試料について測定している．それらは，全ジルコン，ジルコン1，ジルコン2と名付けられた試料である．全ジルコンは粒径がさまざまなものが混在しており，酸による洗浄を行っていない．ジルコン1は粒径が150〜175 μmのもので，酸による洗浄を行っている．ジルコン2は粒径が175 μm以上のもので，酸で洗浄している．ジルコン1とジルコン2は比較的近い ^{147}Sm/^{144}Nd 比と ^{143}Nd/^{144}Nd 比をもっているが，それらは，全ジルコンの値とは大きく異なっている．ジルコン以外の鉱物のSm，Nd同位体比の測定は，酸で洗浄した単一の結晶粒を使用して行われた．

　Sm-Nd系とU-Pb系による年代測定の結果を比較すると，次のようになる．
1) 図3.6のSm-Nd全岩—鉱物アイソクロン図において，ジルコン1，ジルコン2，暗色チタナイト，全岩，およびかつれん石はアイソクロンを構成し，それから計算される年代値は2501±41 Maである．この年代値は，ジルコン，

かつれん石，暗色チタナイト，透明感のある綺麗なチタナイトの古いU-Pb年代値（2552 Ma）とほぼ一致している．2）暗色チタナイトと透明感のある綺麗なチタナイトは，370 Maの年代値を示すアイソクロン上にプロットされる（図3.6）．この年代値は，これらの鉱物の若いU-Pb年代値（672 Ma）とは一致しない．3）アパタイトは，これら2つのアイソクロン上にはプロットされない．これはアパタイトのU-Pb年代値がほかの鉱物のU-Pb年代値と一致しないことと調和的である．アパタイトがほかの副成分鉱物とは異なる時期に形成されたことが，Sm-Nd系の年代測定においても示されたといえる．

同一鉱物のU-Pb，Sm-Ndの2つの系による年代値は2500 Maを示す古い年代側では整合的な結果が得られた．しかし若い年代側ではずれが生じている．チタナイトのSm-Ndアイソクロン年代（370 Ma）は，この地域がカレドニア変動を受けたという従来の考えと一致している．

3.5.D 中部九州の肥後変成岩のざくろ石

中部九州には肥後帯が分布している．肥後変成岩の主要な構成岩のざくろ石-きん青石（cordierite）-黒雲母片麻岩中のざくろ石は，直径2～3 cmの大型のもので，顕著な累帯構造をもっている（図3.7）．小山内ほか（1996）は，このざくろ石中の包有物，ざくろ石のコアとリムの化学組成などを記載したうえで，その形成過程を考察している．ざくろ石はきん青石・スピネル（spinel）からなるシンプレクタイト（symplectite）により取り囲まれている．ざくろ石のコアは暗紫色で電気石，十字石（staurolite），スピネル，チタン鉄鉱，ルチル（rutile），石英，アパタイト，珪線石を含んでいる．一方，リムには淡桃色で黒雲母，珪線石，石英が含まれる．ざくろ石のコアとリムの化学組成には顕著な違いがみられる．すなわち，コアはリムと比べてCa，Mnに富み，Mgに乏しい．これらの元素の濃度変化は，ざくろ石の成長過程における温度増加・圧力低下を示唆している．なお，各元素のコアからリムにかけての濃度パターンは元素ごとに異なっているが，これは元素ごとの拡散速度の違いを示している．

Hamamotoほか（1999）はざくろ石のコアとリムを分離し，濃度の異なる酸で洗浄した試料を，コアとリムからそれぞれ3試料を作成した．これらのコア試料とリム試料について，Sm-Ndアイソクロン法による年代測定を行って

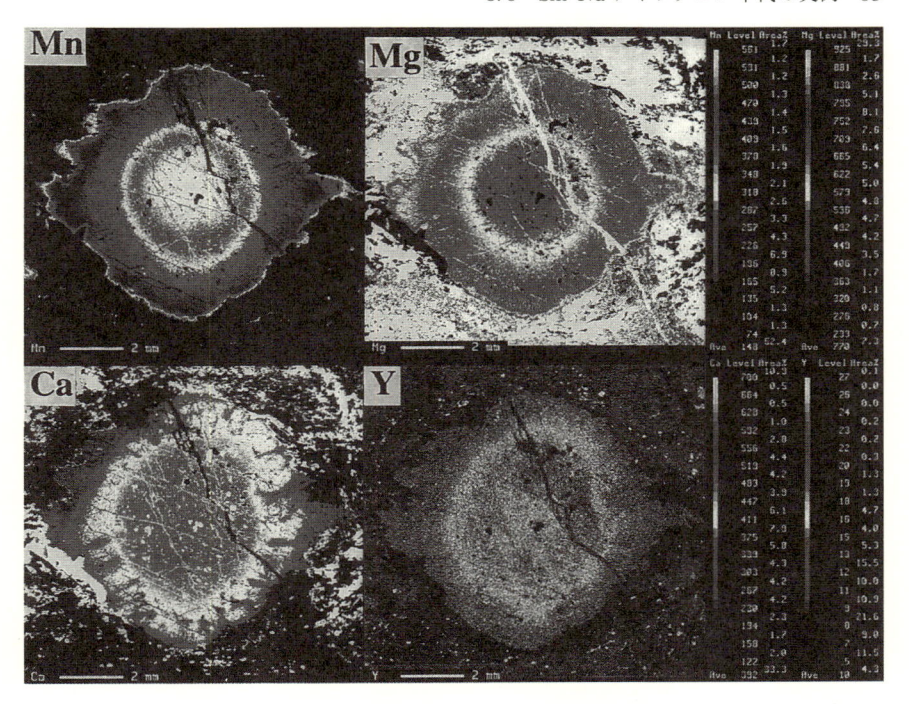

図3.7 肥後帯の片麻岩の累帯構造をもつざくろ石（Hamamoto ほか, 1999）
核から周辺部に向かうにしたがって Mg の増加, Mn と Ca の減少がみられる. Hamamoto ほか（1999）の原図はカラー写真.

いる．その結果，コア試料から 278.8±4.9 Ma，リム試料から 226±28 Ma の年代値が得られた．リム3試料から得られたアイソクロン上に，ざくろ石を取り囲むきん青石とスピネルのシンプレクタイトがプロットされる．これら4試料による Sm-Nd アイソクロン年代は 222±17 Ma である（図3.8）．

　これらの年代値は，肥後帯の変成作用のどの時期に相当するのであろうか．ざくろ石のコアは，昇温期変成過程において，十字石が分解して形成されたものと考えられる．その反応は次式で表される．

$$十字石 + 石英 = ざくろ石 + きん青石 + 珪線石 + H_2O$$
$$十字石 = ざくろ石 + 珪線石 + スピネル + H_2O$$
$$十字石 = ざくろ石 + 黒雲母 + 珪線石 + H_2O$$

変成作用がピークに達する過程の温度上昇，圧力低下に伴い黒雲母＋珪線石

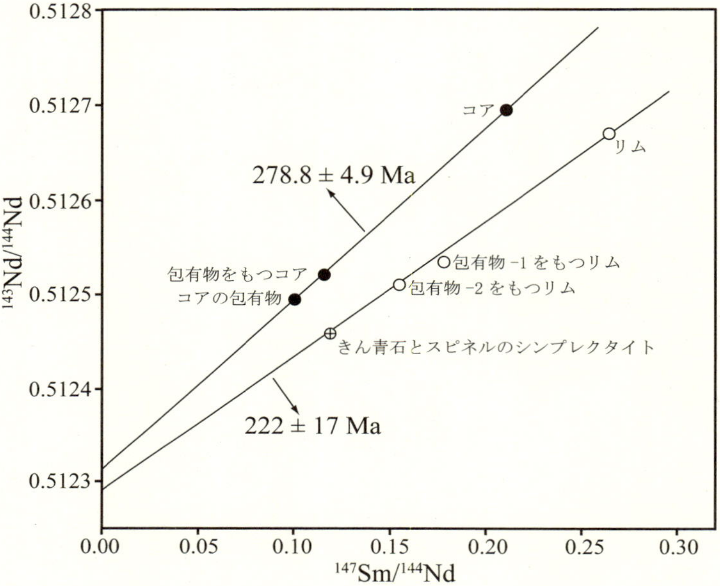

0.5128
0.5127
0.5126
0.5125
0.5124
0.5123
0.00
0.05
0.10
0.15
0.20
0.25
0.30
$^{143}Nd/^{144}Nd$
$^{147}Sm/^{144}Nd$
コア
リム
278.8 ± 4.9 Ma
222 ± 17 Ma
包有物をもつコア
コアの包有物
包有物 -1 をもつリム
包有物 -2 をもつリム
きん青石とスピネルのシンプレクタイト

図3.8　肥後帯の片麻岩のざくろ石のSm-Ndアイソクロン（Hamamotoほか，1999）
ざくろ石中の包有物として産する鉱物種は本文参照.

＋石英＝ざくろ石＋きん青石＋カリ長石＋H_2Oの反応が進行し，ざくろ石のリムが形成されたと考えられる．変成作用がピークに達した後，温度・圧力の低下に伴いざくろ石＋珪線石＝きん青石＋スピネル，あるいはざくろ石＋珪線石＋黒雲母＝きん青石＋スピネル＋チタン鉄鉱の反応が起こる．ざくろ石を取り囲むきん青石とスピネルのシンプレクタイトは，このいずれかの反応によって形成されたものである．このような変成過程を考慮すると，ざくろ石のコア3試料が示す279 Maは昇温期に相当し，ざくろ石のリム3試料などが示す226～222 Maは圧力低下の時期に相当していると判断される．Hamamotoほか（1999）とOsanaiほか（1998）は，これらの年代値とそのほかの年代値に基づき，肥後変成岩の**温度―圧力―時間経路**（Pressure-Temperature-time path；P-T-t path）を解析している．Hamamotoほか（1999）によるざくろ石の極小部分におけるSm-Nd系の年代測定の成功は，肥後帯の変成作用の解析に大きく寄与したといえよう．

3.5.E フィンランドの変成作用を受けたコマチアイト

フィンランド東部のシビコバラ（Siivikkovaara）地域のクーモ・グリーンストーン帯（Kuhmo greenstone belt）を構成する苦鉄質〜超苦鉄質岩の活動年代は，2800〜2750 Ma 頃と推定されている．これらの岩石の下位には 3000〜2800 Ma 頃に形成されたトロニエム岩質〜花崗閃緑岩質片麻岩が基盤岩として分布していて，それらは 2770〜2703 Ma 頃に花崗閃緑岩の貫入を受けている．この花崗閃緑岩は後に変成作用を受けていて，現在では眼球片麻岩としてみられる．クーモ・グリーンストーン帯の主要構成岩であるコマチアイトは，緑色片岩相高温部〜角閃岩相低温部に相当する温度（430〜480℃）・圧力（200〜300 MPa）下での変成作用を被ったことが明らかにされている（Hanski, 1980；Piquet, 1982）．

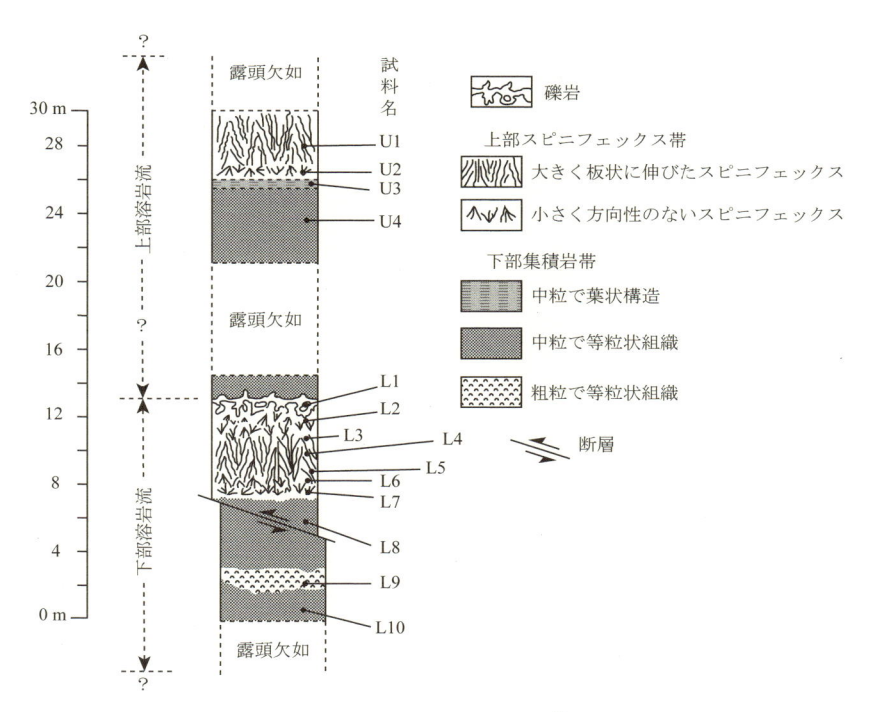

図3.9 フィンランドのクーモ・グリーンストーン帯の Sm-Nd アイソクロンに用いた試料の採取箇所（Gruau ほか，1992）
スピニフェックス；spinifex．

Gruau ほか（1992）は，このグリーンストーン帯で上下に重なる2つのコマチアイト（図3.9）についてSm-Nd系による年代測定を行っている．これらのコマチアイトはSm-Nd全岩アイソクロン図において，1810 ± 132 Ma の年代値を示すアイソクロン上にプロットされる（図3.10）．また，下部のコマチアイトから分離した角閃石（Mg-ホルンブレンド〜アクチノ閃石）4試料，斜長石3試料，緑泥石（chlorite）1試料，および上部のコマチアイトから分離した斜長石1試料の合わせて9試料は同一のアイソクロンにのる．このアイソクロンから計算された年代値は 1858 ± 44 Ma である．これらのSm-Nd系の年代値はコマチアイトが被った変成作用の年代を示すものと考えられている（Gruau ほか，1992）．

　Gruau ほか（1992）の研究は，緑色片岩相高温部〜角閃岩相低温部ではSm-Nd系が同位体平衡に達したことを示すものであるが，実はグラニュライト相の変成作用によって形成された変成岩のデータが，Sm-Nd全岩アイソクロン図でアイソクロンを描くことは少ない．この事実は，このような変成条件下では，岩石間において，Nd同位体平衡が容易には達成されないことを示している．1960年代中頃から1980年代に行われた実験から，REEはF，Clあるいは CO_2 を含む流体相に溶け込むことが明らかとなり（Wendlandt・

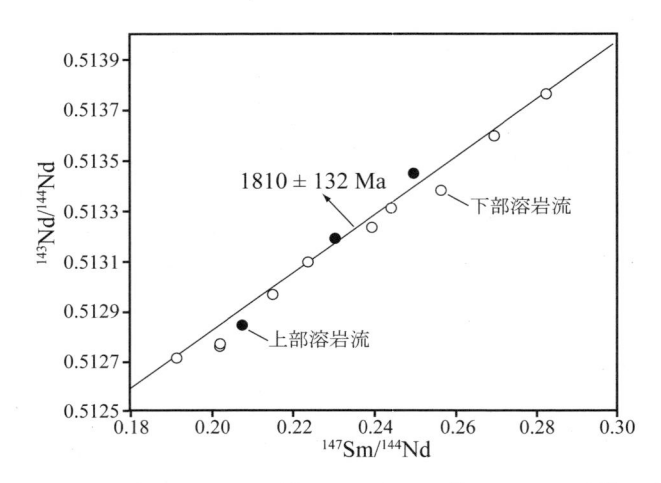

図3.10　フィンランドのクーモ・グリーンストーン帯のSm-Nd全岩アイソクロン（Gruau ほか，1992）

Harrison, 1979；Cullers・Graf, 1984；Humphris, 1984)，このことは広く受け入れられるようになってきた．クーモ・グリーンストーン帯の南約 50 km のところにあるティパスジャルビィ・グリーンストーン帯（Tipasjarvi greenstone belt）のコマチアイトについての Tourpin ほか（1991）の研究では，REE 移動に CO_2 を含む流体相の関与したことを論じていた．Gruau ほか（1992）はこの研究を引用し，緑色片岩相高温部～角閃岩相低温部で Sm-Nd 系の同位体平衡が成立したのは，CO_2 を含む流体相の関与があった可能性が強いと述べている．

3.6 Nd モデル年代
3.6.A Nd モデル年代の算出方法

ある地質時代に形成された火成岩が，その後に風化作用（weathering），堆積作用，続成作用を受けて堆積岩を形成し，さらにこの堆積岩が変成作用を受けて，最終的には変成岩が形成されることがある．この変成岩の $(^{143}Nd/^{144}Nd)_p$ 比と $(^{147}Sm/^{144}Nd)_p$ 比から，もとの火成岩の Nd 同位体比の経年変化を示す曲線，すなわち，**Nd 同位体進化線**（Nd isotopic evolution curve）を作成することができる．この曲線と MORB の起源マントルである DM（§2.6.A 参照）の Nd 同位体進化線との交点で示される年代値を，DM についての火成岩の **Nd モデル年代**（Nd model age；Sm-Nd model age）という（§2.6.B-a 参照）．このような地質過程を経た場合には，もとの火成岩は消失していることが多いので，それについての Sm/Nd 比や Nd 同位体比を測定することはできないが，火成岩が堆積岩を経て変成岩になる過程における，Nd 同位体比がたどる変化過程についての考察は可能である．また，そのような Nd 同位体比の経年変化を前提とした場合，変成岩の $(^{143}Nd/^{144}Nd)_p$ 比と $(^{147}Sm/^{144}Nd)_p$ 比から，DM についてのこの火成岩の Nd モデル年代が算出される．次に，その算出例を解説する．

DM における地球創成以降の Nd 同位体進化線を図 3.11 に示した．この図中には，t_0 億年前に形成された火成岩とその起源物質の Nd 同位体進化線も示してある．起源物質の部分溶融で生じたマグマの固結によって形成された火成岩の Sm/Nd 比（$^{147}Sm/^{144}Nd$ 比）は，起源物質のそれよりも低いのが一般的で

74　第3章　Sm-Nd系による年代測定

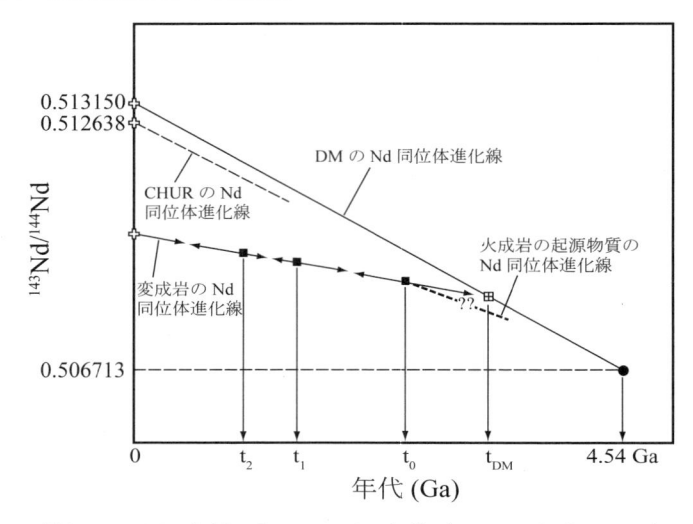

図3.11　DMを用いたNdモデル年代（Kagamiほか，2004）
各線の傾斜は^{147}Sm/^{144}Nd比を示す．

ある．これはSmに比べてNdのイオン半径が若干大きいので，SmよりもNdのほうがマグマに濃集しやすいことに基づいている．このように火成岩は起源物質と比べて低いSm/Nd比をもつことから，前者は後者よりも緩やかな傾斜のNd同位体進化線を描く（図3.11）．その後，この火成岩は次の地質過程を経たとしよう．火成岩は地表に露出し，風化作用，堆積作用，続成作用を被ってt_1億年前に堆積岩を形成した．さらにこの堆積岩はt_2億年前に変成作用を被って変成岩を形成し，現在に至っている．火成岩の形成，堆積作用，変成作用をとおして，岩石のSm/Nd比には変化が生じなかったと仮定すると，堆積岩と変成岩の^{143}Nd/^{144}Nd比は，時間の経過とともに火成岩と同一のNd同位体進化線上で変化し，それは変成岩の測定値［$(^{143}$Nd/^{144}Nd$)_p$比］に到達する（図3.11）．

このように，火成岩，堆積岩，変成岩をとおしてSm/Nd比は一定な値であったことを前提とした場合に，次の方法によってDMについてのNdモデル年代を決定できる．表面電離型質量分析計での測定によって変成岩から得られた$(^{143}$Nd/^{144}Nd$)_p$比と$(^{147}$Sm/^{144}Nd$)_p$比を用いると，§3.4の（3.4）式からこの岩石の^{143}Nd/^{144}Nd比を過去にさかのぼって計算することができる．すなわ

3.6 Nd モデル年代

ち，図 3.11 の変成岩の Nd 同位体進化線（これは変成岩の源岩である堆積岩の Nd 同位体進化線であると同時に，堆積岩の源岩に相当する火成岩の Nd 同位体進化線でもある）上を，現在から過去にさかのぼることができる．このように過去にさかのぼった Nd 同位体進化線の延長はやがて DM の Nd 同位体進化線と交わる．両者の交点で示される年代値（t_{DM} 億年前）が，変成岩の源岩である火成岩の DM についての Nd モデル年代である．

多くの研究者が採用している DM の $(^{143}Nd/^{144}Nd)_p$ 比と $(^{147}Sm/^{144}Nd)_p$ 比は，それぞれ 0.51315，0.2136 である（Goldstein ほか，1984）．変成岩のこれらの値は実際の測定値である．DM についての Nd モデル年代は，DM と変成岩の 2 つの Nd 同位体進化線の交点で示されるので，§3.4 の（3.4）式を使用すると次式で表される．

$$t_{DM} = (1/\lambda)\ln[1 + \{0.513150 - (^{143}Nd/^{144}Nd)_{試料}\} / \{0.2136 - (^{147}Sm/^{144}Nd)_{試料}\}] \tag{3.5}$$

一方，CHUR についての Nd モデル年代を算出したい場合，CHUR の $(^{143}Nd/^{144}Nd)_p$ 比と $(^{147}Sm/^{144}Nd)_p$ 比として，それぞれ 0.512638，0.1966 を使用することが多い（§3.4 参照）．そこで，この場合の Nd モデル年代は次式で表される．

$$t_{CHUR} = (1/\lambda)\ln[1 + \{0.512638 - (^{143}Nd/^{144}Nd)_{試料}\} / \{0.1966 - (^{147}Sm/^{144}Nd)_{試料}\}] \tag{3.6}$$

DM と CHUR の 2 つの Nd 同位体進化線を比較すると，後者の Nd 同位体進化線のほうが前者のそれよりも，$^{143}Nd/^{144}Nd$ 比が低い位置（現在値，0.512638 と 4.54 Ga の値 0.506713 とを結ぶ線）にあるので，同一の火成岩において，DM よりも CHUR の Nd モデル年代のほうが若い年代値を与えることになる．

これまでは，DM と CHUR についての火成岩の Nd モデル年代の算出方法や，2 つの Nd モデル年代の違いなどについて説明してきたが，次に，このモデル年代の年代学上の意義や，これを使用する場合の留意すべき点などについての著者らの見解を述べておく．

① Nd モデル年代を算出する基準物質として CHUR か DM が使われるが，最近では後者が使われることが多い．CHUR が使われた理由として 1970 年代～1980 年代初期に，地球の火成岩から得られた Nd 同位体比

初生値のほとんどが CHUR の Nd 同位体進化線上にプロットされたことによる．すなわち変成岩（あるいは堆積岩）の Nd モデル年代計算によって，その源岩の火成岩の形成年代が得られたことを意味する．しかし，1980 年代初期に行われたコンドライトの ^{143}Nd/^{144}Nd 比，^{147}Sm/^{144}Nd 比の正確な測定により，今まで用いられていた CHUR の値をそれぞれ 0.00215 %，1.60 % 高いほうへ修正が必要なことが明らかにされた（§6.1 参照）．この値の修正により火成岩が CHUR の Nd 同位体進化線上プロットされなくなってしまい，これによって Nd モデル年代を CHUR を使い算出する意味は低下した．しかし，地球に産する岩石の同位体データが少ない年代測定系（たとえば Re-Os 系，Lu-Hf 系など）では，現在でもモデル年代計算に CHUR が使われることが多い．一方，DM が使われるようになったのは，マントルから大陸地殻物質（主として花崗岩）が排除されることによって DM が形成されたという考えに基づいている．

　DM の形成モデルの違いにより，5 つの異なる Nd 同位体進化線が提案されている（Rollinson, 1993；図 3.12）．なお，この図の縦軸は §3.8 で説明するイプシロン表示となっている．本書で計算式（§3.6.A）を示したのは図中の 4 の進化線であるが，モデル年代計算にそれ以外の進化線を用いる研究者もいる．1980 年代中頃までに公表された苦鉄質岩，コマチアイトの εNd_t 値をまとめた加々美・小出（1987）の結果をみると 38 〜 20 億年間の εNd_t 値の一番高い（最も DM 側の）火成岩は 5 の進化線（Ben Othman ほか，1984；Allègre・Rousseau, 1984）より +1 程度高く，20 億年〜現在はそれより +2 〜 +3 ほど高い．このような実際のデータからみると 5 の進化線が適当のように感じられるが，Stern（2002）は火成岩の形成を示す同位体年代と Nd モデル年代の一致が良いという理由で 2 の進化線（DePaolo, 1981a, 1988）を選択している．以上のように，DM の Nd 同位体進化線がいくつか提案されているため，自分の算出したモデル年代値とほかの研究者により公表されたモデル年代値を比較検討する際に，使われている進化線が同一かどうかの注意が必要である．

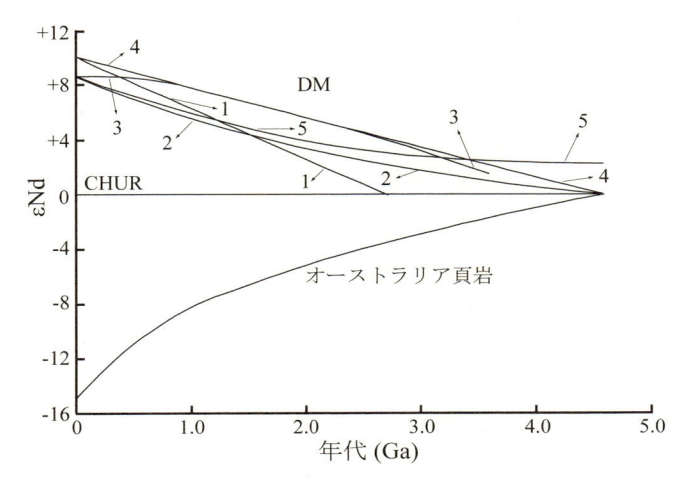

図3.12 Ndモデル年代算出に用いられるDMの5つのNd同位体進化線
(Rollinson, 1993)

縦軸は ε 値表示（§3.8.A参照）となっていることに注意．^{143}Nd/^{144}Nd比の現在値がCHURの0.512638より高いとプラス側に，また，^{147}Sm/^{144}Nd比がCHURの0.1966に比べ高いほど急傾斜の線となる．一方，CHURより^{143}Nd/^{144}Nd比，^{147}Sm/^{144}Nd比とも低いと，CHURの線より下に位置しプラス傾斜の線となる．また，時代とともに^{147}Sm/^{144}Nd比が大きく変わると曲線になる（本図では2，3，5とオーストラリア頁岩）．1：Liew・McCulloch (1985)，2：DePaolo (1981a)，3：Nelson・DePaolo (1984)，4：Goldsteinほか (1984)，5：Ben Othmanほか (1984)，Allègre・Rousseau (1984)．オーストラリア頁岩は大陸地殻の平均的なNd同位体進化を示すと考えられている．頁岩のデータはAllègre・Rousseau (1984) による．

② DMを使ったNdモデル年代の意味（上述の①）を尊重し，この年代を珪長質の変成岩（あるいは堆積岩）にのみ適用する研究者もいる．珪長質の火成岩の^{147}Sm/^{144}Nd比は0.08～0.14で，平均として0.11前後の値である．この値はアルカリ質な珪長質岩とともに火成岩中もっとも低いグループに入る（表3.2；Sm/Nd比を0.605倍すると大まかな^{147}Sm/^{144}Nd比となる）．Milisendaほか (1988) は^{147}Sm/^{144}Nd比が0.14以下，Kagamiほか (2006) は0.13以下の値をもつ変成岩（堆積岩）についてのみNdモデル年代を算出している．なお，0.13以下の値をもつ試料の全岩化学組成をみると，そのほとんどはSiO_2濃度として65（重量％）を超えている（Kawanoほか，2006）．

図3.11において変成岩（堆積岩）の源岩となった火成岩の実際の形成年代（t_0）とモデル年代（t_{DM}）の差は，変成岩（堆積岩）のNd同位

78　第3章　Sm-Nd系による年代測定

体進化線の傾斜が緩やか（^{147}Sm/^{144}Nd比が小）になるほど小さくなる．この点でも低^{147}Sm/^{144}Nd比の試料を用いることは大切であるが，低すぎる値（たとえば^{147}Sm/^{144}Nd比が0.08以下）を設定するとモデル年代を算出できる試料が限られてしまう．

3.6.B　Ndモデル年代の実例

Ndモデル年代値を掲載した論文は数多い（たとえばMilisendaほか，1988；Chen・Yanz, 2000；Stern, 2002；Kagamiほか，2006；Shiraishiほか，2008など）．最初に紹介するのは，Milisendaほか（1988）がスリランカの角

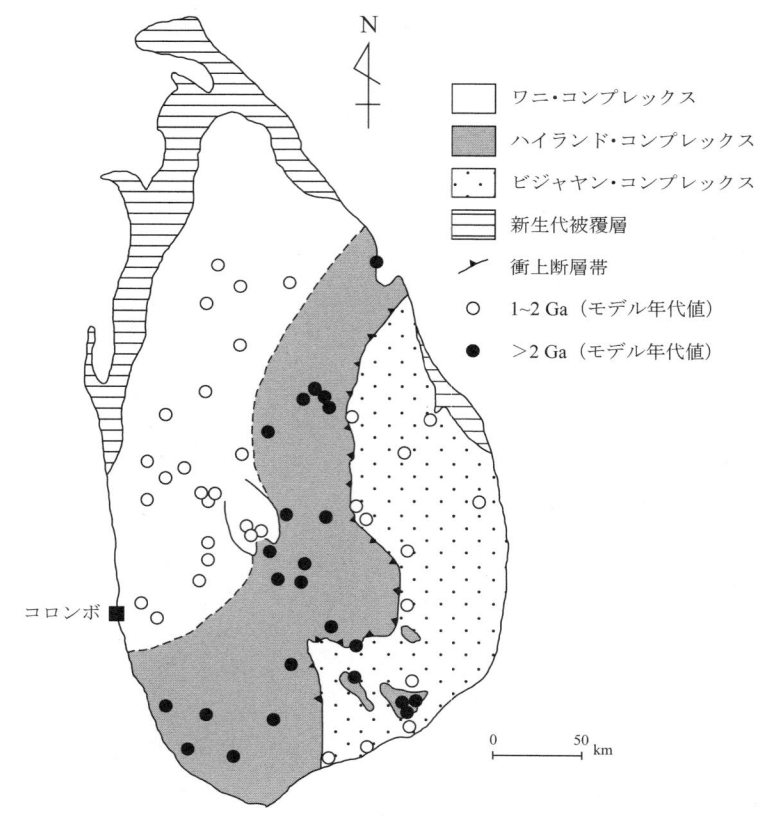

図3.13　スリランカの地質区分（Milisendaほか，1988）
丸は試料採取地点を示し，白丸は10〜20億年，黒丸は20億年以上のNdモデル年代値を示す．

閃岩相〜グラニュライト相変成岩について行った研究で，地質区ごとに異なるNdモデル年代が得られた点で有名である．2番目に紹介するのは島弧に分布する堆積岩について行ったKagamiほか（2006），川野ほか（2007）の研究である．

3.6.B-a　スリランカの変成岩

スリランカは西側からワニ・コンプレックス（Wanni complex），ハイランド・コンプレックス（Highland complex），ビジャヤン・コンプレックス（Vijayan complex）の地質区に分けられている（図3.13）．ワニ・コンプレックスは主に黒雲母片麻岩，黒雲母 - ホルンブレンド片麻岩，花崗岩質片麻岩からなり，少量の角閃岩（amphibolite），珪岩（quartzite），石灰質片麻岩を伴い，角閃岩相の変成作用を受けている．ハイランド・コンプレックスはチャーノカイト（charnockite），火成岩源〜堆積岩源の変成岩からなりグラニュライト相の変成作用を受けている．また，ビジャヤン・コンプレックスは主に黒雲母片麻岩，ホルンブレンド - 黒雲母片麻岩，花崗岩質片麻岩からなり，少量の角閃岩，石灰質片麻岩を伴う．角閃岩相の変成作用を受けており，ミグマタイト（migmatite）が広く分布している．3つのコンプレックスともパンアフリカ変動を強く受けている．

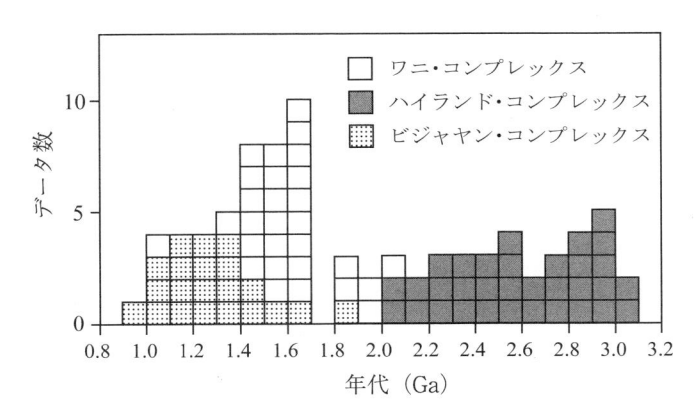

図3.14　スリランカ岩石のDMによるNdモデル年代の頻度分布
（Milisendaほか，1988）

本図はMilisendaほか（1988）のデータを $^{147}Sm/^{144}Nd = 0.2136$, $^{143}Nd/^{144}Nd = 0.51315$ を使い再計算し示した．

以上のように，各コンプレックスを構成する岩石の種類と変成度の違いは認められるが，それ以上の違いは今までの研究ではわからなかった．Milisendaほか (1988) は，各コンプレックスに分布する火成岩源〜堆積岩源変成岩のNdモデル年代をDMのNd同位体進化線を用いて算出した．その結果を図3.14に示したが，各コンプレックスを構成する岩石の源岩に大きな年代差があることが明らかとなった．すなわち一番古いのはハイランド・コンプレックスの31〜20億年，次はワニ・コンプレックスの21〜13億年，一番若いのはビジャヤン・コンプレックスの19〜9億年であった．各コンプレックスを構成する岩石からはパンアフリカ変動を示すU-Pbジルコン年代が報告されている．ハイランド・コンプレックスを構成する岩石に含まれ，この変動以前の年代を保持している砕屑性ジルコン (detrital zircon) からは32〜24億年のU-Pb年代が報告されている．この年代値はNdモデル年代とよく一致している．なお，Milisendaほか (1988) の用いたDMの $(^{143}Nd/^{144}Nd)_p$ 比は0.513151，$(^{147}Sm/^{144}Nd)_p$ 比は0.2188である．前者は本書の0.51315とほぼ同じで，DMの $\varepsilon Nd_p = +10$ から正確に算出した値であるが，後者は0.2136 (§3.6.A参照) より高く図3.12のLiew・McCulloch (1985) によるNd同位体進化線の1に相当する．各コンプレックスの年代値は0.2136を使い再計算した値であるが，彼らの年代値より平均5.2％古くなる．

3.6.B-b 本州弧の古〜中生層

本州弧の古〜中生層のNdモデル年代は，西南日本弧内帯と東北日本弧の棚倉破砕線より西部の地域から得られた．この地域の地質区分図を図3.15に，岩相層序を図3.16に示した．測定試料は各岩相層序の最上部にある砂質〜泥質堆積岩である．Ndモデル年代の計算には図3.12の4で示されるDMのNd同位体進化線を使い，その結果を頻度分布として図3.17に示した．この図には示していないが，美濃帯の上麻生礫岩の花崗岩礫の26億年 (Kagamiほか, 2006) を含めると26億年から8.5億年までの広がりのあるNdモデル年代が得られている．

Kagamiほか (2006) は地質区，地質区内の地域に注目し，I (26〜24.5億年)，II (23〜20.5億年)，III (19〜15.5億年)，IV (14.5〜12.5億年)，V (12〜8.5億年) の5つの年代カテゴリーに分けた．川野ほか (2007) は彼ら

3.6 Nd モデル年代　81

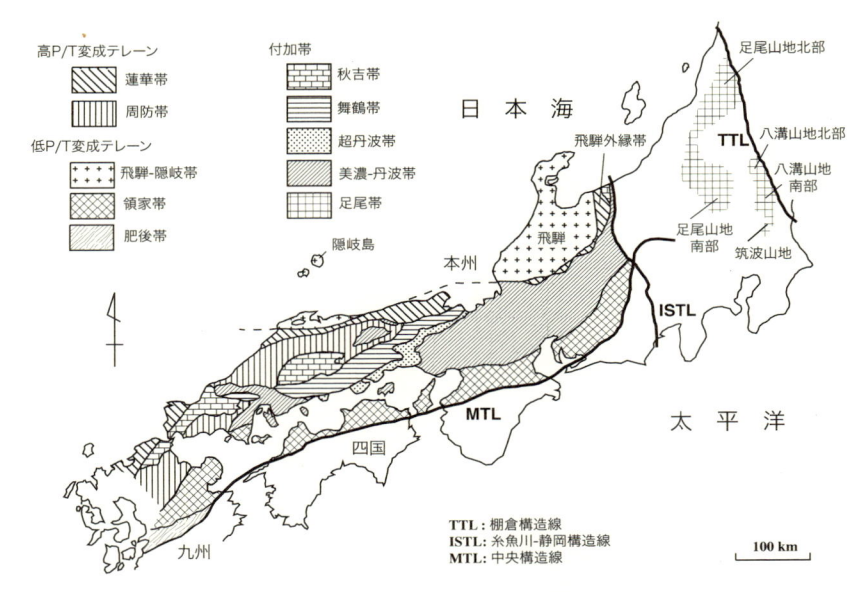

図3.15　西南日本弧内帯と東北日本棚倉構造線以西の地質区分（Ichikawa, 1990；Nishimura, 1998）

の研究でデータ数が少ない地質区，データが全くない地質区の堆積岩について新たに測定を行った．各年代カテゴリーに入る地質区，地域は次のとおりである．なお，近畿地方の丹波帯の地層群名と木曽山脈北部〜飛騨山脈南部の美濃帯（木曽美濃帯と省略）のコンプレックス名は，それぞれ楠・丹波地帯研究グループ（2007）と Otsuka（1988）にしたがった．

① カテゴリー I（26〜24.5億年）；飛騨-隠岐帯（隠岐島）．美濃帯の上麻生礫岩中の花崗岩礫もこのグループに入る．

② カテゴリー II（23〜20.5億年）；木曽美濃帯（味噌川コンプレックス），足尾帯（八溝山地南部），飛騨-隠岐帯（飛騨地域）．

③ カテゴリー III（19〜15.5億年）；飛騨-隠岐帯（飛騨地域），蓮華帯（長門構造帯の豊ヶ岳結晶片岩），丹波帯（I型地層群），領家帯の大部分，木曽美濃帯（島々，経ヶ岳コンプレックス），足尾帯（足尾山地北部の一部と南部，筑波山地）．

④ カテゴリー IV（14.5〜12.5億年）；飛騨外縁帯を含む蓮華帯，周防帯，

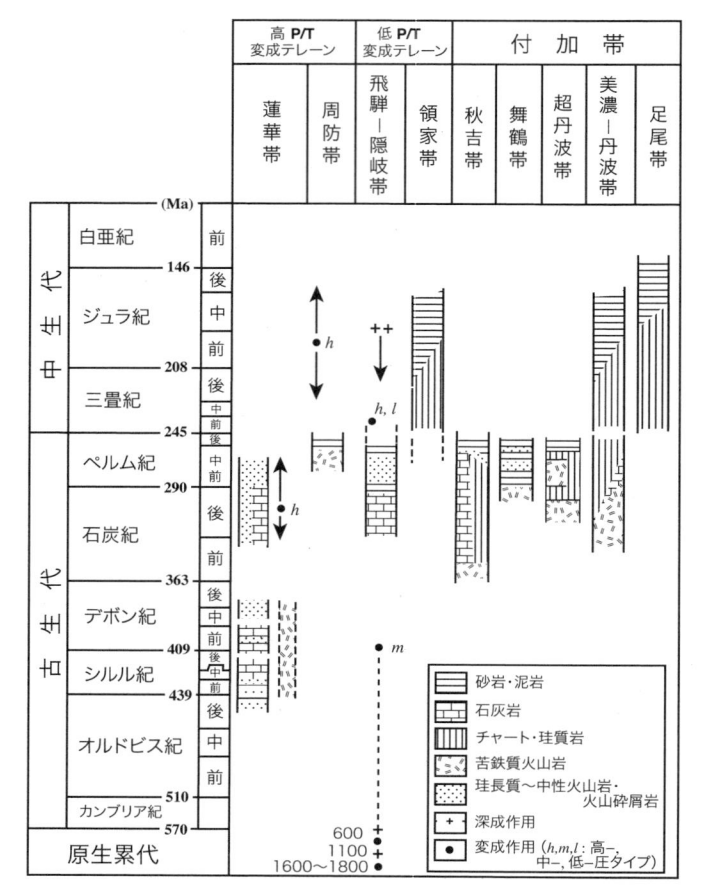

82　第3章　Sm-Nd系による年代測定

図3.16　西南日本弧内帯と東北日本棚倉構造線以西の地質区について簡略化した岩相層序（Ichikawa, 1990）

Ndモデル年代は最上部の砂岩（sandstone）・泥岩を採取し求めた．本図はIchikawa (1990)の一部を省略し引用した．

　　丹波帯（島根県およびII, III型地層群），木曽美濃帯（沢渡コンプレックス），足尾帯（八溝山地北部，足尾山地北部の一部）．
　⑤　カテゴリーV（12～8.5億年）；肥後帯，超丹波帯．
　以上の中で飛騨－隠岐帯（飛騨地域）はIIとIIIに属するようになっているが，正確にはIIの若い年代側からIIIの古い側の年代値をもっている．また，いずれのカテゴリーにも名前がみられない地質区として秋吉帯と舞鶴帯があ

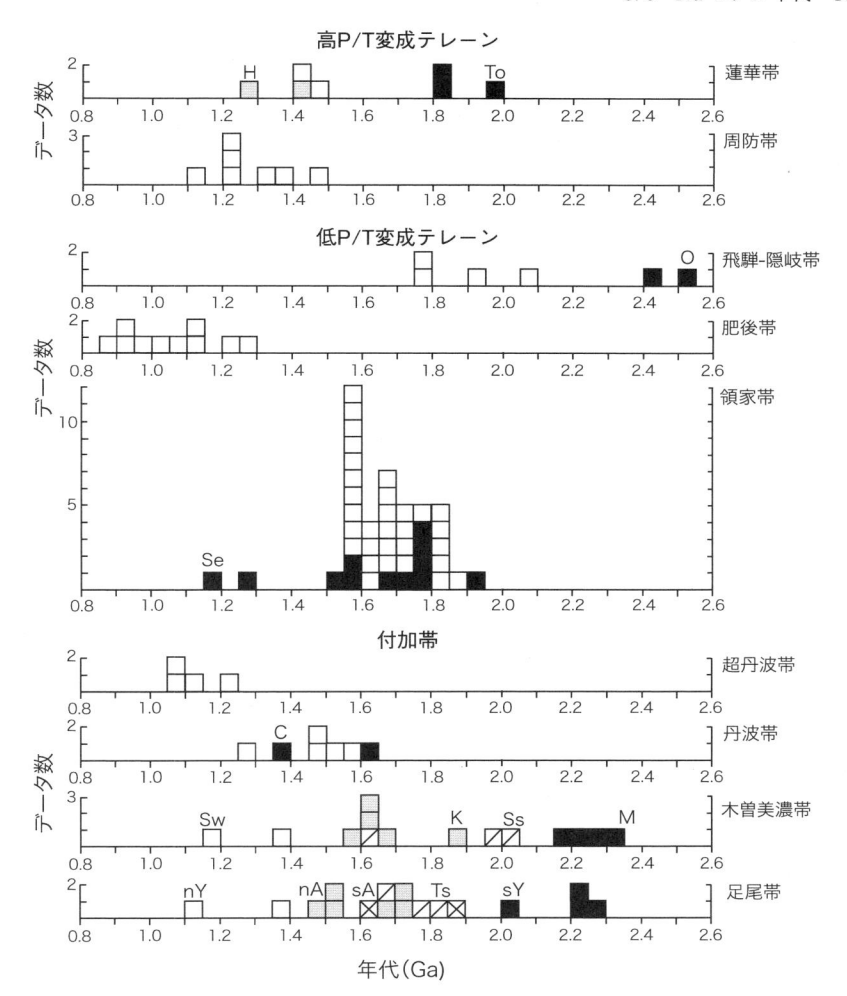

図3.17 本州弧中・古生層のDMを用いたNdモデル年代の頻度分布
(Kagamiほか,2006;川野ほか,2007)

To(黒色);豊ケ岳結晶片岩, H;飛騨外縁帯(灰色), O;隠岐島(黒色), Se(黒色);瀬戸内海地域, C(黒色);中国地方, M(黒色);味噌川コンプレックス, Ss(斜線);島々コンプレックス, K(灰色);経ケ岳コンプレックス, Sw;沢渡コンプレックス, sY;八溝山地南部, Ts(斜線);筑波山地, sA(交差線);足尾山地南部, nA(灰色);足尾山地北部, nY;八溝山地北部. 本図はKagamiほか(2006)と川野ほか(2007)のデータを併せ示した.

る．これらの地質区の堆積岩についても測定を行ったが，すべての試料の $^{147}Sm/^{144}Nd$ 比，$^{143}Nd/^{144}Nd$ 比が高く Nd モデル年代を算出できなかった．これらの比が高い理由として，秋吉帯の堆積岩は苦鉄質な火成岩を，舞鶴帯の堆積岩は中性岩を源岩としているためと考えられる．なお，秋吉帯と舞鶴帯はSm, Nd 同位体比から考えて年代カテゴリー IV，V に属すると思われる．

以上のように Nd モデル年代のほとんどは原生累代（25～5.7億年）を示す．本州弧に最も近い原生累代岩石の分布地域は，中国－朝鮮半島に広がる北中国地塊（North China block；別名 Sino-Korean block）と南中国地塊（South China block；別名 Yangtze block）である（図3.18）．Kagami ほか（2006）は本州弧の Nd モデル年代と，両地塊の地殻変動の時期および Nd モデル年代を比較検討した．さらに本州弧の Nd モデル年代を算出した試料の $^{143}Nd/^{144}Nd$ 比，$^{147}Sm/^{144}Nd$ 比と両地塊のこれらの同位体比との位置関係を検討した（図3.19）．たとえばこの図から，19～15.5億年の Nd モデル年代をもつ領家帯の岩石（図中の黒丸）のほとんどは北中国，南中国両地塊の領域にプロットされている．一方，肥後帯の岩石（白丸）は両地塊の領域内にはプロットされていない．

それらの結果を総合して，Kagami ほか（2006）は次のような結論を得てい

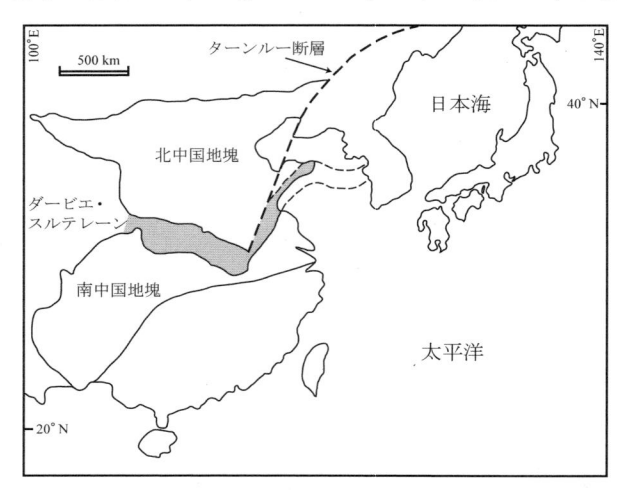

図3.18 北中国地塊，南中国地塊およびダービエ・スルテレーンの分布
Oh（2006）の一部を省略し引用した．

3.6 Nd モデル年代

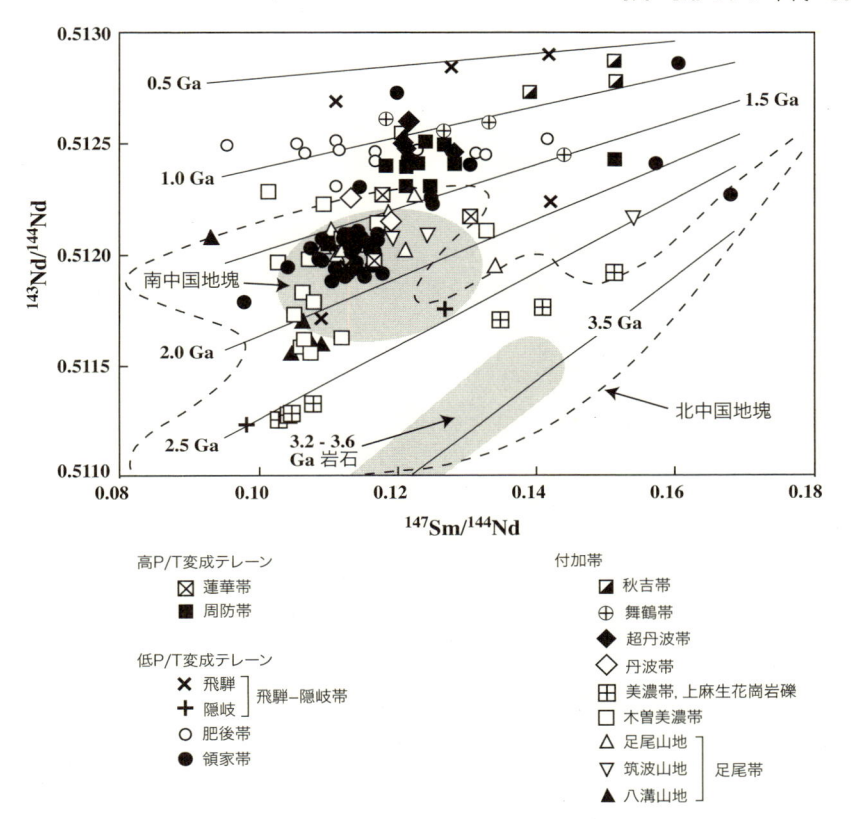

図3.19 本州弧中・古生層の ^{143}Nd/^{144}Nd 比と ^{147}Sm/^{144}Nd 比の関係
（Kagami ほか，2006）

図中の実線（1.0 Ga を例として）：1.0 Ga 前に DM から形成された岩石は 1.0 Ga の線上の値をもつ．

る．

① 26〜24.5 億年の Nd モデル年代をもつ堆積岩の源岩は北中国地塊に起源をもつ．このモデル年代は北中国地塊の地殻の最も主要な形成時期の 27〜25 億年（Shimizu ほか，1996）と一致する．

② 23〜20.5 億年と 19〜15.5 億年の Nd モデル年代をもつ堆積岩の源岩は北中国地塊か南中国地塊のいずれかに起源をもつ．

③ 14.5〜12.5 億年と 12〜8.5 億年の堆積岩の源岩は両地塊以外の新しい地塊を起源としている．

以上の Nd モデル年代の結果をみると，飛騨－隠岐帯は北中国地塊の一部を構成していたという考え（Isozaki, 1977）と矛盾しない．隠岐島の変成岩類については Rb-Sr 全岩アイソクロン年代（田中・星野, 1987）と U-Pb ジルコン年代（Yamashita・Yanagi, 1994）から約 20 億年の年代値が報告されている．また，上麻生礫岩を構成する花崗岩礫についても Rb-Sr 全岩アイソクロン年代（Shibata・Adachi, 1974）と Sm-Nd 全岩アイソクロン年代（Shimizu ほか, 1996）から約 20 億年の年代値が報告されている．これらの年代に関するデータから，20 億年頃活動した火成岩類は 26 〜 24.5 億年頃形成された北中国地塊の地殻を起源にもつという 1 つのモデルが考えられる．

　蓮華帯（長門構造帯の豊ヶ岳結晶片岩），領家帯，木曽美濃帯，足尾帯は，北中国地塊か南中国地塊に起源をもつ物質により堆積岩が形成されたことを示している．それに対して九州〜近畿地方の各地質帯（飛騨外縁帯を含む蓮華帯，周防帯，秋吉帯，丹波帯，蓮華帯，超丹波帯，肥後帯）は，両地塊以外の若い地塊と関係している．Osanai ほか（1999, 2006）は肥後帯をつくっている岩石の年代と変成度を根拠に，肥後帯はダービエ・スルテレーン（Dabie-Sulu terranes；図 3.18）の一部という提案を行っているが，この考えは Nd モデル年代による結論と矛盾はしていない．

　西南日本弧内帯および東北日本弧の棚倉構造線以西の地域で，Nd モデル年代が得られていないのは美濃帯本体（美濃地方）と尾張地方の領家帯のみとなった．一方，棚倉構造線以東の東北日本弧と千島弧においては，西南北海道と日高変成帯を除くとモデル年代値がごくわずか報告されているにすぎない．また，西南日本弧琉球弧，西南日本外帯においてはこれらの年代値の報告がない．堆積岩の Nd モデル年代を含めた Sm, Nd 同位体的研究はその後背地（hinterland, backland）の解明のみならず，異なる地質区間の対比などの解明に重要な情報を提供し，さらにはさまざまな新たな問題を提起する．そのためこれらの年代値と同位体データが全くない，あるいは少ない地質区については研究が急がれる．

3.6.C　Nd モデル年代の重要性

　Nd モデル年代の重要性について §3.6.B-b で紹介した本州弧を例に述べる．この本州弧に分布する古〜中生層の Nd モデル年代値は，異なる地質区の間

の関係および堆積岩の後背地の解明に1つの情報を与える.これは単にNdモデル年代(およびSm,Nd同位体比と化学組成)による数値合わせのような印象を受けるかもしれないが,地質学方法による考察と矛盾しないことが多い.それらの中で最初は後背地,次に対比に関する例をいくつかあげる.

最初に飛騨-隠岐帯の後背地について述べる.この帯については地質学的研究から北中国地塊の一部と考えられている.一方,Ndモデル年代による考察からも,この帯の後背地は北中国地塊という同じ結論に達している(§3.6.B-b参照).また,年代カテゴリーIII(1.9～1.55 Ga)に入る丹波帯のI型地層群の砂岩の研究から,その後背地として先カンブリア界を含む基盤の露出した大陸地域と楠・武蔵野(1989)は結論づけているが,これはNdモデル年代による北あるいは南中国地塊を後背地とするという考察と矛盾していない.一方,III型を含むII型地層群の後背地について彼らはI型の砂岩とは大きく異なる鉱物のため,I型地層群とは異なった独自の陸域を後背地として考えている.Ndモデル年代からみるとII型とIII型地層群は年代カテゴリーIV(1.45～1.25 Ga)に属し,I型地層群のカテゴリーIIIとは異なる.Kagamiほか(2006)は年代カテゴリーIVの後背地はカテゴリーIIIとは異なる大陸を考えている.したがって,I型とII・III型地層群が異なる陸域を後背地とする地質学的考察は,異なる大陸起源というNdモデル年代からの考察と矛盾していない.

次は対比に関する例である.地質学的手法により,近畿地方の丹波帯は3つの地層群に,木曽美濃帯は6つのコンプレックスに分けられているが,これらは地層群,コンプレックスごとに異なるNdモデル年代値をもつ(川野ほか,2007).このことはNdモデル年代が対比を行ううえの道具として使える可能性を示している.たとえば,木曽美濃帯の味噲川コンプレックスのモデル年代は年代カテゴリーII(23～20.5 Ga)に入り,八溝山地南部と同じであるが,この結果は,味噲川コンプレックスが八溝山地南部の高取,笠間ユニットに対比されるという首藤・大塚(2004)の結論と一致している.また,山口県東部から鳥取県にかけて分布する東の周防帯はかつて智頭帯と呼ばれ,九州～山口県南部の西の周防帯と別の地質区として扱われていた.その後,Nishimura(1998)により智頭帯と周防帯は同一地質区とされた.西の周防帯から得られ

たNdモデル年代は1.45〜1.20 Ga，東の周防帯から得られたモデル年代は1.23〜1.11 Ga（Kagamiほか，2006）となり，若い年代側で互いにオーバーラップしている．このNdモデル年代データは西と東が同一地質区に属することと矛盾していない．

以上のようにNdモデル年代が地質学的考察と整合性のよいことから，逆に新たな問題も提起する．たとえば，中部地方を飛騨-隠岐帯の飛騨地域から領家帯まで地質区を縦断しNdモデル年代を検討した川野ほか（2007）による図3.20では，飛騨地域は年代カテゴリーIIの新しい年代側からIIIの古い年代側に入っている．これに対して，北九州から山陰地方を経て続く蓮華帯とその東端に位置する飛騨外縁帯はカテゴリーIVと若い．この帯の南側に位置する木曽美濃帯の沢渡コンプレックスも同様にIVである．さらに南に向かってIII（島々コンプレックス），II（味噌川コンプレックス）と古い年代カテゴリーとなり，次の経ヶ岳コンプレックスで再びIIIと若くなり美濃帯は終わる．経ヶ岳コンプレックスの南東側に領家帯の変成岩が分布し，それらはカテゴリーIIIで，領家変成岩は経ヶ岳コンプレックスの変成相という考えと矛盾しない．美濃-丹波帯といわれているように両帯は同じと考えられているが，丹波帯の多く（II，III型地層群）と同一の年代カテゴリーに入るのは木曽美濃帯では現在のところ沢渡コンプレックスのみにすぎない．

ここで解決しなければならない興味深いさまざまな問題が生じる．たとえば，1）近畿地方の丹波帯の地層群と木曽美濃帯のコンプレックスとのつながり，2）地層群あるいはコンプレックス間のNdモデル年代の違い，それから予想される後背地の急激な変化を起こした地質学的出来事，3）古い年代カテゴリーをもつ地質区（飛騨地域と美濃帯-領家帯）に挟まれた若い年代カテゴリーの蓮華帯（飛騨外縁帯）の形成機構，4）蓮華帯（飛騨外縁帯）と，それに接する美濃帯の飛騨外縁帯側に近い沢渡コンプレックスが同一年代カテゴリー（IV）をもつ地質学的意味，などである．さらに3）について付け加えるならば，領家帯を除き九州，中国，近畿地方の地質区はIVあるいはVの若い年代カテゴリーをもつが，中部地方に入りこれらの年代カテゴリーの分布域は急速に縮小し，東北日本弧に入っても棚倉構造線近くの足尾山地北部と八溝山地北部にわずかに現れる程度である．この地質学的意味も解決しなければならな

3.6 Ndモデル年代 89

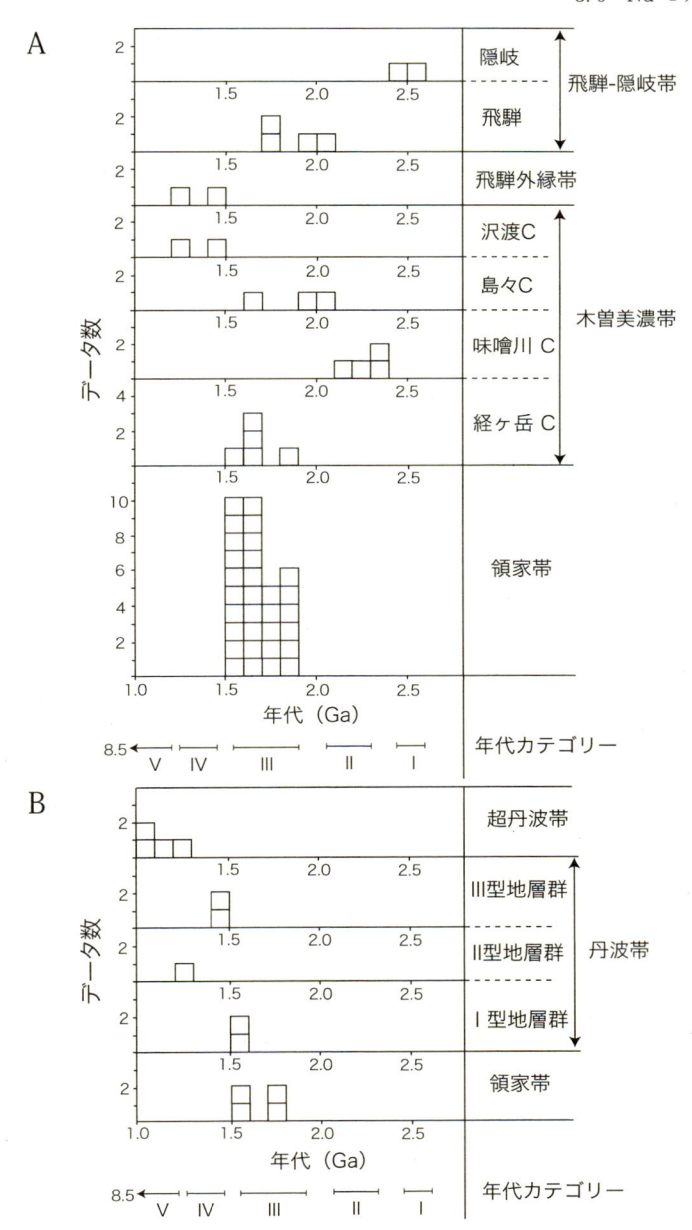

図3.20 異なる地質区横断方向にみられるNdモデル年代の変化（川野ほか，2007）
A；飛騨-隠岐帯〜中部地方領家帯，B；超丹波帯〜近畿地方領家帯．Cはコンプレックスの略．

い問題となる.

　以上，本州弧の古〜中生層を例に述べてきたように，堆積岩のNdモデル年代を含めたSm，Nd同位体的研究はその後背地の解明のみならず，各地質区の間の関係などの解明に重要な情報を提供し，さらにはさまざまな新たな問題を提起する.

3.7　Sm-Nd系による年代測定の長所と短所

Sm-Nd系の長所と短所として次の諸点があげられる.

① REEは水に対する溶解度がきわめて小さい（表3.6）ので，水の関与した変質作用を受けた岩石でも，Sm-Nd系による年代測定が可能な場合がある．一方，REEはCO_2に対する溶解度が大きいことから，CO_2を溶かし込んだ溶液の影響を受けた岩石については，この系による年代測定は適さない.

② Sm-Nd系は超苦鉄質岩や苦鉄質岩の年代測定に適用できる．これらの岩石はSm/Nd比が高いだけでなく，岩石間でこの比に大きな違いがみ

表3.6　海水，河川水の年代測定に用いられる元素の濃度

元素	海水 (ppm)	河川水 (ppm)
Ar	0.599	−
K	389	3
Ca	414	20
Rb	0.124	0.001
Sr	7.74*	0.068**
Ba	0.0117	0.02
La	3.88×10^{-6}	50×10^{-6}
Ce	0.701×10^{-6}	80×10^{-6}
Nd	2.58×10^{-6}**	2×10^{-6}
Sm	0.545×10^{-6}*	$(0.3-0.4) \times 10^{-6}$***
Lu	0.18×10^{-6}	0.6×10^{-6}
Hf	0.161×10^{-6}	−
Re	7.20×10^{-6}	−
Os	0.0017×10^{-6}	−
Pb	0.50×10^{-6}	0.01
Th	0.05×10^{-6}	−
U	0.032	40×10^{-6}

データ：Albarède (2003)．＊；Faure・Mensing (2005)，＊＊；Faure (1986)．＊＊＊；予想値.

3.7 Sm-Nd系による年代測定の長所と短所

られるからである．一方，この系は，珪長質岩のみからなる岩体の年代測定には適さない．それは珪長質岩が均一な $(^{147}Sm/^{144}Nd)_p$ 比（0.08～0.14）をもっているので，Sm-Nd全岩アイソクロン図において，これらの岩石からは精度のよいアイソクロンが得られないことによる．

③ Sm-Nd系は，エクロジャイト相―グラニュライト相の変成作用を受けた岩石のように，ざくろ石を多く含む岩石の年代測定に適するが，累帯構造を示すざくろ石の場合，コアとリムを分離して年代測定を行うなどの注意が必要である（§3.5.D参照）．

④ ホルンブレンドはトーナル岩～はんれい岩のような中性～苦鉄質岩，あるいは苦鉄質変成岩の主成分鉱物として産することが多い．この鉱物のSm/Nd比は全岩に比べ高く，また閉鎖温度も600～750℃（Burton・O'Nion，1990，Goldberg・Dallmeyer，1997）と高い．このような点から，形成後に花崗岩体の貫入を受けた中～苦鉄質岩体の年代測定に有効であることを，領家帯の苦鉄質岩体（§3.5.B参照）のところで述べた．しかし，花崗閃緑岩のように黒雲母が含まれる珪長質岩においては，Sm-Ndアイソクロン図上，構成鉱物の値がランダムに分散し年代が得られないことが多い（たとえば柚原・加々美，1995，2006）．その一例として中部地方領家帯の木曽駒花崗閃緑岩体（中部地方，領家帯）を図3.21に示す．Sm-Nd鉱物アイソクロンが成立しない原因として，造岩鉱物の閉鎖温度の差，流体相に含まれる CO_2 の影響，Nd同位体的に不均一なマグマから晶出した鉱物の集積，REEを多量に含む外来結晶の存在の4つがあげられるが，その中でも4番目の原因，すなわち花崗岩体と異なる起源をもつREEを多量に含む副成分鉱物の混入の重要性を加々美ほか（2008）は論じている．このように花崗岩本体と異なる起源の副成分鉱物（かつれん石）の存在についてHoshinoほか（2007）が論じている．

⑤ 火成岩あるいは変成岩の副成分鉱物の年代測定が可能である（§3.5.C参照）．それは副成分鉱物にはNdを多量に含むものがみられるからである（表3.2）．かつれん石，モナズ石のようなREEを多量に含む鉱物には，Ndが数万～数十万ppmの単位で含まれる．アパタイト，チタ

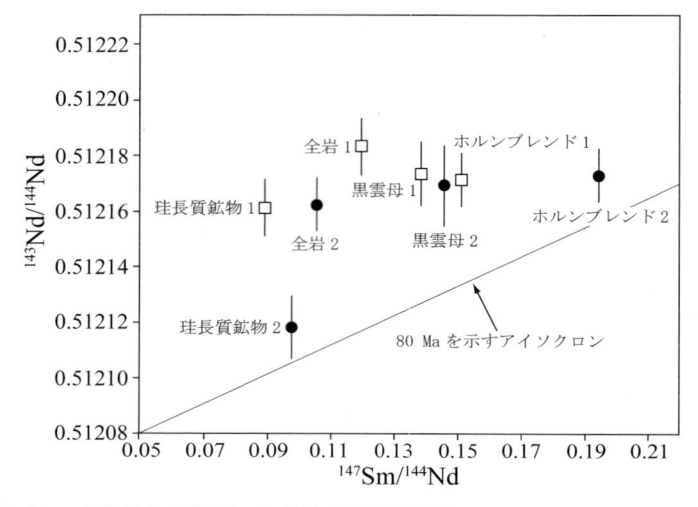

図3.21 中部地方領家帯の木曽駒花崗閃緑岩体のSm-Ndアイソクロン図

エラーバーは2σを示す．80 Maを示す線は木曽駒花崗岩体の試料から予想されるアイソクロンの傾斜を示す．ホルンブレンド2と珪長質鉱物2を結ぶ線は80 Maを示す線とほぼ平行であるが，全岩2および黒雲母2，特に前者はこの線より大きく外れている．データは柚原・加々美（2006）による．

ナイト，ゼノタイムにも数百〜数千ppmの単位でNdが含まれている．したがって，これらの鉱物では1つの結晶粒でも，Sm, Nd同位体比の測定が可能である．ざくろ石，ジルコン，緑れん石にはSm, Ndが数十〜数ppmの単位で含まれている．磁鉄鉱，チタン鉄鉱のような酸化鉱物にもこれらの元素は，数十ppm〜数ppmの単位で含まれている．酸化鉱物は年代測定用の鉱物として扱われることは少ないが，多くの火成岩，変成岩に含まれているので，これらの鉱物もSm-Nd系の年代測定に使用することを薦めたい．

副成分鉱物のSm/Nd比には，鉱物間で著しい違いがみられる．この比の低い側の代表はかつれん石で，その値は0.10前後である．この値は主成分鉱物中で最も低い長石類の0.15前後に比べてもさらに低い．Sm/Nd比の高い側の代表はゼノタイムとざくろ石である．ゼノタイムを使用したSm-Nd系の年代測定はまだ行われていないが，この鉱物のSm, Nd濃度の高さを考慮すると1つの結晶粒でもSm, Nd同位体比の測定が可能である．ざくろ石のSm/Nd比は0.15〜2.5と非常に幅

広い．高い Sm/Nd 比をもつ鉱物は Sm-Nd 系による年代測定に適している．
⑥ Rb-Sr 系と同様に，Sm-Nd 全岩アイソクロン法により得られた Nd 同位体比初生値を用いて，火成岩の起源物質の化学組成を検討することができる．また，①との関連から，変質作用を受けた火成岩の成因の解明にも Nd 同位体比初生値は有効である．
⑦ ^{147}Sm の崩壊定数がきわめて小さいので，新生代以降の若い年代に形成された岩石の年代測定は困難なことが多い．しかし，ざくろ石，ゼノタイムのような Sm/Nd 比が非常に高い鉱物を岩石と併用すると，第三紀の火成岩についても，Sm-Nd 全岩—鉱物アイソクロン年代が得られる．

3.8 イプシロン表示
3.8.A イプシロン Nd(εNd)値

試料間で Sr 同位体比には比較的大きな違いがみられるので，それらを直接比較することができるが，Nd 同位体比の試料間の違いは，Sr 同位体比に比べてはるかに小さい．そこで試料間の ^{143}Nd/^{144}Nd 比を比較するときは，それらを直接比較するのではなく，標準物質の値との相対値を比較したほうがわかりやすい．DePaolo・Wasserburg (1976a, 1976b) はこの方法を Nd 同位体比に導入し，イプシロン (ε) 表示法を提案した．試料の標準物質の値に対する割合を 10^4 倍を単位として表した値を ε 値 (epsilon value) という．この表示法によれば，Nd 同位体比は，+10, +3, −8 のような整数値で示されるので，試料間の違いが一目でわかる．もう1つの理由は，§3.3で述べた Nd 同位体比（すなわち Nd 同位体存在度）の違いを考えなくてもよいことである．εNd 値を計算するときに使用される標準物質としては，岩石の Nd 同位体比が報告されはじめた1975年頃からしばらくの間，ジュビナス・エコンドライトと CHUR の両者が使用されていたが，最近では CHUR のみが使用されるようになっている．なお，εNd 値の表示として DePaolo・Wasserburg (1976a, 1976b) は ε_{Nd} 値を用いているが，年代値を添字すると見にくくなるため前者を用いる．

試料の εNd 値を計算するときに使用する CHUR の $(^{143}$Nd/^{144}Nd$)_p$,

$(^{147}Sm/^{144}Nd)_p$ の値は以下のように2通りで与えられる（§3.3参照）．

(1) 試料の $^{143}Nd/^{144}Nd$ 比の測定値を $^{146}Nd/^{144}Nd = 0.7219$ で規格化した場合；$(^{143}Nd/^{144}Nd)_p = 0.512638$, $(^{147}Sm/^{144}Nd)_p = 0.1966$

(2) 試料の $^{143}Nd/^{144}Nd$ 比の測定値を $^{146}Nd/^{142}Nd = 0.636151$ で規格化した場合；$(^{143}Nd/^{144}Nd)_p = 0.511847$, $(^{147}Sm/^{144}Nd)_p = 0.1967$

次に年代が"t Ma"における試料の εNd 値の計算法について説明する．まず"t Ma"における試料と CHUR の $^{143}Nd/^{144}Nd$ 比を算出する．計算式は，§3.4の (3.4) 式から次式で与えられる．

$$(^{143}Nd/^{144}Nd)_t = (^{143}Nd/^{144}Nd)_p - (^{147}Sm/^{144}Nd)_p(e^{\lambda t} - 1) \quad (3.7)$$

この計算に必要な CHUR の $(^{143}Nd/^{144}Nd)_p$, $(^{147}Sm/^{144}Nd)_p$ の値は，上記 (1) または (2) のものを使用する．

"t Ma"における試料の εNd 値は次式で計算される．

$$\varepsilon Nd_t = [(^{143}Nd/^{144}Nd)_{t:試料} - (^{143}Nd/^{144}Nd)_{t:CHUR}]/(^{143}Nd/^{144}Nd)_{t:CHUR} \times 10^4$$
$$(3.8)$$

たとえば，200 Ma（$t = 2 \times 10^8$ 年）に活動した，$(^{143}Nd/^{144}Nd)_p = 0.512300$，$(^{147}Sm/^{144}Nd)_p = 0.1000$ の値をもつ花崗岩があったとする．200 Ma における CHUR の $^{143}Nd/^{144}Nd$ 比は 0.512381 [$(^{143}Nd/^{144}Nd)_p$, $(^{147}Sm/^{144}Nd)_p$ は (1) の値を使用] と計算されるので，この花崗岩の εNd_t 値は -4.14 である．εNd_t 値は，$\varepsilon Nd_{(200 Ma)}$ 値あるいは **εNd 初生値**（initial εNd value）と記述する場合がある．

3.8.B イプシロンSr（εSr）値

試料間の Sr 同位体比の違いは比較的大きいので，εSr 値は εNd 値ほど使用されないが，試料の εSr 値を計算する場合，標準物質として CHUR を使用する．本書では，CHUR の $(^{87}Sr/^{86}Sr)_p$ と $(^{87}Rb/^{86}Sr)_p$ の値として，それぞれ 0.7045 と 0.0827 を採用する（§2.6.A 参照）．

年代が"t Ma"における試料の εSr 値は，εNd 値と同じ手順で得られる．すなわち，"t Ma"における試料と CHUR の $^{87}Sr/^{86}Sr$ 比を計算後，次式によって"t Ma"における試料の εNd 値が計算される．

$$\varepsilon Sr_t = [(^{87}Sr/^{86}Sr)_{t:試料} - (^{87}Sr/^{86}Sr)_{t:CHUR}]/(^{87}Sr/^{86}Sr)_{t:CHUR} \times 10^4$$
$$(3.9)$$

たとえば，200 Ma（$t = 2 \times 10^8$ 年）前に活動した，$(^{87}Sr/^{86}Sr)_p = 0.70300$, $(^{87}Rb/^{86}Sr)_p = 0.0500$ の値をもつ玄武岩の場合には，その εSr_t 値は -20.0 となる．

イプシロン（ε）表示法は Nd や Sr の同位体比だけでなく，ほかの元素の同位体比でも用いられる．その場合，標準物質はいずれも CHUR である．ある元素（Z）の同位体比の ε 値は次の一般式で表される．

$$\varepsilon Z_t = [(D/Dx)_{t:試料} - (D/Dx)_{t:CHUR}]/(D/Dx)_{t:CHUR} \times 10^4 \quad (3.10)$$

ここで D は娘核種，Dx は娘核種の属する元素の安定同位体である．

第4章 偽りのアイソクロン

4.1 偽りのアイソクロンについて

　第2章のRb-Sr系，第3章のSm-Nd系のアイソクロンの項では，その傾斜から意味ある年代値が得られた場合についてのみ紹介してきた．しかし，アイソクロンと考えた直線から算出された年代値が地質学的情報と矛盾し，その直線はアイソクロンを示していないこともある．たとえば，ジュラ紀の地層に貫入した花崗岩体から原生累代を示すRb-Sr全岩アイソクロン年代が得られたような場合である．この直線はアイソクロンではなく**"偽りのアイソクロン (pseudo-isochron；false-isochron；fictitious-isochron)"** である．本章では，偽りのアイソクロンが生じる原因を述べる．

4.2 アイソクロン図における混合線
4.2.A 混合線

　アイソクロン図において**混合線**（mixing line）も直線となる．この混合線がすなわち偽りのアイソクロンである．偽りのアイソクロンが得られることは，岩石学的，地球化学的研究から予想される場合もある．

　次に2つの成分がさまざまな割合で混合した場合，それらはアイソクロン図において直線上にプロットされる理由について説明する．

　アイソクロン図に2つのマグマの $^{87}Sr/^{86}Sr$ 比，$^{87}Rb/^{86}Sr$ 比をプロットする．混合線が直線になるのはどの年代測定系でも同じなので，$[D/Dx]$，$[Pn/Dx]$ の一般的表示を用いる（図4.1）．Dは娘核種を表し，Dxは娘核種の属する元素中の安定同位体，Pnは親核種を表す．アイソクロンの式による説明（§2.4.A参照）のところで用いた $y=mx+C$ 式に，マグマ-1，マグマ-2の値を代入すると(4.1)式，(4.2)式となる．

$$[D/Dx]_1 = m[Pn/Dx]_1 + C \qquad (4.1)$$

$$[D/Dx]_2 = m[Pn/Dx]_2 + C \qquad (4.2)$$

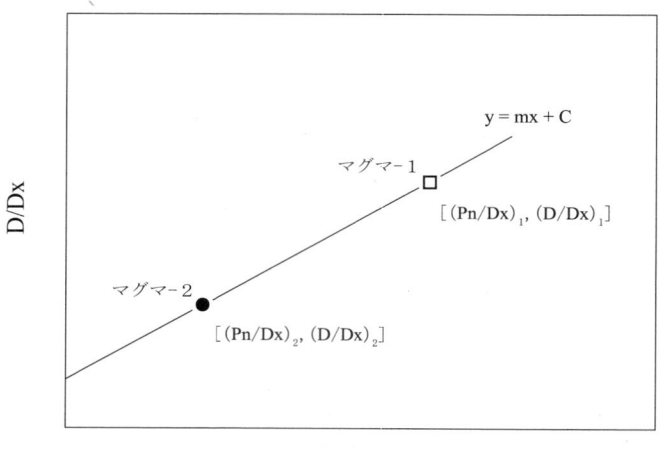

図4.1 アイソクロン"(D/Dx)-(Pn/Dx)"図における混合線

したがって,
$$D_1 = mPn_1 + CDx_1 \tag{4.3}$$
$$D_2 = mPn_2 + CDx_2 \tag{4.4}$$

マグマ-1の混合率をfとするとマグマ2の混合率は (1-f) で表される. したがって各項については (4.5) 式, (4.6) 式, (4.7) 式が得られる. ここでMは混合物 (Mixture) を, また D_1, D_2, Pn_1 などの項はモル数を表している.

$$D_M = fD_1 + (1-f)D_2 \tag{4.5}$$
$$Pn_M = fPn_1 + (1-f)Pn_2 \tag{4.6}$$
$$Dx_M = fDx_1 + (1-f)Dx_2 \tag{4.7}$$

(4.3) 式と (4.4) 式を (4.5) 式に代入すると
$$\begin{aligned}D_M &= f(mPn_1 + CDx_1) + (1-f)(mPn_2 + CDx_2)\\ &= m(fPn_1 + Pn_2 - fPn_2) + C(fDx_1 + Dx_2 - fDx_2)\end{aligned} \tag{4.8}$$

(4.6) 式と (4.7) 式を (4.8) 式に代入すると
$$D_M = mPn_M + CDx_M \tag{4.9}$$

したがって,
$$(D/Dx)_M = m(Pn/Dx)_M + C \tag{4.10}$$

(4.10) 式は (4.1) あるいは (4.2) 式と同様な切片, 傾斜となり, 混合線

も直線となるという結論が得られる．

たくさんの地質学的情報がある場合，混合線であることは比較的簡単にわかる．しかし，年代についての情報がほとんどない場合，偽りのアイソクロン（混合線）と真のアイソクロンの判断が難しいこともある．§4.3で混合線が生じる地質学的出来事について加々美ほか（2007）を引用し紹介する．

4.2.B　Sr同位体比，1/Sr比による偽りのアイソクロンの検証

Rb-Srアイソクロン図上の直線から算出された年代値が偽りかどうかは次のような方法を用いて検証される（Faure, 1977, 1986, 2001；Dickin, 1995など）．すなわち，全岩アイソクロンにより算出された年代値が疑わしく，この方法以外の年代測定法で得られた年代が真の値（t）であると考えられる場合，このtと§2.4.Aの（2.8）式を用いて試料ごとのSr同位体比初生値を改めて計算する．縦軸にSr同位体比初生値，横軸に1/Sr（重量濃度）をとった図に算出された値をプロットしたとき，直線性のある関係が認められると，Rb-Srアイソクロン図上で得られた直線は2つの物質の混合より生じた偽りのアイソクロンの可能性があると解釈される．なお，2つの物質が混合した場合，Sr同位体比初生値（縦軸）-Sr濃度（横軸）図では混合線は曲線として表されるが，Sr同位体比初生値（縦軸）-1/Sr濃度（横軸）図では直線として表されるので，端成分のSr同位体比とSr濃度を予測するうえで後者の図のほうが直感的に理解しやすい．横軸の分子をどのような整数倍にするかは，試料のSr濃度によって自由に選択すればよい．§4.3の混合線の実例では1000/Srが使われている．ここで逆数をとると混合線が直線となる理由を§4.2.Aの式にしたがって説明する．したがって，各記号の意味についてはこの章を参考にしてほしい．

2つのマグマを考える．マグマ-1の同位体比を$(D/Dx)_1$，安定同位体のモル数をDx_1，マグマ-2のそれぞれの値を$(D/Dx)_2$，Dx_2とし，横軸に各モル数の逆数，すなわち$1/Dx_1$，$1/Dx_2$をとる（図4.2）．この2つのマグマを結ぶ直線（$y = mx + C$）の上に混合したマグマがのるかどうか検討する．

$y = mx + C$にマグマ-1，マグマ-2の縦軸，横軸の値をそれぞれ代入し，分母のDx_1とDx_2を払うと（4.11）式，（4.12）式が得られる．

$$D_1 = m + CDx_1 \tag{4.11}$$

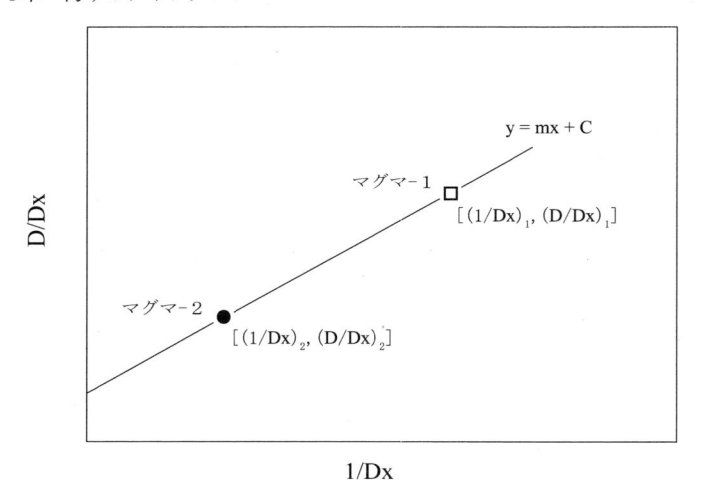

図4.2 (D/Dx)-(1/Dx) 図を用いた混合線

$$D_2 = m + CDx_2 \tag{4.12}$$

マグマ−1の混合率を f とすると，マグマ−2の混合率は (1−f) で与えられる．混合により生成される各項 (M) は (4.13) 式，(4.14) 式で与えられる．

$$D_M = fD_1 + (1-f)D_2 \tag{4.13}$$

$$Dx_M = fDx_1 + (1-f)Dx_2 \tag{4.14}$$

(4.11) 式と (4.12) 式を (4.13) 式に代入し整理すると

$$D_M = f(m + CDx_1) + (1-f)(m + CDx_2)$$
$$= m + C(fDx_1 + Dx_2 - fDx_2) \tag{4.15}$$

(4.14) 式を (4.15) 式に代入すると

$$D_M = m + CDx_M \tag{4.16}$$

したがって，

$$(D/Dx)_M = m/Dx_M + C \tag{4.17}$$

(4.17) 式は切片＝C，傾斜＝m となり，混合線も直線となるという結論が得られる．

以上のように横軸は安定同位体（たとえば ^{86}Sr）のモル数の逆数であるが，モル数のかわりに重量濃度を使う理由は次のとおりである．マグマ−1とマグマ−2の Sr 同位体比，Sr 濃度がたとえば次のような値であったとする．マグ

マ混合あるいはマグマに地殻物質の混入を考える場合，2つの物質の値の幅はもう少し小さいことが普通である．

	マグマ－1	マグマ－2
$^{87}Sr/^{86}Sr$	0.750	0.705
Sr 濃度（ppm）	50	1000
Sr 原子量	87.613942	87.617072
^{86}Sr の同位体存在度	0.098215	0.098651

^{86}Sr のモル数＝Sr 濃度×（^{86}Sr 同位体存在度/Sr 原子量）

（　）内の値はマグマ－1で 0.001121，マグマ－2で 0.001126，したがって両者の差はわずか 0.45％に過ぎない．混合を論じる場合このわずかな差を論じることはないので（　）の部分を同じとし消去すると Sr 濃度のみ残る．したがって横軸は 1/Sr（濃度）で代用しても問題は生じない．しかし混合を厳密に検討したい場合はモル数を使えばよい．

4.3 混合線の生じる原因
4.3.A 異なる起源物質から由来したマグマの混合

　岡山県北部の湯原温泉付近に湯原岩体が分布している．笹田（1978），Sasada（1979）によると，この岩体は北岩体と南岩体に分けられ，北岩体は花崗岩，花崗閃緑岩，トーナル岩からなる．一方の南岩体は石英はんれい岩，花崗閃緑岩からなる（図4.3）．湯原岩体について須藤ほか（1988）は Rb-Sr 全岩アイソクロン年代の測定を行った（図4.4）．彼らは南岩体から 86.8±6.4 Ma の年代値を報告し，この年代値についてマグマが貫入・定置した時期と解釈した．一方，北岩体の花崗岩類（花崗岩，花崗閃緑岩，トーナル岩）は1つのアイソクロンにプロットされない．このうちの花崗岩5試料から 92±21 Ma という年代誤差の大きい年代値が算出されるが，92 Ma は南岩体とほぼ同じ時期に形成されたという考え（須藤ほか，1988）と矛盾していない．花崗閃緑岩とトーナル岩は花崗岩とほぼ同時期に形成されたと考えられているが，Rb-Sr 全岩アイソクロンから 131±19 Ma の年代値が算出される．湯原温泉周辺を含めた山陰地域の火成活動は，後期白亜紀の 90 Ma 頃から古第三紀と考えられており（西田ほか，2005），前期白亜紀を示す 131 Ma は火成活動時期より明らかに古く，偽りの年代値の可能性がある．

102 第4章 偽りのアイソクロン

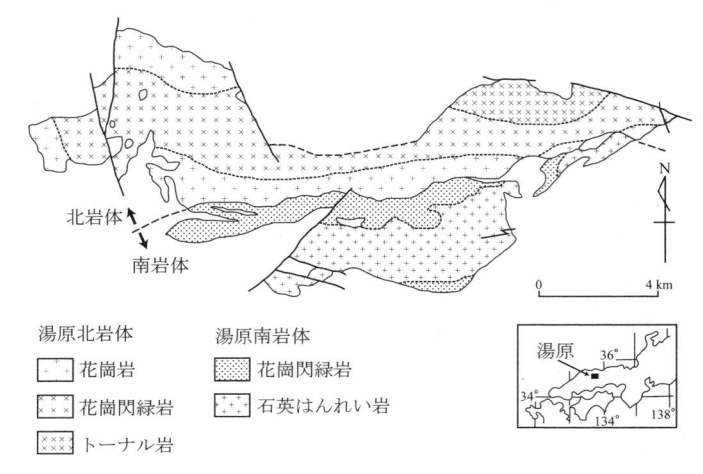

図4.3 湯原岩体の地質図（笹田，1978）

南岩体の花崗閃緑岩の等粒相と斑状相を同一記号にし笹田（1978）を引用した．湯原岩体以外の沖積層，鮮新世〜更新世玄武岩，古第三紀〜後期白亜紀火成岩類および古生層を省略した．

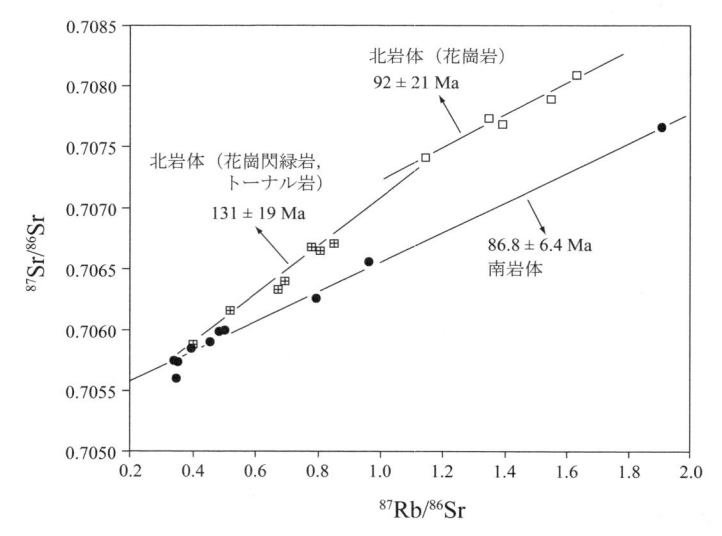

図4.4 湯原北岩体，南岩体の Rb-Sr 全岩アイソクロン（須藤ほか，1988）

そこで北岩体の花崗岩類（花崗岩，花崗閃緑岩，トーナル岩）は南岩体と同じ 87 Ma に形成されたと考え，この年代値を用いて Sr 同位体比初生値を計算し，縦軸に $^{87}Sr/^{86}Sr_{(87\,Ma)}$ 比，横軸に1000/Sr比をとった図にプロットした（図

4.5).この図を見ると北岩体の花崗岩と南岩体試料は横軸と平行な結晶分化作用を示す直線上にプロットされる.2つの直線の $^{87}Sr/^{86}Sr_{(87 Ma)}$ 比が異なるので,北岩体の花崗岩と南岩体をつくったマグマは互いに異なる物質を起源としている.北岩体の花崗閃緑岩とトーナル岩は,北岩体花崗岩と南岩体の間に挟まれた傾斜する線上にプロットされている.この線と南岩体の示す線との交点の横軸の値は 2.3 で,Sr 濃度に換算すると 430 ppm が得られ,一方,北岩体の花崗岩との交点は 4 となり,Sr 濃度として 250 ppm が得られる(図 4.5).これらのデータから花崗閃緑岩とトーナル岩は 430 ppm と 250 ppm の Sr 濃度をもつマグマの混合により形成された可能性が強い.以上の $^{87}Sr/^{86}Sr_{(87 Ma)}$ 比と 1000/Sr 比の関係から,花崗閃緑岩とトーナル岩の 131 Ma は混合線から算出された年代値で,地質学的には何の意味ももっていない.

4.3.B マグマ中への母岩の不完全な混入

マグマが貫入・定置する過程で母岩をさまざまな割合で混入し,それらが完全に混ざり合うことなく1つの岩体を形成すると,この岩体から採取された試料は混合線を描くことになる.混合線から計算された年代値は,マグマの活動

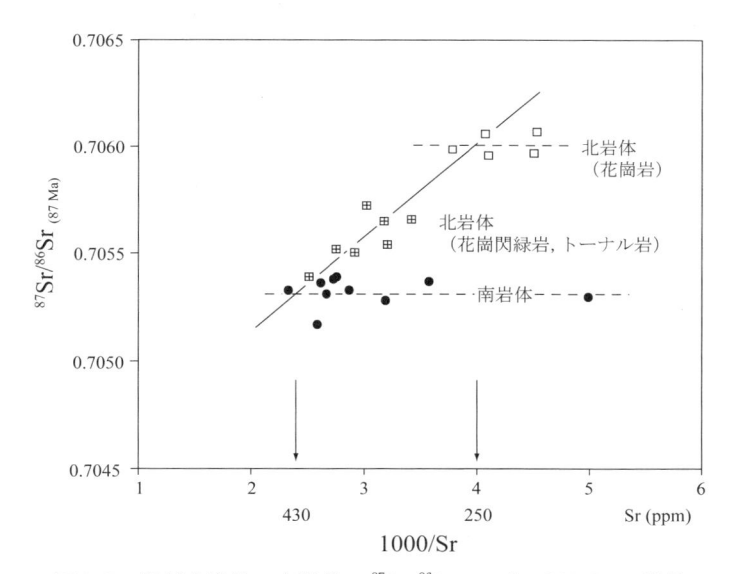

図 4.5 湯原北岩体,南岩体の $^{87}Sr/^{86}Sr_{(87 Ma)}$ と 1000/Sr の関係
データ:須藤ほか(1988).

年代より古くなることが多い．これはマグマの周辺を構成する母岩のRb/Sr比と^{87}Sr/^{86}Sr比がマグマより高いことが多いためである．次にその可能性が考えられる例を紹介する．

東南極大陸にはリュツォ・ホルム岩体（Lützow-Holm complex）が広く分布している（図4.6）．昭和基地のあるオングル島もこの岩体内に位置しており，ホルンブレンド片麻岩，ざくろ石片麻岩と輝石片麻岩が広く分布し，花崗岩脈がそれらの構造とほぼ調和的に貫入している．この変成岩が形成された時期と花崗岩の貫入時期はパンアフリカ変動時であると考えられている（Shiraishiほか，1994，2003）．Kawanoほか（2005）はこの花崗岩のRb-Sr全岩アイソクロンに関する研究を行った（図4.7）．

花崗岩の分布する地域はそれぞれ250 m×数10〜200 mほどの広さをもつA，B，C，Dに分けられ，互いに1〜2 kmほど離れている（図4.6）．この中でA地域から得られた花崗岩は580±23 MaのRb-Sr全岩アイソクロン年

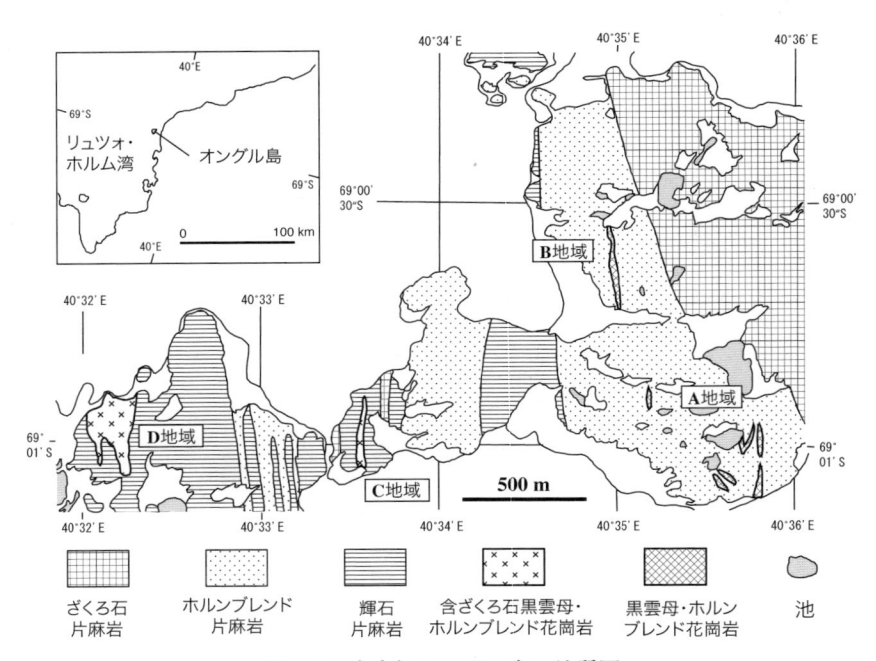

図4.6 東南極オングル島の地質図
本図はIshikawaほか（1994）を簡略にしたKawanoほか（2005）を引用した．

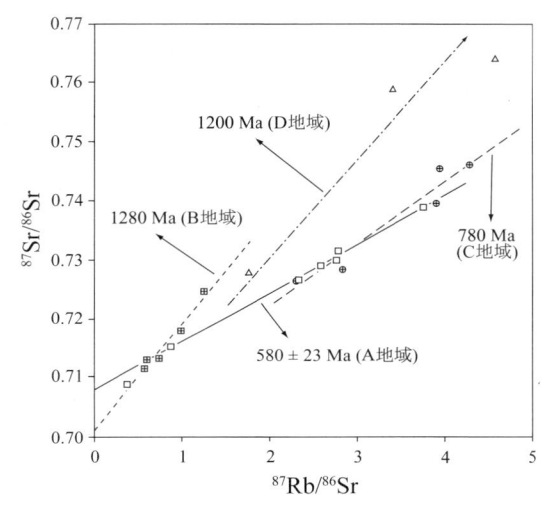

図4.7 東南極オングル島の花崗岩類のRb-Sr全岩アイソクロン（Kawanoほか，2005）
□：A地域，⊞：B地域，⊕：C地域，△：D地域．

代と 0.70784 ± 0.00059 のSr同位体比初生値をもっている．この年代値は変成作用を示すジルコンのU-Pb年代の550〜520 Ma（Shiraishiほか，1994，2003）より若干古く，花崗岩が変成作用以前に貫入したことを示している．一方，B，C，D地域から得られた結果をみると，それぞれ1280 Ma，780 Ma，1200 Maを示す直線付近に分散し，それらのSr同位体比初生値も0.701，0.699，0.697というように45.4億年前の地球の値，0.69899に近い値である．このような低いSr同位体比初生値は混合線から算出される以外ありえない値である．これらの花崗岩の $^{87}Sr/^{86}Sr_{(580\,Ma)}$ 比と1000/Sr比の間に直線関係が認められる（図4.8）．この関係図からB，C，Dをつくった花崗岩マグマは，Aとほぼ同じか若干低い0.705〜0.707のSr同位体比をもち，一方の高いほうの成分のSr同位体比は0.713を超えるので，貫入してくる間に混入した地殻物質と解釈される．

4.3.C マグマとほかのマグマに起源をもつ熱水との混合

上の2例はマグマとマグマ，マグマと母岩との混合である．次にマグマとほかのマグマ由来の熱水との混合を紹介する．

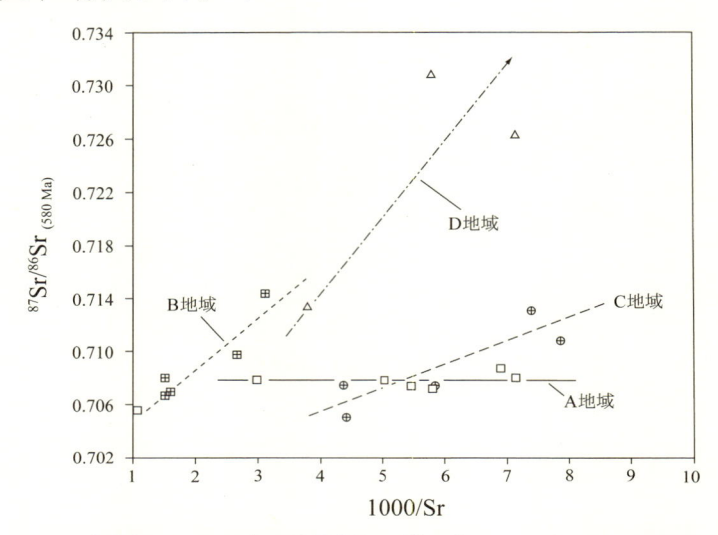

図4.8 東南極オングル島の花崗岩類の $^{87}Sr/^{86}Sr_{(580\,Ma)}$ と 1000/Sr の関係
□；A地域，⊞；B地域，⊕；C地域，△；D地域．データ；Kawano ほか（2005）．

　濃飛流紋岩は中部地方に広く分布し，85 Ma頃始まり68 Ma頃終息している．しかしこれと関連する火成活動は，その後より北方と西方に移動し，60 Ma頃に完全に終息している．濃飛流紋岩の活動は6回に分けられ，古い側から順にNOHI-1〜6と名付けられている（山田ほか，2005）．このなかで一番古いNOHI-1は**CHIME法**（chemical Th-U-total Pb isochron method；付録 I.4参照）によりジルコンとかつれん石から86〜85 Maの年代値が報告されている（Suzukiほか，1998）．一方，Rb-Sr全岩アイソクロン法から66.8±2.6 Maの年代値が白波瀬（2005）により報告されている（図4.9）．NOHI-1以降の濃飛流紋岩の活動年代をみると，66.8 Maは若すぎる年代値である．これについて白波瀬（2005）は若い花崗岩体の貫入により熱変成作用を被った年代と解釈しているが，熱変成作用では全岩のSr同位体平衡はおそらく成り立たない（§2.5.C-a参照）．

　そこで66.8 Maは偽りの年代値と考え，NOHI-1の予想される年代値，85 Maを用いて $^{87}Sr/^{86}Sr$ 比を計算し，1000/Sr比との関係を示したのが図4.10で，データは右下方向に下がる直線に沿ってプロットされる．この右下方向に下が

4.3 混合線の生じる原因

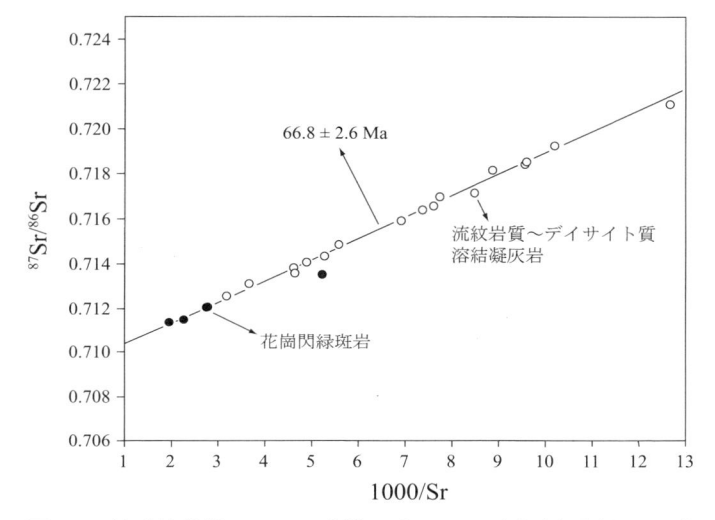

図4.9 濃飛流紋岩の Rb-Sr 全岩アイソクロン図（白波瀬，2005）

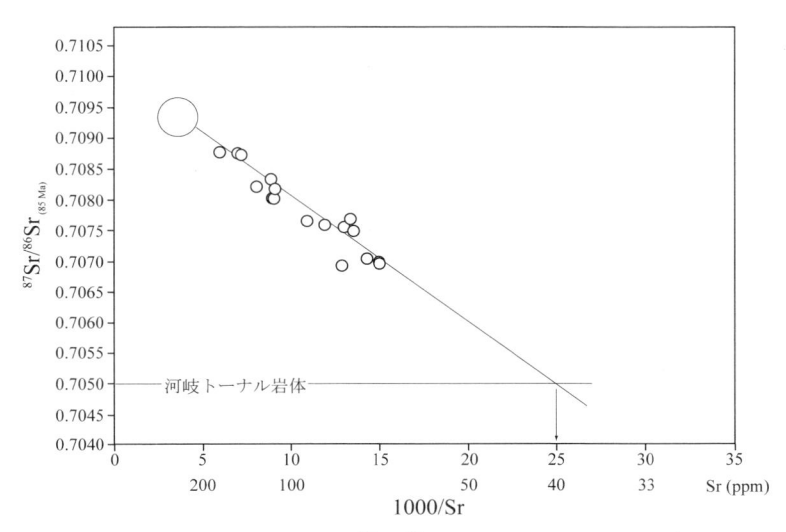

図4.10 濃飛流紋岩の $^{87}Sr/^{86}Sr_{(85\,Ma)}$ と 1000/Sr の関係
○：流紋岩質〜デイサイト質溶結凝灰岩．データ：白波瀬（2005）．

る線は，Sr 同位体比が 0.7050 を示す横線と交差する付近でおそらく止まるであろう．これは濃飛流紋岩の活動と関連して 86 Ma 頃貫入してきた河岐トー

ナル岩体が，0.7050のSr同位体比初生値をもっているためである．交差した点の横軸の1000/Sr比からSr濃度として40 ppmが算出される．この濃度は中性火成岩としては異常に低い値（表2.2）なので，おそらく河岐トーナル岩マグマ（あるいは同一起源マグマ）由来の熱水とSr同位体平衡になった物質が混入したものと思われる．なお，濃飛流紋岩はNOHI-1を含め全域がさまざまな程度の熱水変質を受けたことは酸素同位体による研究（島崎，2005）から明らかにされている．

次にNOHI-1マグマの熱水変質を受ける前の$^{87}Sr/^{86}Sr$比を予想する．マグマのSr濃度を500～200 ppmと仮定し，図4.10のNOHI-1の示す直線を左上に延長し1000/Sr比＝2～5からSr同位体比を読みとると0.7090～0.7095が得られる．このSr同位体比は中部地方の後期白亜紀火成岩としてはごく普通の値である（白波瀬，2005）．

Rb-Sr全岩アイソクロン法による66.8±2.6 Maは，0.7090～0.7095のSr同位体比をもつマグマと0.7050の値をもつ熱水起源物質との混合線から算出された年代値で，地質学的意味はないものと考えられる．

4.3.D　単一の起源物質から生じたマグマの不均一混合

このような実例を上げるのは難しいので，単なる可能性のあるモデルとして記す．このモデルは地殻内で部分溶融が起こる場合，広域にわたってSr同位体平衡は成り立たない（§2.5.C-a参照）ことを前提としている．

次に図4.11にしたがってこのモデルを説明するとしよう．第1ステージとして，マントルで生じた苦鉄質マグマが地表に向かって上昇してくる．このマグマは苦鉄質化学組成の下部地殻に行きあたると，両者の密度が均衡するため上昇を停止する．マグマの一部はそこで定置し冷却することによって岩体を形成する．岩体を構成する岩石は図では白丸のA～Eで示される．この岩体は下部地殻の一構成員となる．第2ステージにおいて岩体形成後，時間が経過するにつれ，鉱物組成に応じ岩石ごとに異なった$^{87}Sr/^{86}Sr$比をもつようになる．t'年経過後の位置を黒丸で示したが，岩石A～EのSr同位体比の時間経過による変化はRb-Sr全岩アイソクロンによって説明される（§2.4.A参照）．第3ステージとしてt'年経過したとき，この岩体がマントルから新たに貫入してきた苦鉄質マグマにより加熱される．この加熱によって苦鉄質岩体内で部分溶

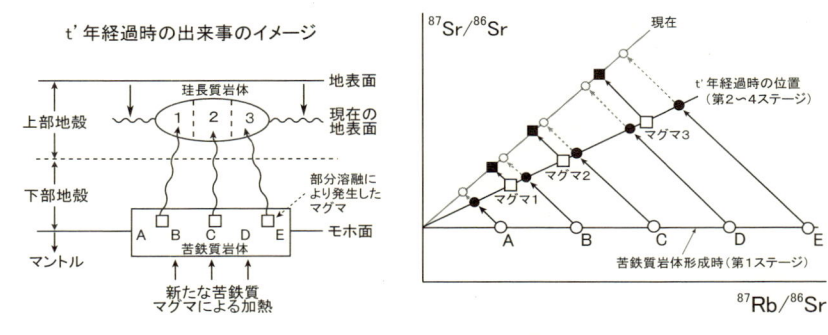

図4.11 単一の起源物質から生じたマグマの不均一混合モデル（加々美ほか，2007）
図中のアイソクロンの説明については図2.1と本文§2.4.Aを参照．

融が起こり，溶融箇所ごとに異なる $^{87}Sr/^{86}Sr$ 比，$^{87}Rb/^{86}Sr$ 比をもつ珪長質マグマが形成される（マグマ1～3；白四角）．それぞれの珪長質マグマは苦鉄質岩体の形成から再溶融が起こるまでの時間経過を示す傾斜のRb-Sr全岩アイソクロン上にプロットされる（白四角を結ぶ線）．第4ステージとして部分溶融により形成された珪長質マグマはそれぞれ地表に向かって上昇し，上部地殻内で1つマグマ溜まりをつくり，Sr同位体組成の十分な均質化が起こらないまま固結し岩体をつくる．第5ステージとして珪長質岩体が形成された後，ある時間が経過し現在に至っているが，珪長質岩体を構成する岩石の位置は黒四角で示される．

このようにして形成された珪長質岩体から採取された試料はRb-Srアイソクロン図上，直線（黒四角を結ぶ線）をつくるであろう．なお，この直線から計算される年代値は，珪長質マグマの起源となった下部地殻物質の形成時を表しており意味ある年代値（図では小さい白丸を結ぶ線の傾斜から算出）ということになるが，珪長質岩体からみると偽りの年代である．なお，下部地殻物質の形成時は小さい白丸で示される岩石が得られない限り算出されない．

第5章 年代値の不一致と閉鎖温度

5.1 年代値の違いが生じる原因

　ある1つの岩体について年代測定を行った場合，いくつかの異なる年代値が得られる．ここで紹介するのは，長野県伊那地方の領家帯に分布する非持トーナル岩体の年代値である．この岩体は8回に及ぶ領家花崗岩の活動の中で最も古く（領家研究グループ，1972），その形成時期は領家帯の地史を組み立てる上の出発点となるため，さまざまな年代測定系と鉱物あるいは岩石を使い年代測定が行われてきた．報告された年代値を左側から右側に向かって古くなる順にまとめたのが表5.1である．非持トーナル岩体は変輝緑岩を多数捕獲していることに加え，マイロナイト化作用（mylonitization）に伴う動的再結晶作用（dynamic recrystallization）を受けている．これらのことが原因で岩体全体から採取された試料はアイソクロン図にプロットした場合に大きく分散し，Rb-Sr系あるいはSm-Nd系による全岩アイソクロン年代は得られていない．そのためこの岩体の形成年代もまだわかっていない．

　報告された年代値で最も若い10 Maは**フィッション・トラック年代測定法**（Fission Track dating method，通称，FT法；付録I.5参照）によりアパタイトから得られたもので，中央構造線の運動に伴う剪断熱の影響と考えられる年代である（Tagamiほか，1988；Tagami・Shibata，1993）．50〜57 MaはFT法によるジルコンの年代値である．59〜65 MaはK-Ar系によりカリ長石，黒雲母，全岩から得られた年代値と，黒雲母と珪長質鉱物を用いたRb-Sr全岩—鉱物アイソクロンによる年代値である．59〜65 Maとほぼ一致する69.5±7.3 Maと63±10 Maの2つの年代値は，10×10 cm大と10×5 cm大の岩石試料を岩相（スラブ）ごとに分け（図5.1），各岩相の同位体比を使いRb-Srアイソクロン法により得られたものである．上述したように非持トーナル岩体全体から採取した試料からアイソクロンは得られていないが，このように標本サイズの岩石試料から年代は得られる．69.5 Maよりさらに古い70〜72

表5.1 非持トーナル岩体の年代値

年代測定系	FT	FT	Rb-Sr	K-Ar	Ar-Ar	Rb-Sr	K-Ar	K-Ar	U-Pb	Sm-Nd	
鉱物, 手法など	アパタイト	ジルコン	全岩-鉱物アイソクロン*	カリ長石	全岩	全岩(スラブ)アイソクロン	黒雲母	ホルンブレンド	ジルコン	全岩-鉱物アイソクロン**	
閉鎖温度 (℃)	110	230	300	370-170	-	-	360-340	560	940	600-750***	
年代値 (Ma)											引用文献
9.28 (9.53)	●										1
9.4 (0.4)	●										1
12.2 (0.7)	●										1
12.5 (1.8)	●										1
50.1 (2.7)		●									1
53.5 (3.1)		●									1
53.7 (3.0)		●									1
56.9 (2.0)		●									1
57.0 (2.3)		●									1
59.1 (0.1)			●								2
59.3 (1.9)				●							3
61.6 (1.0)			●								2
61.8 (0.8)					●	●					4
63.0 (0.8)					●						2
63 (10)			●								2
63.7 (0.4)			●								2
64.3 (0.3)			●								2
64.4 (0.3)			●								2
65.2 (2.0)						●					2
69.5 (7.3)						●					2
70.0 (1.0)								●			3
70.4 (0.7)								●			3
71 (3)								●			2, 5
72.3 (3.0)									●		3
86 (7)									●		2
124 (14)										●	6
125.1 (8.6)										●	6
161.3 (1.4)										●	6
164 (18)										●	6
244									●		2
495											

閉鎖温度は表5.2による。*：黒雲母，珪長質鉱物など。**：ホルンブレンド，珪長質鉱物。***：本文の§3.5.Bを参照。データの引用は次のとおりである。1：Tagami・Shibata (1993), 2：柚原ほか (2000), 3：柴田・高木 (1988), 4：Dallmeyer・Takasu (1991), 5：Yuhara ほか (2000), 6：坂島ほか (2000).

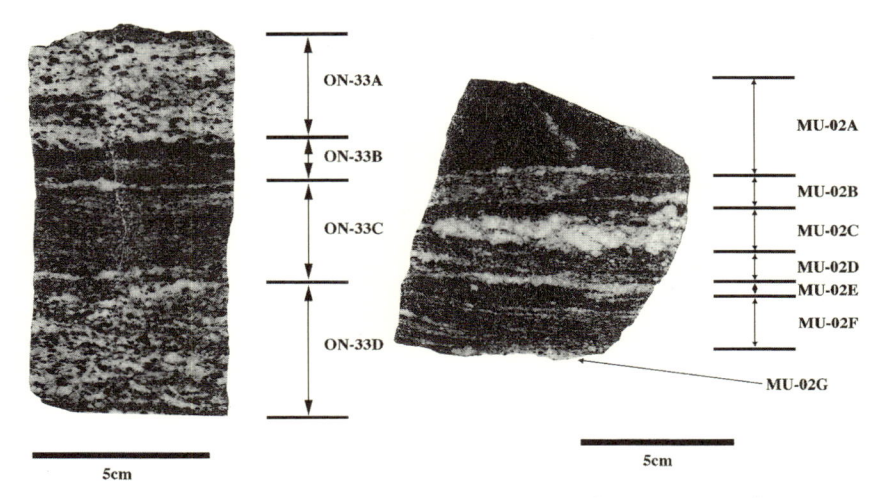

図5.1 非持トーナル岩の年代測定用スラブ（柚原ほか，2000）

図中の記号番号はRb, Sr, Sm, Nd同位体分析を行った試料名を示す．年代値は試料ON-33から63±13 Ma，試料MU-02から69.9±8.1 Maが報告されている．なお，表5.1に示したRb-Sr全岩（スラブ）アイソクロン年代はスラブ用試料と同一露頭から採取された1試料を加えた値である．

MaはホルンブレンドのK-Ar系による年代値である．U-Pbジルコン年代の1データ（71 Ma）はこの年代幅に入るが，ほかのジルコン1試料から86 Maという年代値が得られている（坂島ほか，2000）．この86 Maという年代値はホルンブレンド，珪長質鉱物を使ったSm-Nd全岩—鉱物アイソクロンからも得られている．同様な鉱物組合せとSm-Nd系を使い，さらに古い125 Maと161〜164 Maの年代値が得られている．そのほかに244 Maと495 MaがU-Pbジルコン年代から報告されている（坂島ほか，2000）．

以上の非持トーナル岩体の例でもわかるように，年代測定系ごと，あるいは同一年代測定系においても鉱物（あるいは岩石）ごとにさまざまな年代値が得られている．これは岩体が冷えていく過程で，放射性源同位体（娘核種）の逸散が停止し閉鎖系になった温度，すなわち，**閉鎖温度**が年代測定系，鉱物（あるいは岩石）ごとに違うことによる．

5.2 閉鎖温度

閉鎖温度についてDodson（1973, 1979）による概念図を図5.2（A）に示

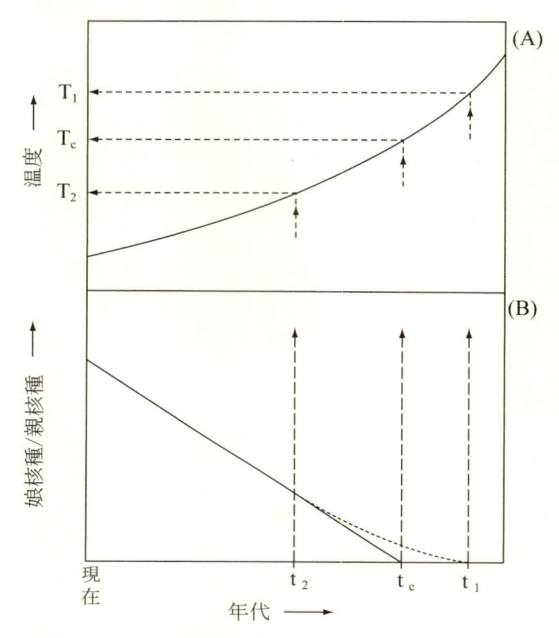

114　第5章　年代値の不一致と閉鎖温度

図5.2　閉鎖温度の説明図（Dodson, 1973, 1979）
（A）冷却曲線，（B）親核種に対する娘核種の集積曲線．

した．この図の横軸は時間軸を示し，縦軸には温度を示している．図中の左下がりの曲線は鉱物の冷却の様子を示している．一方，図5.2（B）の縦軸は娘核種（D）と親核種（Pn）の比をとっている．t_1 で示したとき以前の温度の高い条件下では，親核種から形成された娘核種は逸散してしまうため鉱物中にとどまらない．しかし t_1 時，すなわち温度が T_1 ℃以下に下がると一部の娘核種は蓄積しはじめ，温度が下がるにつれその度合いは徐々に上昇する．t_2 時以降，すなわち温度が T_2 ℃に下がると生成された娘核種は拡散により逸散することなく鉱物に蓄積され，それ以降，時間経過とともに D/Pn 比は比例関係が成立し，壊変定数にしたがって増加する．閉鎖温度は t_2 時以降の比例関係が始まった以降の直線を古い年代側に外挿し，時間軸の交点として得られる t_c 時に相当する温度，T_c ℃である．この図でわかるように冷却速度の違いが閉鎖温度の差となる．すなわち，冷却速度をゆっくり（傾斜を緩く）すると娘核種の失われていく期間は長く t_c は若い年代側に移行し，したがって閉鎖温度は

5.2 閉鎖温度

低くなる．一方，冷却速度が急な場合はその逆となる．そのため冷却速度を○○℃/100万年としたとき，閉鎖温度は△△℃という表現が用いられている．

閉鎖温度の見積もりの1つに高温・高圧実験による反応速度論的方法がある．この方法は上述のDodson（1973）により始められ，その式を示す．

閉鎖温度（T_c）を求める式は（5.1）と（5.2）で与えられる．

$$T_c = E/(R \times \ln X) \tag{5.1}$$

$$X = [\{-AD_0 t_m/a^2(T_c - T_p)\} \times (RT_c^2/E)] \tag{5.2}$$

各項は次のとおりである．E；活性化エネルギー，R；気体定数，D_0；頻度因子，T_p；測定した鉱物の現在の環境温度，t_m；鉱物の年代値，a；拡散にかかわる鉱物の大きさ（半径），A；試料の形状（板状，円柱状，球状など）に関するパラメータ．

D_0の頻度因子と体積拡散係数（D），絶対温度（T）の関係は$\ln D = \ln D_0 - (E/RT)$によって与えられ，D_0とEは実験から得られたDとTの値から決まる．なお，拡散係数（duffusion coefficient）をイタリックの"D"で示したが，娘核種のDと混同しないようにして欲しい．また，上式の$t_m/(T_c - T_p)$の項は現在まで一定の速度で冷却した時の逆数である．閉鎖温度が冷却速度に関係することはすでに述べた．また，この式から閉鎖温度は鉱物の粒径，a，に大きく依存していることがわかる．これについて説明する．

温度の低下にしたがい，娘核種の拡散速度も低下し，高温状態では鉱物外に逸散してしまった娘核種が蓄積されはじめる．この蓄積しはじめる温度は粒径により差が生じる．ある温度条件下での娘核種の拡散速度は粒径にかかわらず同じである．したがって，粒径が小さく娘核種が拡散により全部逸散したとしても，粒径が大きいと全部逸散してしまうことがなく，一部は鉱物内にとどまる．言い換えると，粒径が大きいほど拡散により鉱物外に失われる割合は小さくなる．したがって，粒径が大きい鉱物ほど閉鎖温度が高く古い年代値が，小さい鉱物ほど若い年代値が得られることになる．

閉鎖温度の見積もりは以上述べたDodosonによる方法のほかに，Jägerら（1967），Jäger（1973）によって始められた変成温度と鉱物年代とを対応させる地質学的方法と，閉鎖温度が既知の系から見積もる方法とがある．彼らの方法は次のとおりである．すなわち低温から高温の変成相をもつ変成帯があり，

500℃未満の変成相を構成する鉱物について，ある系を使い得た年代値が300 Maであったが，500℃を超える変成相から得られた同一系による年代値が100 Maであった場合，この年代測定系の閉鎖温度は約500℃と見積もられる．これは300 Maから100 Maまでの200万年間にわたり，ある鉱物に蓄積されてきた放射性源同位体（娘核種）が，100 Ma時に500℃に加熱され逸散してしまったことを示し，この温度は閉鎖温度と同一という考えにもとづいている．

次は閉鎖温度が既知の系から見積もる方法である．たとえば，閉鎖温度が決まっていない年代測定系により得られた年代値が100 Maであったとする．この岩石について閉鎖温度が300℃の系から得られた年代値が90 Ma，閉鎖温度が500℃の系から得られた年代値が110 Maであったとすると，100 Maは両年代値の中間となるため，その系の閉鎖温度は約400℃と見積もられる．

5.2.A 鉱物の閉鎖温度

Hodges（1991, 2005）はさまざまな研究者によって報告された閉鎖温度をまとめている．表5.2にはそれを引用し示した．なお，2005年は5℃/100万年という冷却速度を使い計算している．この表を見るとわかるように，同一年代測定系により同一鉱物を用いても，その鉱物の化学組成により閉鎖温度が違う．これについてSm-Nd系ざくろ石の閉鎖温度を例にあげる．すなわちFe, Alに富むアルマンディン（almandine）とCaを主成分とするグロッシュラライト（grossularite）では680℃, Mgを主成分とするパイロープ（pyrope）では450℃とK-Ar系のフロゴパイトと同程度の温度となってしまう．また，K-Ar系の雲母類も化学組成に応じ100℃近い温度差がある．雲母類の中で一番低い閉鎖温度が与えられているRb-Sr系による黒雲母の場合，Hammouda・Cherniak（2000）による研究では，フッ素を含むと閉鎖温度が400℃程度に上がるとされている．

ホルンブレンドを使ったRb-Sr系は年代測定によく使われているが，閉鎖温度は表5.2中に示されていない．これはホルンブレンドがOHあるいはFなどの揮発性物質を含むと同時に，幅広い化学組成をもつため閉鎖温度が与えにくいことによる．しかし花崗岩質岩石においては，Rb-Sr系によるホルンブレンドの年代値がK-Ar系，Rb-Sr系による黒雲母の年代値より古く，K-Ar

表5.2 Hodges (1991, 2005) による鉱物の閉鎖温度

系	鉱物名	閉鎖温度 (℃)	Hodges, 1991	Hodges, 2005**	Hodgesの引用した文献
U, Th-Pb	モナズ石	990		○	1
U, Th-Pb	ジルコン	940		○	2
U-Pb	かつれん石	700-650	○		3
Sm-Nd	ざくろ石（アルマンデイン）	680		○	4
Sm-Nd	ざくろ石（グロッシュラライト）	680	○		5
U, Th-Pb	ルチル	670		○	6
U, Th-Pb	チタナイト	660		○	7
K-Ar*	ホルンブレンド	560		○	8
U-Pb	アルマンデインに富むざくろ石	>530	○		9
Sm-Nd	パイロープ	450	○		5
U, Th-Pb	アパタイト	450		○	10
K-Ar*	フロゴパイト	430		○	11
K-Ar*	白雲母	370		○	12, 13
K-Ar	カリ長石	370-170	○		14
K-Ar*	黒雲母	360-340		○	15, 16
Rb-Sr	白雲母	320		○	17
FT	ざくろ石	310	○		18
Rb-Sr	正長石	310-200	○		19
Rb-Sr	黒雲母	300		○	20
FT	チタナイト	300	○		21
Rb-Sr	マイクロクリン	280-170	○		19
FT	緑れん石	270	○		18
Ar-Ar	サニデイン	240		○	22
FT	ジルコン	230		○	23
Ar-Ar	正長石	220		○	24
FT	アパタイト	110	○	○	23, 25, 26

*; Hodges (2005) では Ar-Ar 法としている．**; 冷却速度を5℃/100万年として算出．Hodges (1991, 2005) の引用した文献は次のとおりである．1; Cherniak ほか (2002), 2; Cherniak・Watson (2000), 3; Parrish (1990), 4; Ganguly ほか (1998), 5; Harrison・Wood (1980), 6; Cherniak (2000), 7; Cherniak (1993), 8; Harrison (1981), 9; Mezger ほか (1989), 10; Cherniak ほか (1991), 11; Giletti (1974), 12; Robbins (1972), 13; Hames・Bowring (1994), 14; Lovera ほか (1989), 15; Harrison (1985), 16; Grove・Harrison (1996), 17; Chen ほか (1996), 18; Haack (1977), 19; Misra・Venkkatasubramanian (1977), 20; Jenkin ほか (1995), 21; Harrison・McDougall (1980), 22; Wartho ほか (1999), 23; Brandon ほか (1998), 24; Foland (1994), 25; Parrish (1983), 26; Laslett ほか (1987).

系のホルンブレンドの年代値に近いことが多いため550℃程度の温度が見積もられることもある．これは上で述べた3番目の閉鎖温度のわかっている系から閉鎖温度を見積る方法を使っている．

ここでこの章の最初に紹介した非持トーナル岩体の年代値（表5.1）を改めて見ると，若いほど閉鎖温度の低い系から得られた年代値であることが明らか

である．ただし，U-Pb ジルコンから得られた2つの年代値（71 Ma，86 Ma）はホルンブレンド，珪長質鉱物を用いた Sm-Nd 年代とは閉鎖温度からみると位置が逆転している．このような若い年代値をもつ U-Pb ジルコン年代はほかにも時どきみられる（たとえば §3.5.B）ので，その原因については解明が必要である．また，表5.1にはスラブを用いた Rb-Sr 全岩アイソクロン法の閉鎖温度が書かれていないが，それと前後する年代値をもつ年代測定法から判断すると 400℃ 程度であることが予想される．これについては次の §5.2.B でふれる．

5.2.B　火成岩体の全岩アイソクロンの閉鎖温度

　表5.2には Rb-Sr 全岩アイソクロン法の閉鎖温度が記されていない．Rb-Sr 全岩アイソクロンについての説明（§2.4参照）は，1つのマグマの結晶分化作用によって石英閃緑岩，トーナル岩，花崗閃緑岩，花崗岩の4種の岩石が形成された場合を例にすすめた．そこでは，マグマのなかで自由に移動していた Rb と Sr が温度の低下にしたがって形成された岩石に固定され，その後，時間経過とともに新たに生成された ^{87}Sr の増加数を計ることによって年代値が算出されると説明した．この Rb と Sr の岩体内での自由な移動が終結し，全岩アイソクロン時計がスタートする温度（閉鎖温度）の見積もりを，Dodson (1973, 1979) の鉱物による数値計算（§5.2）で行うことはできないし，岩体形成時を変成温度との対応から行うこともできない．また，閉鎖温度既知の系で見積もる方法を用いても具体的な数値を与えることは難しい．そのため，マグマが消失するまで岩体内での Sr 同位体平衡が続いていると想定し，花崗岩の Rb-Sr 系の閉鎖温度として固相線（solidus）を示す 700℃ 程度の温度が一般的に用いられている（Harrison ほか，1979；Nakajima ほか，1990）．

　以上は岩体全域から採取された岩石試料に関する閉鎖温度である．これに対して1露頭以下の範囲内から採取された岩石試料による Rb-Sr アイソクロン年代は，マグマの消失時よりさらに低い温度で閉鎖を示すこともある（Kagami ほか，2003）．たとえば，非持トーナル岩体の標本サイズの岩石試料のスラブ（図5.1）から得られた Rb-Sr アイソクロン年代値は，K-Ar 系によるホルンブレンド年代より若く，一方，Rb-Sr 系と K-Ar 系による黒雲母年代より古い（表5.1）．表5.2の閉鎖温度から見積もると，スラブを用いた Rb-

Srアイソクロンの閉鎖温度は400℃前後となり，この温度はRb-Sr全岩アイソクロン法の約700℃に比べると著しく低い．これについてKagamiほか(2003)は，1露頭あるいはそれ以下の範囲から得られた全岩によるアイソクロンは，流体相（主にH_2O）を通してSr同位体平衡が低温まで続いた結果であると説明している．

Sm-Nd全岩アイソクロン年代の閉鎖温度はRb-Sr系以上にわかっていないため，論文中で具体的な数値が示されることはほとんどない．しかし，1つの岩体から全岩によるSm-Nd系とRb-Sr系の年代値が報告されている例をみると，前者のほうが一般的に古い．これはインドの東ガート帯の斜方輝石グラニュライトおよびレプチナイト（表3.5）のみならず，Nishiほか(2002)がまとめた東南極，南アフリカなどの例をみても同じことがいえる．これらのデータからSm-Nd系の全岩の閉鎖温度はRb-Sr系より高いことが予想される．

5.2.C Sm-Nd, Rb-Sr全岩アイソクロン年代とU-Pbジルコン年代

表5.2で示された閉鎖温度の中でU-Pb系のジルコンは940℃とモナズ石の990℃に次いで高い．この閉鎖温度の高さにより，U-Pb系のジルコンから古い年代値が報告されることが多い．1岩体から公表されたU-Pbジルコン年代，Sm-Nd系およびRb-Sr系の全岩アイソクロン年代の年代順をみると，U-Pbジルコン年代が最も古い場合，全岩による2つの系のどちらかと一致する場合，あるいは若干若い場合などがある．したがって，U-Pbジルコン年代と全岩アイソクロン年代との間の年代順については一概にいえない．

このようにU-Pbジルコン年代は古いことが普通であるが例外も多い．たとえば，花崗岩の貫入を受けた苦鉄質岩〜中性岩において，異常に若いU-Pbジルコン年代が時どきみられることがある．領家はんれい岩体（§3.5.B）や非持トーナル岩体（§5.1）がその良い例である．これらのほかに，九州の肥後帯に分布する宮の原トーナル岩体もその例の1つに含まれる．このトーナル岩体のSiO_2重量%は50〜61の範囲に収まっているが，大部分は50〜55%と苦鉄質である．宮の原トーナル岩体はホルンブレンドと斜長石を用いたSm-Nd全岩—鉱物アイソクロン年代から210 Ma頃形成されたと考えられており(Kameiほか, 2000)，白石野岩体（Rb-Sr全岩アイソクロン年代，121±14 Ma；亀井ほか，1997）の貫入を受けている．一方，トーナル岩体のU-Pbジ

ルコン年代はコアの部分で 117.7±2.2 Ma, リムの部分で 107.1±1.3 Ma を示している (Sakashima ほか, 2003). コアの年代値は白石野岩体の形成年代と一致しているが, リムはトーナル岩体の Rb-Sr 全岩―鉱物（ホルンブレンド, 斜長石）アイソクロン年代の 107.3±5.4 Ma (Kamei ほか, 2000), Rb-Sr 全岩―鉱物（黒雲母）アイソクロン年代の 106.0±3.5 Ma (Nakajima ほか, 1995) と一致している.

以上のような岩石をつくったと考えられる苦鉄質～中性マグマ中, 特に苦鉄質マグマからのジルコンの晶出量は稀かたいへん少なく, 苦鉄質岩においてこの鉱物が顕微鏡下で観察されることはほとんどない. さらに苦鉄質マグマにおいては, ジルコンはその結晶作用の最末期に晶出するため主成分鉱物の粒間に存在すると考えられる. この晶出時期は珪長質マグマの場合と逆である. ジルコンはマグマから, あるいは高温の変成作用下で晶出したものと従来から考えられてきたが, 1990 年頃から熱水起源のジルコンが報告されるようになってきた. このような起源をもつジルコンに関する 2000 年代初めまでの研究を Hoskin・Schaltegger (2003) が簡単にまとめている. 特に最近では 350℃以下, あるいは 250℃以下というような低温の熱水溶液に起源をもつジルコンも報告されるようになってきた (Dempster ほか, 2004；Rasmussen, 2005). 異常に若い年代値をもつジルコンは花崗岩の貫入を受けた苦鉄質～中性岩にみられることを考えると, それらは花崗岩マグマに起源をもつ熱水溶液から晶出した可能性も考えられる. さらに, 苦鉄質～中性岩に初生的に含まれていたジルコンが花崗岩マグマ起源の熱水溶液に溶け込み, それが新たなジルコンの晶出に貢献しているかもしれない. これはジルコンの溶解は熱水溶液に溶け込んでいるフッ素などのハロゲン (halogen) によって促進されることが Rasmussen (2005) によって論じられているからである.

次に U-Pb ジルコン年代が Sm-Nd および Rb-Sr 全岩アイソクロン年代と一致する例を紹介する. 東南極のリュツオ・ホルム岩体の分布地域の日の出岬 (Cape Hinode) には, 変トロニエム岩体が分布している. この岩体と母岩の変成岩との関係は露頭が悪く不明である. この岩体を構成するトロニエム岩はアダカイト (adakite), あるいは始生累代の TTG (tonalite, trondhjemite, granodiorite) と化学組成が似ており, 沈み込んだ海洋地殻の溶融により形成

されたが可能性がIkedaほか（1997）により論じられている．この岩体の年代はShiraishiほか（1995）が報告している．その結果をみるとU-Pbジルコン年代は1017±13 Ma，Sm-Nd全岩アイソクロン年代は1016±62 Ma，Rb-Sr全岩アイソクロン年代は974±78 Maで，3つの年代測定法による年代値が誤差の範囲内でほぼ一致している．なお，1016 Maと974 MaはShiraishiほかの報告したデータから1試料を除き再計算された年代値である（Nishiほか，2002）．以上の年代測定結果から，日の出岬の変トロニエム岩体はグレンビル変動（Grenville orogeny）時に形成されたものと考えられる．

5.3 閉鎖温度による火成岩体の冷却史の実例

　閉鎖温度を使って火成岩体の冷却史を解析した研究例はたいへん多い（たとえばHarrisonほか，1979；沢田・板谷，1993；柚原ほか，2005など）．その中で柚原ほか（2005）による北九州，福津市の渡半島の前期白亜紀に貫入した花崗岩体の例について紹介する．この地域には北崎トーナル岩体と志賀島花崗閃緑岩体が分布し，これらは前期漸新統の非海成の津屋崎層に不整合に覆われると考えられている．花崗岩体に発達する断裂には，熱水活動によって形成されたと考えられる方解石や沸石（zeolite）脈が認められる．また，津屋崎層の礫岩中にも礫の間を膠結して多量の方解石，沸石が産する．この2つの花崗岩体から得られたさまざまな年代測定法による年代値を閉鎖温度との関係で図5.3に示した．なお，この図の冷却曲線は表5.2の閉鎖温度にしたがって描いているため柚原ほか（2005）と若干異なっている．

　北崎トーナル岩体の鉱物は90 Ma頃までスムースな冷却曲線を描く．ホルンブレンドより高い閉鎖温度が予想されるRb-Sr全岩アイソクロン法による年代中心値（110 Ma）は，この曲線のより高温側に外挿した延長上にのっていない．これはこの方法で得た年代値の誤差が±25 Maと大きいためと考えられ，冷却曲線から外挿すると110 Maより120 Maにさかのぼる可能性がある．一方，若い側の津屋崎層堆積時ではこの花崗岩体はほぼ常温となっている．これはこの時期に花崗岩体が地表に露出していたと考えられるためである．この花崗岩体のFTアパタイト年代は約15 Maである．これは熱水活動により岩体の温度が110℃以上に熱せられたためと考えられる．しかし，FT

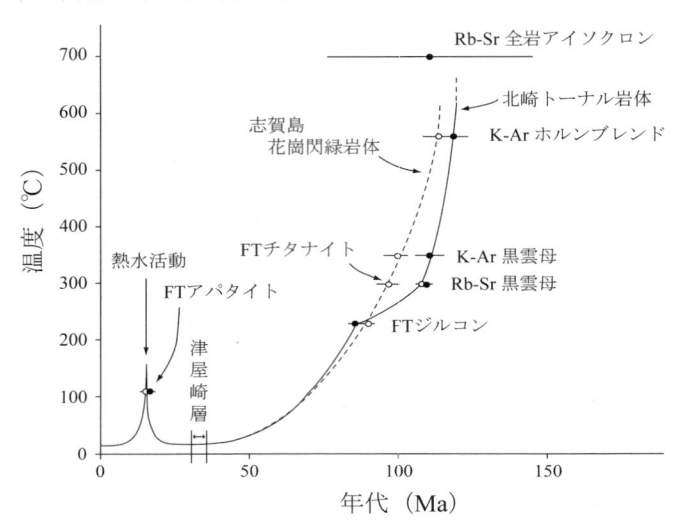

122 第5章 年代値の不一致と閉鎖温度

図5.3 北九州の北崎トーナル岩体と志賀島花崗閃緑岩体の冷却曲線
（柚原ほか，2005）
各年代値の横線は誤差を示す．

ジルコン年代は古く（約 85 Ma），花崗岩体の津屋崎層堆積以前の冷却曲線上にのるため，15 Ma 時のこの岩体の温度は 230℃以下，あるいはその温度以上であっても FT ジルコン年代に影響を及ぼさない程度の時間であったものと考えられる．

　志賀島花崗閃緑岩体については Rb-Sr 全岩アイソクロンによる年代値が報告されていない．この花崗岩体の K-Ar ホルンブレンド年代，FT ジルコン年代は同方法による北崎トーナル岩体より若干若い側に位置する．これは志賀島花崗閃緑岩体の貫入時期が北崎トーナル岩体より遅かったことを示し，野外観察と矛盾しない．北崎トーナル岩体の冷却曲線が 100 Ma 頃緩傾斜となるが，この理由については不明である．Harrison ほか（1979）によると後からの花崗岩体の貫入により傾斜が変わると述べている．北九州地域は 100 Ma 頃の花崗岩の貫入があるのでそのような可能性も考えられるが，今後の研究が必要である．FT ジルコン年代後から現在まで，この花崗岩体の冷却史は北崎トーナル岩体と同じであったものと考えられる．

　15 Ma の熱水の活動は日本海盆の拡大時期（Otofuji ほか，1985）と一致し

ている．そのため著者らはその活動は，日本海盆拡大に関連した火成活動と密接な関係があると予想している．

第6章 マントルの Sr, Nd, Pb 同位体組成

6.1 CHUR と Nd 同位体進化線

　DePaolo・Wasserburg (1976a, 1976b) は，第三紀以前に活動した火成岩の Nd 同位体比初生値がごく少数の例外を除き，コンドライトの **Nd 同位体進化線**上にプロットされることを見いだした．この事実から，彼らは，コンドライトと同一の同位体組成の物質が地球内部に存在し，火成岩を形成したマグマはそのような物質から生成されたと考えた．この発見により，地球内部にはコンドライトと同一の Nd 同位体比と Sm/Nd 比をもつ CHUR の存在が想定されたのである（§2.6.A 参照）．DePaolo・Wasserburg は CHUR の Nd 同位体進化線の傾斜を規定する $(^{143}Nd/^{144}Nd)_p$ の値として 0.511836，$(^{147}Sm/^{144}Nd)_p$ の値として 0.1936 を採用していたが（Sr 同位体進化線の場合には $(^{87}Sr/^{86}Sr)_p=0.7045$，$(^{87}Rb/^{86}Sr)_p=0.0827$；§2.6.A 参照），その後の Jacobsen・Wasserburg (1980, 1984) によりマーチソン (Murchison)，アエンデ (Allende) など5つのコンドライトの $^{143}Nd/^{144}Nd$ 比，$^{147}Sm/^{144}Nd$ 比の測定結果から，これらの値はそれぞれ 0.511847, 0.1967 ($^{146}Nd/^{144}Nd=0.7219$ で規格化した場合はそれぞれ 0.512638, 0.1966) に改められた．これは $^{143}Nd/^{144}Nd$ 比については 0.00215 %，$^{147}Sm/^{144}Nd$ 比については 1.60 % 上方への修正であった．このように，CHUR の $(^{143}Nd/^{144}Nd)_p$，$(^{147}Sm/^{144}Nd)_p$ の値が改められたことから，CHUR の当初の Nd 同位体進化線上にプロットされた，種々の地質時代の火成岩の Nd 同位体比初生値は，修正された Nd 同位体進化線上にはプロットされなくなった．このようなコンドライトの Nd 同位体比の研究の進展により，地球の火成岩の多くが CHUR 起源とする旧来の考えを改めざるをえなくなった．

6.2 Nd, Sr 同位体比に基づくマントル列

　1980年代になると，Sm-Nd 系のもつ利点が多くの研究者に理解されるよう

になった.その結果,さまざまな岩石についての Nd 同位体比のデータ数が急速に増えていった.また,Sm-Nd 系が苦鉄質〜超苦鉄質岩に適用しやすいこともあって,マントルに関する多くの詳しい情報が得られるようになった.すなわち,マントルを起源とする玄武岩間で Nd 同位体比に大きな違いのあることが明瞭となってきたことから,マントル物質は場所によって Nd 同位体比を異にしていると考えられるようになった.また,マントル物質の Nd 同位体比の違いに対応して Sr 同位体比が違っていることも,同時に明らかになってきたことから,縦軸に Nd 同位体比,横軸に Sr 同位体比をとった図中で,各火成岩の Sr 同位体比初生値と Nd 同位体比初生値を,マントル物質の Sr, Nd 同位体比と比較することにより,火成岩の成因が活発に論じられるようになった.

さらに,火成岩どうし,あるいはマントル物質における Sr, Nd 同位体比の違いを,より一層明瞭に示すために,DePaolo・Wasserburg(1976a, 1976b)はイプシロン表示法を考案した.これは Nd, Sr 同位体比を,それぞれ εNd 値と εSr 値で表示したものである(§3.8参照).DePaolo・Wasserburg(1979)は,この εNd-εSr 図(図6.1)において,海洋地域の多くの火山岩のデータが,N-MORB と大陸地域の洪水玄武岩(flood basalt)のデータを結ぶ直線上にプロットされることを見いだし,この直線を**マントル列**(mantle array)と呼んだ.マントル列は,マントル物質およびマントルから生成されるマグマの Sr, Nd 同位体比には,このマントル列の範囲内の変化幅があると考えられた.

マントル列は N-MORB と CHUR が基本(マントル列の両端にある)となっているという考えから,Jacobsen・Wasserburg(1981)は下部マントルに CHUR が,上部マントルに N-MORB の起源物質が存在しているという,マントルの2層モデルを提案した.しかし,すべての火成岩がマントル列を示す Sr, Nd 同位体比をもっているわけではない.DePaolo・Wasserburg(1979)は,εNd-εSr 図においてマントル列からはずれた位置(この図の右下の $+\varepsilon$Sr 値,$-\varepsilon$Nd 値で示される領域)にプロットされる岩石は,大陸地域の上部地殻物質であると主張した.一方,Menzies・Murthey(1980)はマントルの一部もそのような値($+\varepsilon$Sr 値,$-\varepsilon$Nd 値)をもっていることを主張した.これはキンバーライトに包有されるざくろ石レルゾライト(garnet lherzolite)捕

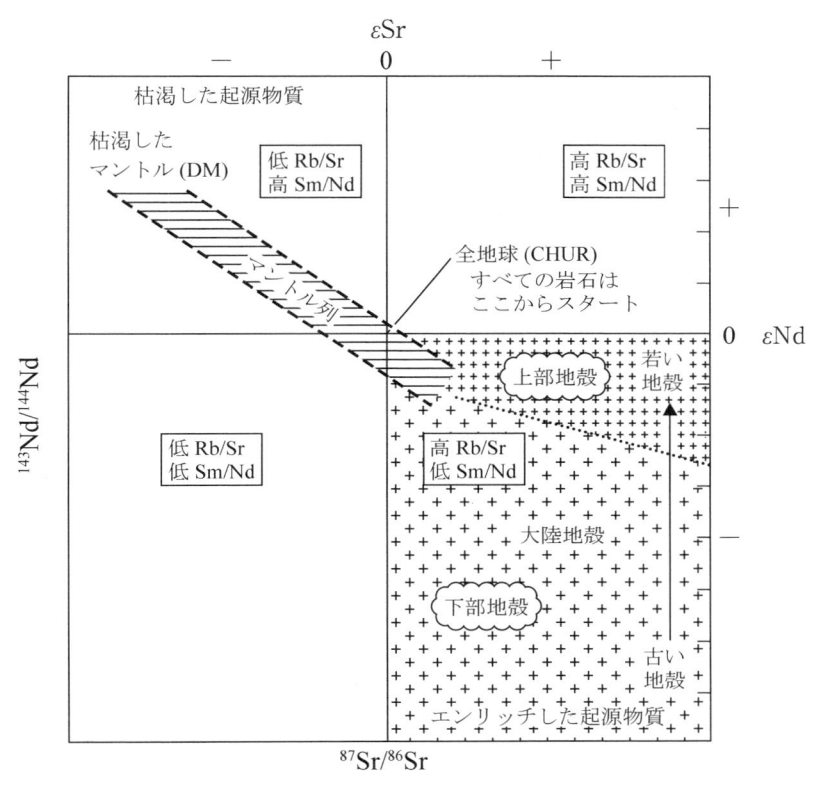

6.2 Nd, Sr 同位体比に基づくマントル列　127

図6.1 地球を構成する物質の ^{143}Nd/^{144}Nd 比（εNd 値）と ^{87}Sr/^{86}Sr 比（εSr 値）の関係（DePaolo・Wasserburg, 1979）

獲岩（ゼノリス，xenolith）中の単斜輝石の Sr, Nd 同位体比が，マントル列の＋εSr 値，－εNd 値側への延長上にプロットされることに基づいている（図6.2の点線）．DePaolo・Wasserburg（1979）および Menzies・Murthy（1980）の研究結果からは，マントルのもつ Sr, Nd 同位体比はマントル列とその延長によって与えられることになる．しかし，1980年代以降の研究の進展によって，マントルは Sr, Nd 同位体比に関して大きな組成幅をもっていることがわかってきた．すなわち，世界各地のマントルを起源とする種々の火成岩［海洋島玄武岩（oceanic island basalt），コマチアイト，キンバーライトなど］，あるいはマントル物質［オフィオライト（ophiolite）のかんらん岩や火山岩中の

捕獲岩］そのものについて，多くの Sr, Nd 同位体比が測定された．その結果，マントルの Sr, Nd 同位体比は εNd-εSr 図中で広範囲に及ぶことが明らかになってきたのである．

マントルの Sr, Nd 同位体組成の広がりは，地球創世以降のマントルと地殻の活動をとおして生じたものと考えられる．すなわち地球が 45.4 億年前に CHUR 物質からスタートしたとしても，大規模な**マントルプリューム**（mantle plume）の上昇と下降，マグマの生成や大陸地殻の形成に伴うマントル物質の組成的改変，マントル物質の混合，**海洋プレート**（oceanic plate）の沈み込みによる地殻物質のマントルへの混入などの現象によって示される，地球史をとおしたマントルと地殻の活動によって，マントル内には Rb/Sr 比，Sm/Nd 比に大きな変化幅が生じたものと考えられている．DePaolo・Wasserburg(1979) は，CHUR から形成された物質の Sr, Nd 同位体比が，時間の経過に伴いどの

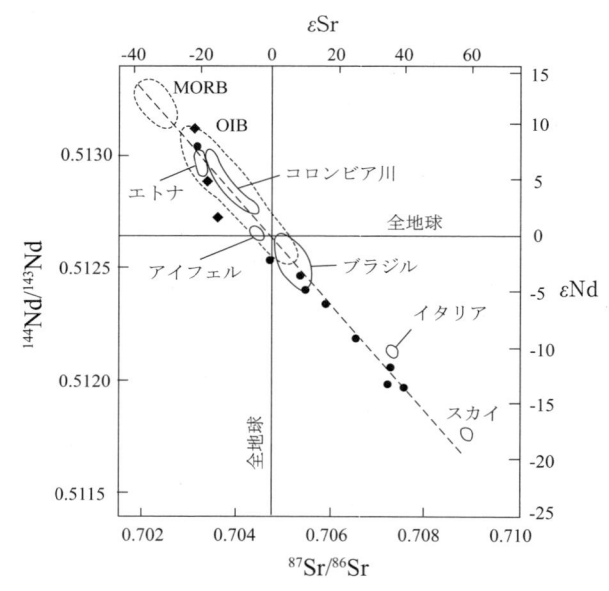

図6.2 南アフリカのキンバーライトに捕獲されたかんらん岩と単斜輝石の $^{143}Nd/^{144}Nd$ 比と $^{87}Sr/^{86}Sr$ 比の関係（Menzies・Murthy, 1980）
◆；かんらん岩（全岩），●；単斜輝石，MORB；中央海嶺玄武岩，OIB；海洋島玄武岩，直線（破線）；マントル列．全地球（CHUR）の $^{87}Sr/^{86}Sr$ 比は 0.7047 で本書の値 0.7045 と違うことに注意．ε値は著者らが加筆した．

ような変化経路をたどるかを εNd-εSr 図中で示している（図 6.1）．すなわち CHUR と比較して，Rb/Sr 比が高く，Sm/Nd 比が低い物質の εNd 値と εSr 値は，CHUR の値（εNd＝0，εSr＝0）から，時間とともに＋εSr 値と－εNd 値が増大する方向（この図の右下の領域）へと変化していく．

6.3 ５種のマントル端成分

　Pb 同位体比による，隕石や地球の岩石についての研究も古くからなされてきた（Patterson ほか，1953a，1953b；Patterson，1956 など）．そこで，マントル起源とみなされる海洋地域の玄武岩について，Sr，Nd 同位体比に Pb 同位体比を加えた３種の同位体比を検討することにより，マントル物質の同位体的特徴を浮彫りにしようとする研究が行われるようになった．その結果，マントル中には，同位体組成からみて，いくつかの異なる**端成分**（end-member）が存在するという考えが提案されるようになった．その最初の代表的な研究は Zindler ほか（1982）によって行われている．彼らは，海洋島玄武岩の同位体組成を３次元の Sr-Pb-Nd 同位体比図で検討し，**マントル面**（mantle plane）を提案した（図 6.3）．Zindler ほかは，このマントル面内に分散する個々の海洋島玄武岩の起源物質を，マントル内の３つの端成分（CHUR，N-MORB の起源マントル，マントル中へもち込まれた MORB）がさまざまな割合で混合して組成変化したものに求めたのである．しかし，マントル面から離れた同位体比をもつ玄武岩も多く見いだされたことから，これらの３つの端成分の混合ですべての海洋島玄武岩の成因を説明することは無理であった．

　Hart ほか（1986）は，海洋島玄武岩の Pb，Nd，Sr の各同位体比の関係を改めて検討し，Zindler ほか（1982）の CHUR を除いた２端成分に新たに２つの端成分，すなわち **EM I**（enriched mantle I）と **EM II**（enriched mantle II）を付け加えた．Nd，Sr 同位体比の分布を示した図 6.4 において，海洋島玄武岩のうち最も高い Nd 同位体比，最も低い Sr 同位体比をもつのはツバイ諸島（Tubuai islands），一方最も低い Nd 同位体比，最も低い Sr 同位体比をもつのはワルビス海嶺（Walvis ridge）で，この２つの玄武岩を結ぶ直線上にプロットされる海洋玄武岩も見いだされた．なお，ワルビス海嶺は大西洋中央海嶺近くにあるトリスタン・ダ・クーニャ島（Tristan da Cunha island）から

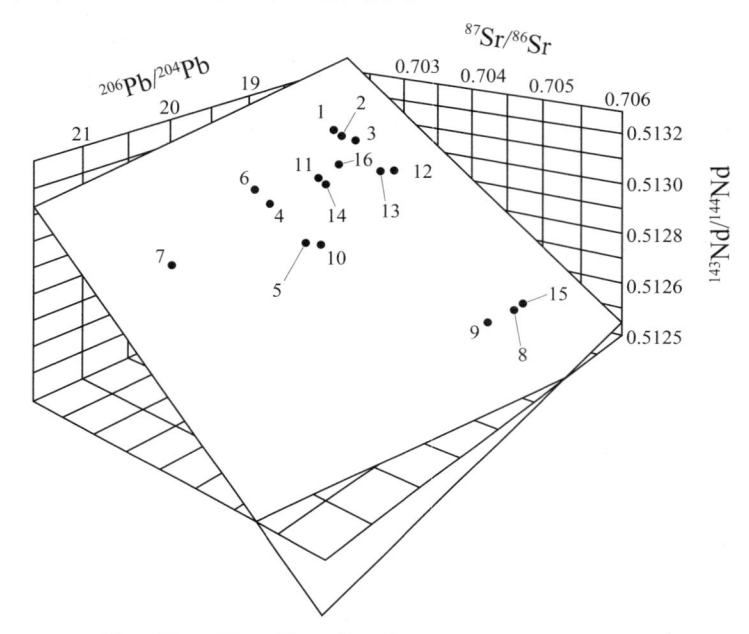

図6.3 ^{206}Pb/^{204}Pb-^{143}Nd/^{144}Nd-^{87}Sr/^{86}Sr 比ダイアグラムと海嶺玄武岩と海洋島玄武岩の平均値（Zindler ほか, 1982）
1：太平洋海嶺，2：大西洋中央海嶺，3：インド洋海嶺，4：カナリア諸島，5：アゾレス諸島，6：アセンション島，7：セントヘレナ島，8：ゴフ島，9：トリスタン・ダ・クーニャ島，10：ブーヴェ島，11：イースター島，12：ハワイ諸島，13：ハワイ島，14：ガラパゴス諸島，15：ケルグレン諸島，16：アイスランド島．Pb 同位体比については付録I.3参照．

アフリカのナミビア方向に続く地形的に著しい玄武岩からなる高まりで，海洋底拡大に伴って形成される海嶺とは異なる．ΔNd 値-Pb 同位体比の分布を図6.5に示したが，最も低い ΔNd 値側にツバイ諸島とワルビス海嶺の2つの玄武岩が位置し，それらを結ぶ直線上に図6.4と同じ海洋島玄武岩がプロットされている．Hart ほか（1986）は図6.4と図6.5における2玄武岩を結ぶ直線のことを，**低 Nd 列（LoNd array）**と呼んでいる．低 Nd 列は Nd 同位体比-Sr 同位体比図（あるいは εNd-εSr 図）では，マントル列の左側に，これとほぼ平行に位置する．ツバイ諸島の玄武岩の同位体的特徴をもつマントル端成分を **HIMU**（high-μ，$\mu = {}^{238}$U/^{204}Pb）と呼んでいる．ワルビス海嶺の玄武岩と同様な同位体比で特徴づけられるマントル端成分がEM Iであり，ソシエテ諸島（Society islands）やサモア諸島（Samoa islands）の玄武岩のように，高 Sr 同

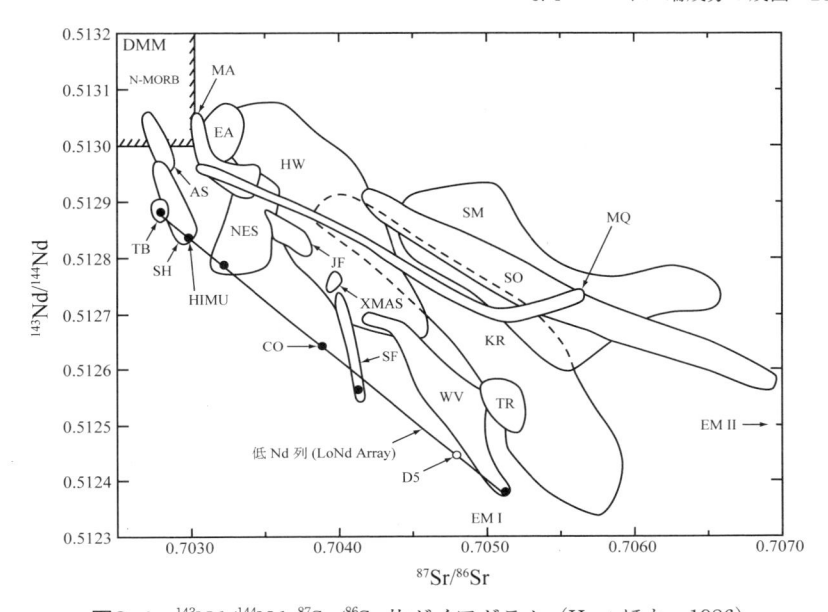

図6.4 ^{143}Nd/^{144}Nd–^{87}Sr/^{86}Sr 比ダイアグラム（Hartほか，1986）
AS；アセンション島，CO；コモロ諸島，EA；イースター島，HW；ハワイ諸島，JF；フアン・フェルナンデス諸島，KR；ケルゲレン諸島，MA；マリオン島，MQ；マルケサス諸島，NES；ニューイングランド海山，SF；サン・フェリクス島，SH；セントヘレナ島，SM；サモア諸島，SO；ソシエテ諸島，TR；トリスタン・ダ・クーニャ島，TB；ツバイ諸島，WV；ワルビス海嶺，XMAS；クリスマス島，D5；ドレッジされたインド洋MORBの特異な試料（Hamelin・Allègre，1985）．

位体比，低Nd同位体比をもつマントル端成分がEM IIである．エンリッチしたマントル（enriched mantle）のenrichedはLILE（large ion lithophile elements；§2.6.A）とLREE（light rare earth elements；§3.2.A）に富むという意味である．したがって，EM端成分はRb/Sr比は高く，Sm/Nd比が低い．このことからEM端成分の^{87}Sr/^{86}Sr比は高いのに対して，逆に^{143}Nd/^{144}Nd比は低いのである．

6.4 マントル端成分の成因

EM I，EM II，HIMU，DMおよびCHURの5つのマントル端成分の位置を図6.6に示した．なお，各端成分，特にEM I，EM IIのSr，Nd同位体比の値については研究者により差がある．図6.6は中央海嶺玄武岩，海洋島玄武岩のデータ（Zindler・Hart，1986；Hart，1988）に基づいてFaure（2001），

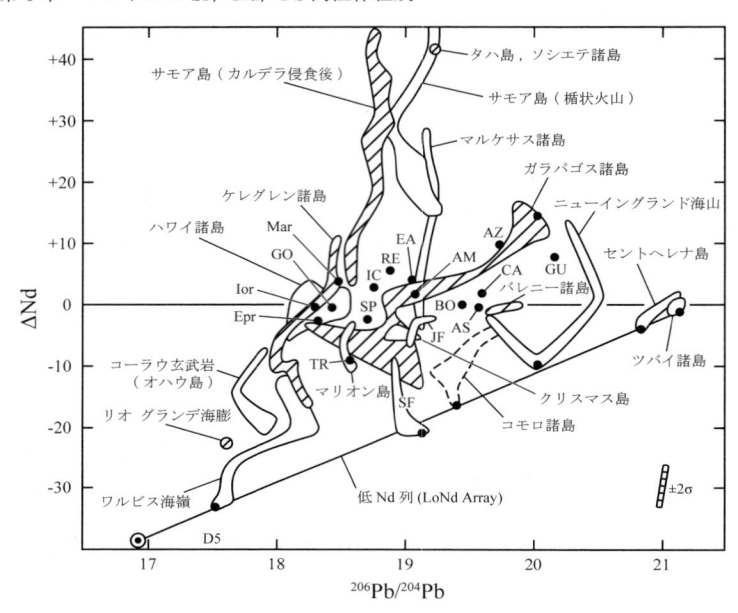

図6.5 ΔNd-^{206}Pb/^{204}Pb 比ダイアグラム（Hart ほか，1986）

ΔNd = [$(^{143}$Nd/^{144}Nd$)_{試料}$ − $(^{143}$Nd/^{144}Nd$)_{マントル面}$] × 10^5，マントル面については図6.3参照．AM；アムステルダム島，AS；アセンション島，AZ；アゾレス諸島，BO；ブーヴェ島，CA；カナリア諸島，EA；イースター島，Epr；東太平洋海膨，JF；フアン・フェルナンデス諸島，GO；ゴフ島，GU；グアドループ島，IC；アイスランド島，Ior；インド洋海嶺，Mar；大西洋中央海嶺，RE；レユニオン島，SF；サン・フェリクス島，SP；セントポール島，TR；トリスタン・ダ・クーニャ島，D5；ドレッジされたインド洋 MORB の特異な試料（Hamelin・Allègre, 1985）．

Faure・Mensing（2005）の与えた値にしたがった．DM は上部マントルの主要な端成分で LILE，**HFSE**（high-field strength elements；§2.6.A）に枯渇している．これらの元素に枯渇した要因は，地殻形成に伴い CHUR からマグマが分離したことによる．CHUR は地球の始源物質と考えられるコンドライトと同一の同位体的特徴をもったマントル端成分である（§2.6.A 参照）．HIMU，EM I，EM II の成因については次のようにさまざまな考えがある．

　HIMU 端成分は Pb の安定同位体の ^{204}Pb に比べ，U と Th に富んでいる．この富化は 20〜15 億年前に起こったものと推定されている．その要因として，沈み込んだ海洋地殻のマントル中への混入，マントルから核への Pb の排除，U を含む流体のマントルへの付加などが考えられているが，最初の説をとる研究者が多い．EM I 端成分の成因についてもさまざまな説がある．その1

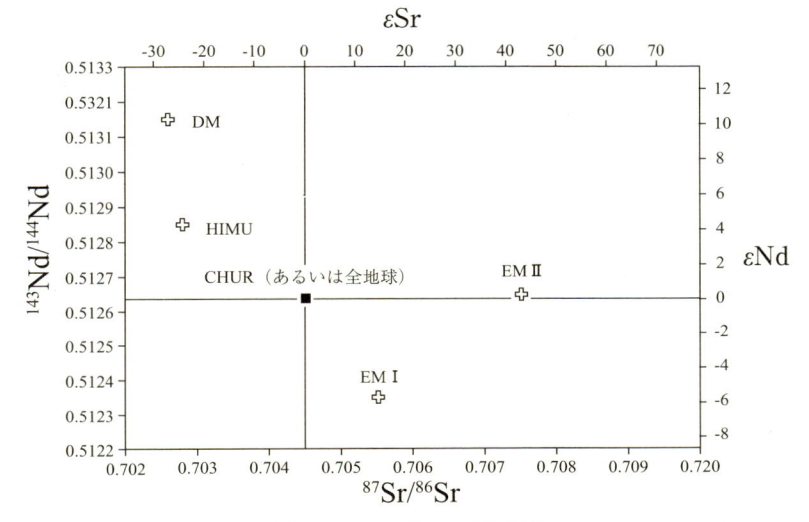

図6.6 マントルの端成分
各端成分の同位体比はFaure (2001), Faure・Mensing (2005)による.

つは，EM Iの同位体比が下部地殻と似ていることから，この物質がマントルに融合したというものである．すなわち下部地殻は厚さが増すとグラニュライト相からエクロジャイト相に転移し，その結果として密度がマントル物質より高くなる．そのため下部地殻の一部が剥離されマントルに加わるというものである．また，EM Iの成因として**マントルメタソマティズム**（mantle metasomatism）という考えもある．これはマントル深部からの珪酸塩溶融物（silicate melt），あるいはCO_2-H_2Oに富む流体相が加わったというもので，これらの物質には不適合元素が含まれている．そのほかにもHIMUマントルと沈み込んだ海洋性堆積物との混合という説もある．一方，EM II端成分のSr，Pb，Nd同位体比は，大陸地殻上部の構成物質（花崗岩，堆積岩など）のそれと似ていることから，この端成分の成因としては，マントル対流による大陸地域の上部地殻物質のマントルへの混入，あるいは大陸地域のリソスフェアのマントル深部への混入などがあげられる．

第7章　日本列島を構成する物質のSr, Nd同位体比

7.1　同位体による岩石の履歴を解析

　地球の地殻表面にはさまざまな時代にできた岩石が分布している．非常に新しい地質時代，たとえば第四紀に形成された火成岩については海洋島，島弧，大陸などの形成環境が明らかである．しかし，古い地質時代の岩石ではそれが不明瞭であったり全くわからないこともごく普通である．また第四紀を含め火成岩の場合，その形成史を解明するうえでマグマの起源となった物質を明らかにしなければならないことも多い．このような岩石の履歴を解析するうえでSr, Nd, Pbなどの放射性源同位体，あるいはH, O, Sなどの安定同位体が注目され用いられてきた．

　火成岩の起源を論じる研究においては，マグマ生成時の同位体比が，その時の地下を構成していたと予想される物質をいくつか選び出し，火成岩とそれらの物質の同位体比の一致（あるいは近似）をもとに論じられる．また，マグマの生成に2つあるいはそれ以上の物質が関与していることが明らかな場合，関与したと予想される物質を選び出し，それらの混合などのモデル計算（付録Ⅱ）により算出された同位体比と火成岩の同位体比の一致（近似）から論じられる．このような火成岩の成因を1つの元素の同位体を用いて論じることもある．しかし最近では，同位体比測定にさまざまな方法が導入され，データも比較的容易に得られるようになったため，数種類の元素の同位体を用いていくつか可能性のある成因をさらに絞り込む研究が行われるようになった．

　火成岩の成因を放射性源同位体より論じる場合，その火成岩から得られた同位体比初生値（たとえばSr同位体比初生値）が使われる．この値は第2章，第3章で説明した全岩アイソクロン法により得られる．この方法で得られた同位体比初生値が火成岩の成因に使われる理由をRb-Sr系を使い改めて詳しく述べる．

　全岩アイソクロンを用いて得られる年代値は，同位体的に均質な1つのマグ

マから化学組成，すなわち鉱物組成の異なる岩石が形成された**結晶分化作用**（crystallization differentiation）時を示しており，また Sr 同位体比初生値（以降，**SrI 値**と略）もその時にもっていた値である．火成岩をつくったマグマの成因を論じるのに必要な年代値と SrI 値は，起源物質が部分溶融（partial melting）を起こしマグマが生成された時における値である．火成岩の中でもマグマ生成からマグマ溜まり形成まで時間が一番かかると考えられている花崗岩について最初に述べる．

花崗岩からなる岩体は**部分溶融**により生成されたマグマが，起源となった物質から分離，すなわち**セグリゲーション**（segregation）し，地球表面に向かっての**上昇**（ascent），その後，地殻内に**定置**（emplacement），結晶分化作用を起こすという活動を経て形成される．部分溶融によるマグマ生成時から結晶分化作用時（すなわち，全岩アイソクロン法により示される年代値）までの時間が長いと，その間にマグマ内で^{87}Rb の壊変による^{87}Sr が増える．したがって，マグマ生成時の Sr 同位体比と全岩アイソクロン法で得られた Sr 同位体比（初生値）が一致しないことになる．その場合，マグマ生成時の Sr 同位体比を得るためには，全岩アイソクロンから得られた Sr 同位体比初生値に補正を加えることが必要となる．次にこの補正が必要かどうか考える．

花崗岩は上述したように部分溶融，セグリゲーション，上昇，定置，結晶分化作用という一連の活動を経て形成される．この一連の活動に要する時間に関して具体的な数値として与えられることは従来からほとんどなかったが，長期間にわたるだろうという漠然とした考えが多かった．Pitcher は 1993 年と 1997 年に出版された著書の中で，マグマ生成から結晶分化作用に要する時間はほとんどわかっていないと述べている．さらに私の推測ではと断り，「マグマが生成され地殻内で定置し母岩と同じ温度まで冷却するのに 500〜1000 万年要するだろう」と述べている．このように予想でしか与えられなかったマグマ生成から岩体形成までに要する時間も，1990 年代に入り活発に行われるようになった研究から具体的な数値が与えられるようになってきた．

Petford ほか（2000）は部分溶融，セグリゲーションなど各ステージに要する時間の研究結果を表にまとめ，その活動が短時間（10 万年以内）で終息するという結論を導いている．彼らが採用した各ステージの機構に要する最長の

時間を加算しても100万年程度で終息する．このように短時間と考えられるようになった理由として，彼らは起源物質からのマグマのセグリゲーションが容易であること，あるいはダイアピル（diapir）として浮力によるゆっくりしたマグマ上昇という従来の"**花崗岩ダイアピル**"モデルに対して，岩脈を通してのマグマの輸送とマグマ溜まりへの迅速な補給をあげている．しかしダイアピルによるマグマ上昇説をとるBest (2003) にしても，上昇にかかる時間をわずか1万年〜10万年と見積もっている．これらの研究にもとづきReid (2005) は，大きな花崗岩体の場合でも部分溶融からわずか100万年以内にマグマ溜まりが形成されると予想している．多くの花崗岩体について得た年代値とその年代測定法の閉鎖温度を使い冷却曲線が報告され，冷却史が解析されているが，それらは例外なく初期ほど冷却速度が大きい（たとえば，図5.3）．これらのことから，マグマ生成以降Rb-Sr全岩アイソクロンの閉鎖温度として与えられている700℃程度（Harrisonほか，1979；Nakajimaほか，1990，§5.2.B参照）の温度まで，おそらく数100万年内で到達することが予想される．

　加々美・今岡（2008）はマグマ生成から結晶分化作用時に300万年かかる（この時間見積もりはおそらく長過ぎるであろう）とし，この時間内で生じるSr同位体比の変化を§2.4.Aの(2.8)式を使い試みている．日本列島に分布する花崗岩体の^{87}Rb/^{86}Sr比の平均値をみると3以下のことが普通で，10以上はたいへん少ない．マグマ生成時の^{87}Sr/^{86}Sr比を0.705000とし，300万年経過後の^{87}Rb/^{86}Sr比を3とすると^{87}Sr/^{86}Sr比は0.705128となり，したがって0.000128高くなる．Rb-Sr全岩アイソクロン法で得られたSrI値の不確かさをみると±0.0002〜0.0008のことがほとんどで，Sr同位体比の300万年間における上昇はこの範囲よりはるかに小さい．したがって，300万年間におけるSr同位体比の上昇は不確かさの範囲内に収まってしまうことを示しており，Rb-Sr全岩アイソクロン法で得られたSrI値をそのまま部分溶融によりマグマが生成された時の値としても問題はないと考えられる．^{87}Rb/^{86}Sr比が20を超えるような値をもつ岩体の場合，マグマ生成時と結晶分化作用時の^{87}Rb/^{86}Sr比が違っている可能性があるが，このような高い^{87}Rb/^{86}Sr比をもつ岩体例は非常に少なく，あってもアイソクロン図上の分散が大きく奇麗な直線が得られないことが多い．

今まで花崗岩体について述べてきたが，次に中性あるいは苦鉄質岩体についてふれる．これらの岩体をつくったマグマを花崗岩質マグマと比べると，粘性度が低く流動性に富むこと，マグマの温度が高くマグマ溜まりを形成した場合，母岩との温度差が大きくなり冷却速度が大きいことなどに違いがある．このようなことはマグマ生成以降の冷却速度が花崗岩質マグマと比べ大きい側に働く．一方，苦鉄質マグマは密度が大きい．そのため地殻の深いところでマグマ溜まりをつくりやすく，そのことは母岩との温度差が小さく冷却に時間がかかることを示している．しかし後者の場合においても重要なことは，中性〜苦鉄質岩体，特に後者の $^{87}Rb/^{86}Sr$ 比は非常に低く，たとえマグマ生成から結晶分化作用時までの時間を花崗岩体の数倍要しても，Sr 同位体比の変化はごくわずかである．たとえば，$^{87}Rb/^{86}Sr$ 比が 0.30（Rb/Sr 比として 0.1）を示す苦鉄質岩体の場合，マグマ生成から結晶分化作用まで 1000 万年かかったとしても，0.705000 の少数点以下 5 桁目が 4 上昇する程度である．これらのことから中性〜苦鉄質岩体の Rb-Sr 全岩アイソクロンで得られた SrI 値を使い，それらの岩体をつくったマグマの成因を論じても問題はない．

7.2 日本列島に分布する岩石と記述の焦点

日本列島には先カンブリア時代に形成された岩石はきわめて少なく，そのほとんどは古生代以降に形成されたものである．これらの岩石中，特に火成岩について Sr と Nd の 2 つの元素の同位体をあわせ論じた研究がたいへん多い．これらの研究の中には個々の火成岩の成因を言及したものもある．そのほか，ある地質時代のある地質区，あるいは時代と地質区を超えて分布するいろいろな火成岩の成因から地球内部に起きた出来事を読み取ろうする研究までさまざまである．

本章では個々の火成岩の成因にはふれず，日本列島に産する火成岩の同位体比から読み取れることについてふれる．本章で取り扱う項目について順をおって述べる．

① (§7.3) 火成岩の主要な起源物質の 1 つは上部マントルである．これらの物質はマグマが上昇する過程で取り込んだ**捕獲岩**として産するが，これらの Sr, Nd 同位体的特徴について現在値を使いふれる．日本列島の火成岩の起

源物質を考えるうえでユーラシア大陸中部〜東縁部産の捕獲岩のデータも重要であるため，これらについてもあわせ紹介する．この捕獲岩と第6章で述べた火山岩から予測されたマントルの同位体比（図6.6）とを比較してほしい．以上のほか，マントル物質が地殻変動により地表に露出することもある．その代表的な例が日高山脈最南端の幌満かんらん岩体である．この岩体の Sr, Nd 同位体的特徴についてもふれる．

② （§7.4）火成岩の起源となっていると考えられるもう1つの物質は**下部地殻**（lower crust）である．これらの物質は火山岩中に捕獲岩として産するが，これらの Sr, Nd 同位体的特徴について現在値を使いふれる．日本列島の火成岩の起源物質を考えるうえでユーラシア大陸中部〜東縁部の捕獲岩のデータも重要であるが，この地域から報告されたデータは少ないので世界各地のデータもあわせ紹介する．また，下部地殻物質については上部マントル物質との同位体的な違い，産出地域ごとに異なる同位体的特徴を有すること，さらには同一地域に産出する上部マントル物質との同位体的な位置関係などに注目してほしい．

③ （§7.5）日本列島に産する火成岩のほとんどは古生代以降活動したもので，それらの母岩は古生層あるいは中生層のことが多い．そのためこれらの堆積岩はマグマが上昇する過程で，あるいは定置する場所で混入した1成分として扱われることが多い．それらの Nd モデル年代値についてはすでに §3.6.B-b でふれたが，この節では Sr と Nd 同位体比の現在値についてふれる．ここでは Nd モデル年代の違いが Sr, Nd 同位体比（現在値）の違いとなって現れていること，地質区ごとあるいは同一地質区においても地域ごとに明瞭な差がみられることなどに注目してほしい．特に後者の場合，火成岩の形成過程でこれら堆積岩の混入の可能性がある場合，混入のモデル計算（付録 II）に使う堆積岩は研究対象の火成岩と分布地域が近くなければならないことを意味している．

④ （§7.6）**マントル対流**（mantle convection）により生成されるのは**海洋地殻**（oceanic crust）である．この海洋地殻とマントルからなる**海洋性リソスフェア**（oceanic lithosphere）が，沈み込みに伴って付加したり陸上に乗り上げたものを**オフィオライト**という．オフィオライトを研究することによっ

て，過去のある時点における海洋性リソスフェアに関する情報を得ることができる．また，さまざまな時代の海洋性リソスフェアから得た情報を解析することによって，マントル対流の強弱，温度など地球の歴史に関する重要な情報が得られるだろう．日本列島でオフィオライトが分布する地質区は舞鶴帯，神居古潭帯，日高帯である．この中でSr, Nd同位体データが報告されている舞鶴帯の夜久野オフィオライトについて紹介する．また，海洋地殻の海山（seamount）に活動した玄武岩のSr, Nd同位体データが秋吉帯，丹波帯から報告されている．これらについても紹介する．

⑤（§7.7）環太平洋地域には白亜紀から古第三紀にかけて活動した火成岩，特に珪長質岩が広く分布している（図7.1）．ユーラシア大陸東縁部では幅が特に広く2,500kmに達している．1983年に出版されたアメリカ地質学会の論集，159号（Circum-Pacific Plutonic Terranes）に環太平洋地域各地の火成活動がまとめられている．この時代に環太平洋地域の火成活動がなぜ激しかったのか，その解はまだ得られていない．

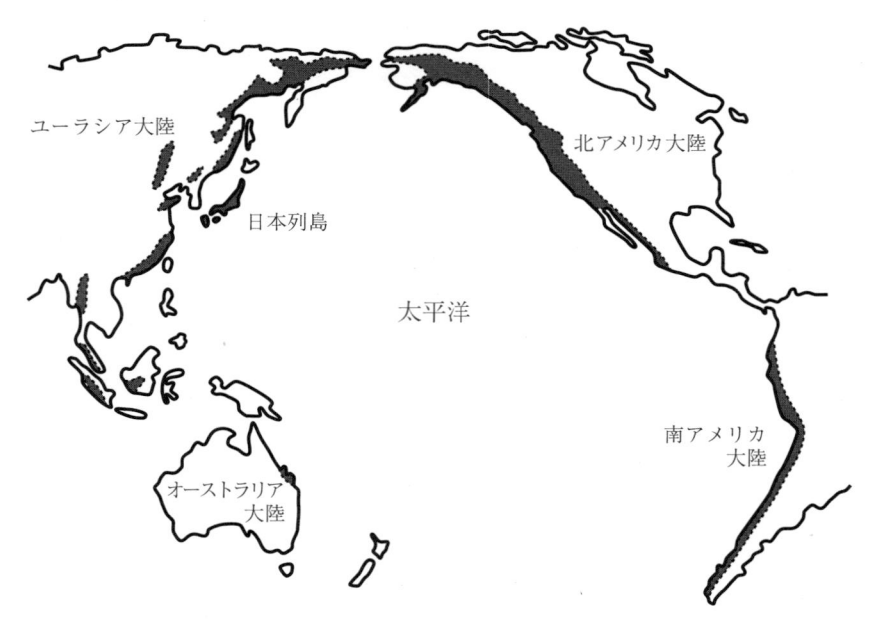

図7.1　中生代後期〜古第三紀初期の火成活動の場（灰色の部分）

日本列島にもこの時代に形成された火成岩体，特に珪長質岩体が広く分布しており，年代とSr, Nd同位体に関する研究も数多い．そのため活動の時空変遷とマグマの起源となった物質の考察を分けて述べる．なお，日本列島の中でも本州弧の火成岩体についての同位体データが特に多く，その結果を見ると岩体ごとにSrI値の差は認められるが，ある範囲に分布する岩体間のその値の差はそれほど大きくなく狭い範囲内に収まっている．このある範囲は（100〜200）km×（500〜600）kmほどの広さで，主に堆積岩による研究にもとづく地質区（図3.15）と一致する場合もあるが，多くは地質区と関係していない．この⑤の本州弧の項では，火成岩体の同位体的な地域差の原因に焦点をあわせ記述する．

琉球弧には小規模ながら白亜紀以降活動した珪長質岩体が点在し分布している．本州弧の場合と同様に火成活動の場の変遷が認められるが，それに伴うSr同位体比初生値の変化に注目し読んでほしい．また，千島弧に位置する日高帯とその南部の日高変成帯には苦鉄質岩，ミグマタイト，Sタイプトーナル岩（泥質堆積岩の部分溶融物），Ｉタイプトーナル岩（苦鉄質火成岩の部分溶融物），花崗岩などが分布している．これらの形成年代について十分に解明されたとはまだいえない．日高変成帯は島弧地殻断面が地表に露出した場でもあり，したがって一部の火成岩の起源物質がわれわれの手に直接入ることを意味している．そのためミグマタイトを含む火成岩の起源が詳しく研究されている．火成岩類と日高変成帯を構成する岩石のSr, Nd同位体比の関係に注目してほしい．

⑥ （§7.8），（§7.9）新第三紀〜第四紀の日本列島の火成岩のSr, Nd同位体比の特徴とその経年変化について扱う．それを理解するうえで日本列島のおかれた構造地質学的環境について簡単にふれる．なお，新第三紀〜第四紀火成岩については東北日本弧，千島弧（北部北海道）（§7.8）と西南日本弧，琉球弧（§7.9）に分け記述する．

日本列島は糸魚川-静岡構造線より北東側の**北アメリカ**（North American plate）と南西側の**ユーラシア**（Eurasian plate）の2つの**大陸プレート**（continental plate）上に位置し，東側から**太平洋**（Pacific plate）と**フィリピン海**（Philippine sea plate）の2つの**海洋プレート**が沈み込んでいる（図

142　第7章　日本列島を構成する物質のSr, Nd同位体比

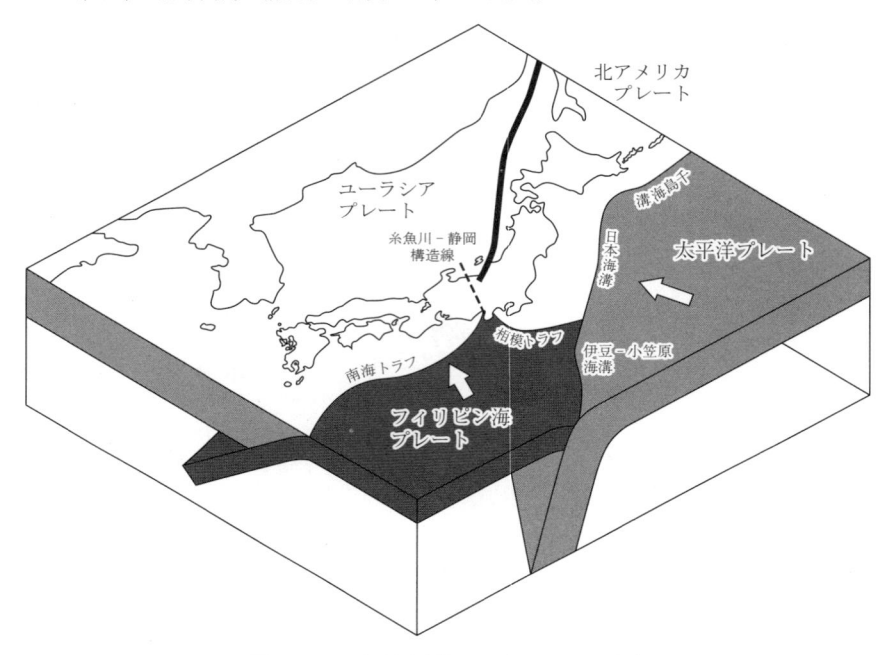

図7.2　日本列島周辺のプレートの分布
防災科学技術研究所のホームページから引用.

7.2).より詳しく見ると千島弧,東北日本弧下には太平洋プレートが,一方,西南日本弧下にはフィリピン海プレート,さらにその下に太平洋プレートが沈み込んでいる.琉球弧下にはフィリピン海プレートが沈み込んでいる.2つの海洋プレートのうち,太平洋プレートは最も活動的なプレートの1つで,約10 cm/年の速度をもって動いている(Fowler, 1990).それに対して,古第三紀から活動を始めたフィリピン海プレートは現在では活動度がたいへん低い.

　日本列島とユーラシア大陸との間には北側からオホーツク,日本海,東シナ海の3つの海が広がっている.オホーツク海の国後島以東には海洋地殻をもつ**千島海盆**が広がる.また,日本海の北半部の**日本海盆**には海洋地殻が広がり海洋としての特徴をそなえている.一方,日本海盆の南側には日本海盆の拡大(形成)に関連した張力により薄く引き延ばされたさまざまな厚さの**大陸地殻**(continental crust)が存在している(§7.8.B-b,日本海の地殻

の成因の項，参照）．琉球弧の西側に沿って幅100〜150 km，長さ900 kmの規模の**沖縄トラフ**（trough；舟状海盆）が弧状に広がっている．このトラフの最深部は2,270 mに達するが，薄い大陸地殻からなり海洋地殻は存在していない．これらの海盆の拡大は千島海盆では前期中新世末〜中期中新世初期（17〜15 Ma；前田，1986），日本海盆では中期中新世（15 Ma；Otofujiほか，1985），沖縄トラフでは後期中新世（10〜4 Ma；Mikiほか，1990）にさかのぼり，それぞれ短時間でその活動を終息している．

　以上，日本列島ではプレートの活動，海盆あるいはトラフの拡大に関連したさまざまな火成活動が活発である．これらの活動をとおして生成されたマグマのSr, Nd同位体的な特徴とそれらの経年変化に注目し読んで頂きたい．

7.3　マントル物質
7.3.A　マントル物質の産出地
　マントル物質は火山岩の捕獲岩として産し，日本列島では男鹿半島の一の目潟，中国地方中央部の津山，隠岐島後，北九州などから採取される．また，地殻変動により地表に露出することもあり，若狭湾の大島半島から岡山市西方にかけ幅5 km，延長250 kmにわたり分布する夜久野オフィオライト，日高山脈の最南端に分布する幌満かんらん岩体などがその例である．
7.3.B　マントル起源の捕獲岩
　マントル物質のSr, Nd両元素の濃度は低いため，精度の高い同位体比を得ることが難しいこともある．そのような岩石の場合，両元素の濃度の高い単斜輝石のみを分離し，測定することも行われている．

　図7.3にユーラシア大陸中部〜東縁部（主として中国）と日本列島の北九州，隠岐島後，津山および一の目潟から得られた全岩と鉱物（主に単斜輝石）の現在値を示した．なお，本章ではSr, Nd両同位体比の初生値（あるいはεSr, εNdの初生値）とそれぞれの現在値の両方が出てくる．現在値の場合，混乱が起きないように$\varepsilon Nd_{(0\,Ma)}$, $\varepsilon Sr_{(0\,Ma)}$のように0 Maをつけ表現した．図7.4にはWilson（1989）によるマントル源捕獲岩の領域を点線で示したが，ユーラシア大陸中部〜東縁部のデータは含まれていない．この図からユーラシア大陸中部〜東縁部のマントルは，世界のほかの地域と比較し，領域が狭く，

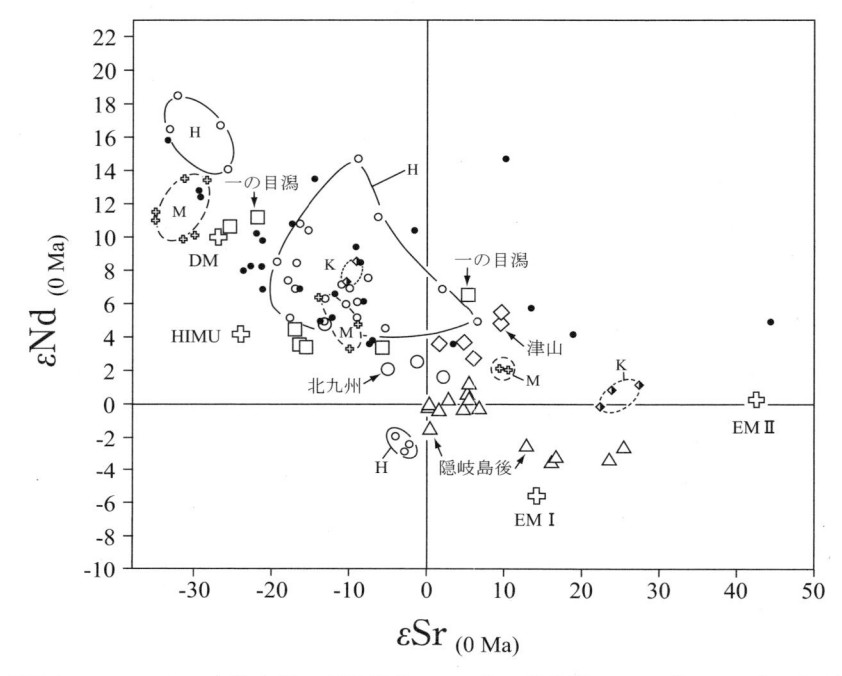

図7.3 ユーラシア大陸中部〜東縁部産のマントル捕獲岩の εNd 値, εSr 値の関係

本図および図7.4〜図7.9は現在値であることを示すため ε 値の後に (0 Ma) を加えた. データの出典は次のとおりである.
モンゴル……(M の範囲の小 ✚; Stosch ほか, 1986).
中国……キリン (K の範囲の ◆; Hsu ほか, 2000), ハヌオバ (H の範囲の小 ○; Song・Fley, 1989).
本州弧……一の目潟 (□; 阿部・山元, 1999, Nishio ほか, 2004, 加々美, 未公表資料), 津山 (◇; Ikeda ほか, 2001), 隠岐島後 (△; Kagami ほか, 1986, 1993), 北九州 (大 ○; Nishio ほか, 2004).
小さい黒丸はシホテアリン (ロシア, Nishio ほか, 2004) と中国 (Tatsumoto ほか, 1992) のデータを示す. マントル端成分 (DM, HIMU, EM I, EM II); Faure (2001), Faure・Mensing (2005).

εNd 値として+5ほど高い側に位置することがわかる. 数値として示すと, $\varepsilon Sr = -35$, $\varepsilon Nd = +15$ 付近から $\varepsilon Sr = +20$, $\varepsilon Nd = 0$, すなわち第2象限から第4象限のEM IとEM IIの中間方向に, εNd 値として ± 4 ほどの幅内にほとんど収まっている. 一の目潟の大部分と津山のデータはユーラシア大陸の主要な傾向の範囲内に収まる. しかし一の目潟の一部はHIMU近くにプロットされ, また, 隠岐島後の1つのグループはユーラシア大陸の全体の傾向の左下端の εNd 値がゼロ付近に, もう1つのグループは全体の傾向と離れ, εNd 値

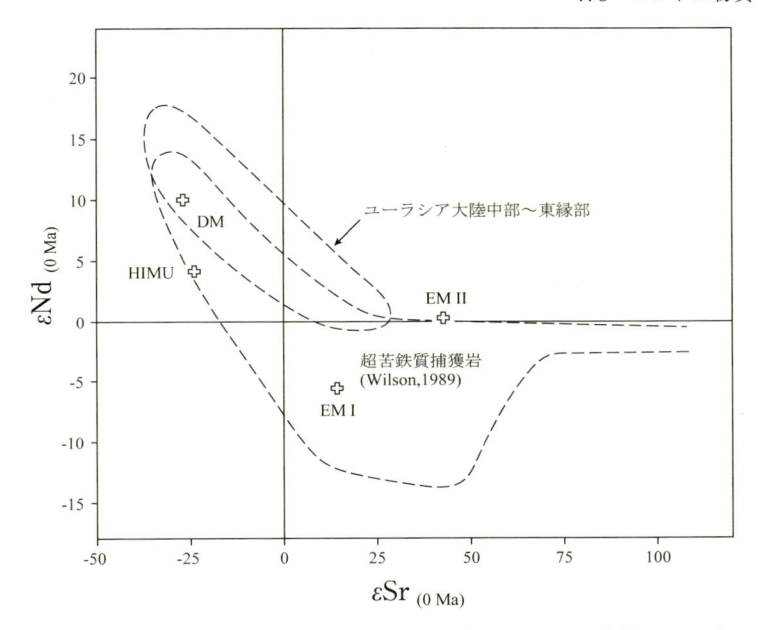

図7.4 ユーラシア大陸中部〜東縁部マントルとそのほかの地域のマントルの εNd 値，εSr 値の比較

ユーラシア大陸中部〜東縁部の領域は図 7.3 から引用し，そのほかの地域は Wilson (1989) による．マントル端成分 (DM, HIMU, EM I, EM II)：Faure (2001)，Faure・Mensing (2005)．

がマイナスを示し EM I 〜 II の中間にプロットされている．一の目潟のかんらん岩は Os 同位体比の研究から沈み込んだ海洋地殻からの流体相あるいは溶融相の影響があったとされている (Brandon ほか，1996).

隠岐島後は以上のように同位体的に 2 つのグループに分かれているが，Takahashi (1978) によると，εNd 値 = 0 付近のグループ [かんらん岩，輝岩 (pyroxenite)] は母岩のアルカリ玄武岩と類似するマグマからの集積岩 (cumulate)，マイナス εNd 値をもつグループ (スピネルレルゾライト，spinel lherzolite) は古い時代に形成されたリソスフェア性マントルを示している．一の目潟も +11 グループと +3 〜 +7 グループの 2 つに分けられるようにみえる (図 7.3)．一の目潟のかんらん岩について阿部・山元 (1999) はかんらん石，斜方輝石，単斜輝石を使い Rb-Sr 鉱物アイソクロン年代測定を行い，図 7.3 の HIMU 近くにプロットされる試料について 311 ± 23 Ma と 252 ± 20 Ma

を報告した．そのほか2試料について233.8±8.4 Ma と 209±80 Ma の年代値を報告した．これらの Nd 同位体比は測定されていないが，εSr 値をみると −17 程度の値で Nd 同位体データのある試料と同じである．Sm-Nd 系と Re-Os 系の研究を行った Brandon ほか（1996）の Nd 同位体比の結果をみると +11〜+12 に4データ，+8前後に2データ，+3.6 に1データみられる．これを図7.3と併せると +11 付近，+6〜+8 と +3〜+4 にグループ分けができるようにもみえる．もし実際にそうであれば，各グループごとの年代測定が必要かもしれない．たとえば北九州，黒瀬のかんらん岩捕獲岩について斜方輝石，単斜輝石，全岩による Rb-Sr 全岩—鉱物アイソクロン年代測定を行った阿部・山元（1999）による結果をみると，全岩の εSr 現在値が −16 を示す試料は 487.2±9.1 Ma，−8.2 を示す試料は 313±17 Ma，−0.54 を示す試料は 129.9±4.8 Ma となっている．この結果は Nd 同位体比測定を行っていないものの εNd 値-εSr 値図上のプロットされる位置により年代差がある可能性を示唆している．

ユーラシア大陸で同一地域から報告されたデータを見ると，隠岐島後と同様に2つあるいは3つのグループに分かれていることがある．たとえば，キリン（Kirin，中国）のスピネルレルゾライトは2つのグループに分けられ，Hsu ほか（2000）は左上を枯渇したタイプ，右下をエンリッチしたタイプとしている．また，ハヌオバ（Hannuoba，中国；Song・Frey, 1989）とモンゴル産（Stosch ほか, 1986）捕獲岩は3つのグループに分けられる．その中で，ハヌオバのかんらん岩と輝石脈から分離された単斜輝石（図7.3のHで示した3つの領域に入る）は，Sm-Nd アイソクロン図において約10億年を示す線上にプロットされることを Song・Frey（1989）は明らかにした．しかし，彼らはこの直線が地質学的に意味があるのか，あるいは混合線なのかはっきりしないと述べている．

7.3.C 地表に露出したマントル起源の岩体

変動により地表に露出した岩体についての同位体的研究に関しては，日高変成帯主体の主衝上断層の西側に沿って分布する幌満かんらん岩体（8 km × 10 km × 3 km）で，Sr と Nd 同位体に関する研究は Tazawa ほか（1999）と Yoshikawa・Nakamura（2000）により行われている．図7.5に彼らの同位体

7.3 マントル物質 147

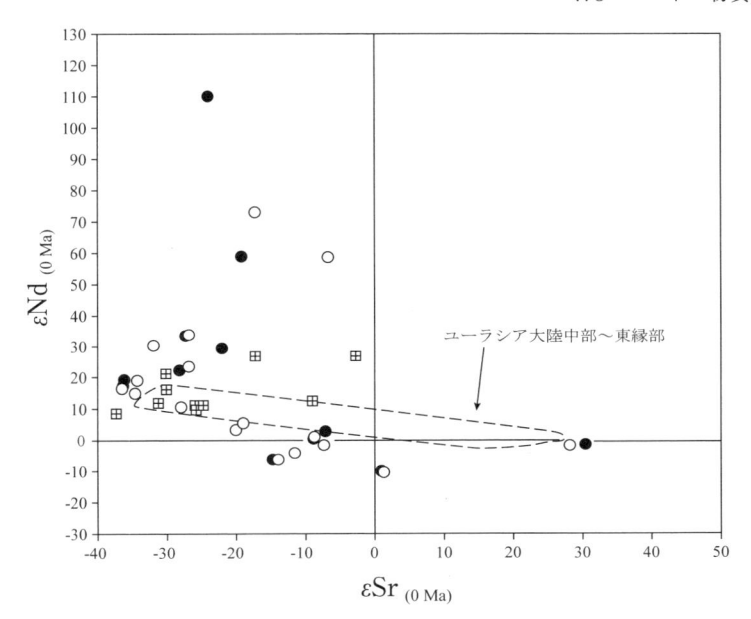

図7.5 幌満かんらん岩と苦鉄質グラニュライトのεNd値,εSr値の関係
幌満かんらん岩 [○ (全岩), ● (単斜輝石)]; Yoshikawa・Nakamura (2000), 苦鉄質グラニュライト (⊞); Takazawa ほか (1999). ユーラシア大陸中部〜東縁部のマントルの領域は図7.3 からとった.

データの領域を示したが,図7.3とは異なり εNd 値が−10〜+110と大きな広がりを示し,しかも最高値が非常に高い.

Yoshikawa・Nakamura (2000) は,LREE に枯渇した岩石から 833 ± 78 Ma の Sm-Nd 全岩アイソクロン年代と 0.5119 ± 0.0002 の Nd 同位体比初生値 (**NdI 値**) を報告した.この NdI 値から +6.6 の εNd 初生値 (**εNdI 値**) が得られ,この値は8億年前の MORB-type マントルに一致すると述べている.このデータから彼らは,約 830 Ma にマグマが除去される際に同位体平衡が起こり,その後,閉じた系を維持し続けたため,現在みられる εNd 値は異常に高くなったと解釈している.一方,Takazawa ほか (1999) は,かんらん岩体中の層状の苦鉄質グラニュライトを Al-Ti 普通輝石で特徴づけられる Type 1 と Cr-透輝石 (diopside) で特徴づけられる Type 2 に分け,前者から 81.3 ± 13.1 Ma と 81.3 ± 18.0 Ma の Sm-Nd 全岩アイソクロン年代を得た.前

者の年代値を得るのに用いた1試料の εNd 値は+27 と高いが，81 Ma を用いて計算した εNdI 値は+11 と DM (depleted mantle) とすれば普通の値となる．また，もう1つのアイソクロン年代を得るのに用いた試料の内の1つの εNd 値は+16 と高いが，εNdI 値を計算すると+10 となる．このように異常に高い Nd 値をもつのは非常に高い ^{147}Sm/^{144}Nd 比のためである．ちなみに，+27 の εNd 値をもつ試料の ^{147}Sm/^{144}Nd 比は 1.7 を超え，+16 の試料は 0.8 を超えている．この値を今まで本書で示したいくつかの Sm-Nd アイソクロン図（たとえば§3.5）上の岩石の ^{147}Sm/^{144}Nd 比と比べるとその高さがわかる．なお，Yoshikawa・Nakamura (2000) の高い εNd 値をもつ岩石，単斜輝石の ^{147}Sm/^{144}Nd 比もそれぞれ 0.50～0.78，0.58～0.95 と高い．Takazawa ほか (1999) はこれら年代データに加えさまざまな地球化学的データ，Pb 同位体データを総合し，Type 1 は 80 Ma 前に起きたかんらん岩体の部分溶融により形成されたのに対して，Type 2 は約 830 Ma の部分溶融により形成されたと解釈している．

　幌満かんらん岩体のように異常に高い εNd 値をもつ例はなく，高い値をもつ地中海西部のジブラルタル海峡に近いロンダ超苦鉄質岩体 (Ronda ultramafic complex) でも最高+20 $[(^{143}\text{Nd}/^{144}\text{Nd})_p = 0.51365]$ 程度である (Reisberg ほか，1989)．また捕獲岩の高い値は，サウジアラビアの玄武岩中のかんらん岩から Blusztajn ほか (1995) により報告されているが，最高値が+20 程度である．幌満かんらん岩体のように異常に高い値は上述のように非常に高い Sm/Nd 比をもつ物質が長年閉鎖系を保つ以外に説明がつかない．この Nd に対して Sm が異常に濃集した理由，また，8億3千万年間にわたり Sm-Nd 系が閉鎖系を保ち続けた幌満かんらん岩体の地球内部における深度など興味深い．

7.4　下部地殻物質
7.4.A　下部地殻物質の産出地
　下部地殻物質は火山岩の捕獲岩として，あるいは地殻変動により地表に露出したところから採取される．日本列島の捕獲岩の代表的産地は，男鹿半島の一の目潟，山形県の温海，北部フォッサマグナ，鷲の山（香川県），隠岐島後，

宇田島（山口県），北九州地方（高島，黒瀬など）などである．これらの捕獲岩のほとんどは苦鉄質岩で，鷲の山の一部は珪長質岩である．下部地殻源捕獲岩の世界的に有名な産地はRudnick（1992）によって示されている．また，地殻変動により露出した例として日本列島では日高変成帯が有名であるが，世界的にはヨーロッパアルプスのイブレア-フェルバノ帯（Ivrea-Verbano belt），パキスタン北部のコヒスタン弧（Kohistan arc），カナダのスペリア区のカプシカシング隆起体（Kapuskasing uplift），中央オーストラリアのアルンタ地塊（Arunta block）などが有名である．また，大陸地域のグラニュライト相岩石の露出地帯も下部地殻が地表に露出したものと考えられている（Rudnick，1992；Percivalほか，1992など）．

下部地殻は珪長質岩の主要な起源物質の1つと考えられている．日本列島に産する下部地殻物質と後期白亜紀〜古第三紀珪長質岩とのSr, Nd同位体的類似性について§7.7.B-b-1でふれる．

7.4.B　下部地殻物質のイプシロン領域

マントル物質に比べ，ユーラシア大陸東部地域からの下部地殻のSr・Nd同位体データは少ない．そこで世界各地の下部地殻源捕獲岩のデータを図7.6に示したが，それらは苦鉄質な岩石である．捕獲岩以外ではイブレア-フェルバノ帯のはんれい岩〜閃緑岩質を示した．日本列島の下部地殻源捕獲岩のデータを図7.7にそれぞれ示した．

最初に図7.6とマントル（図7.3）と比べると違いが明瞭である．その1つは εSr 値 $= -15$ 以下あるいは εNd 値 $= +10$ 以上のデータが非常に少ないことである．2つ目は第2象限から第4象限方向にプロットされるデータが多く，特に4象限の場合，εSr 値が $+50$ を超えるデータがいくつかみられる．3つ目には εNd 軸にほぼ平行するデータがいくつかみられる．ラシャイン（Lashine，タンザニア；Cohenほか，1984），アフリカ南部のレソト（Lesotho；Rogers・Hawkesworth，1982），デレゲイト（Delegate，ニューサウスウェールズ州，オーストラリア；McDonoughほか，1991），ハヌオバのざくろ石グラニュライト（Guohuiほか，1998）などがその例である．またこの図の範囲外となってしまうが，下部地殻物質と考えられているスコットランドのルーイシアン（Lewisian）のグラニュライトも εSr 値 $= -24$，εNd 値 $=$

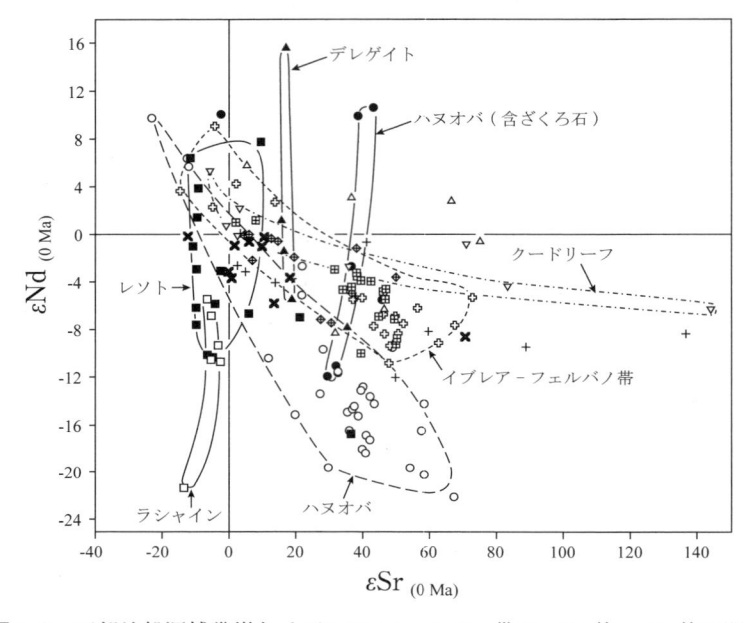

150 第7章 日本列島を構成する物質の Sr, Nd 同位体比

図7.6 下部地殻源捕獲岩とイブレア-フェルバノ帯の εNd 値, εSr 値の関係
データの出典は次のとおりである.
中国……ハヌオバ（○-輝石グラニュライト, ●-ざくろ石グラニュライト；Daogong ほか, 1995, 1997, Guohui ほか, 1998, Zhou ほか, 2002）.
ヨーロッパ……イブレア-フェルバノ帯（✛；Pin・Sills, 1986), フランス, マシフセンラル（＋；Downes・Leyreloup, 1986), アイフェル（✗；Stosch・Lugmair, 1984).
オーストラリア……カルクテロ（△；McCulloch ほか, 1982), デレゲイト（▲；McDonough ほか, 1991), クードリーフ（▽；Rudnick ほか, 1986).
アフリカ……レソト（■；Rogers・Hawkesworth, 1982), ラシャイン（□；Cohen ほか, 1984).
北・中央アメリカ……キャンプクリーク（⊞；Esperança ほか, 1988), メキシコ（⊕；Ruiz ほか, 1988).

－28 から εSr 値＝－44, εNd 値＝－39 間の値（Carter ほか, 1978；Hamilton ほか, 1979）となり, ラシャインの左下延長方向に位置する.

最初の εNd 値がマントル源捕獲岩に比べ低い特徴と, 2番目の2象限から4象限方向にプロットされる傾向は, 次のように考えられる. Rudnick (1992) は下部地殻源捕獲岩の化学組成を産地ごとに平均値をだしているが, その中に図7.6 に示された産地がいくつかみられる. Rudnick はこのデータから捕獲岩の大部分は玄武岩質マグマとそれからの集積岩の化学的特徴をもつとしている. 実際に平均値を全アルカリ（K_2O+Na_2O）－SiO_2 図（Le Bas ほか, 1986）にプロットすると 75 ％が玄武岩, 20 ％が玄武岩質安山岩, 残り 5 ％が安山岩

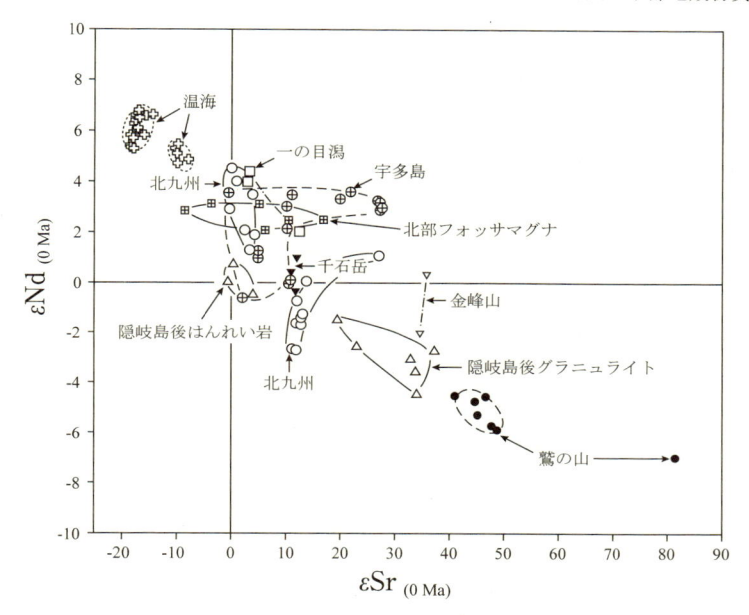

図7.7 本州弧に産する下部地殻源捕獲岩の εNd 値, εSr 値の関係
一の目潟（□；加々美ほか，1999a），温海（✢；近藤，1999），北部フォッサマグナ（⊞；Shutoほか，1988），隠岐島後（△；Kagamiほか，1986, 1993），鷲の山（●；Kagamiほか，1993），宇多島（⊕；大石，1993），北九州（○；Kagamiほか，1993，加々美ほか，1999b），金峰山（▽；加々美未公表資料），千石岳（▼；加々美未公表資料）.

の領域に入る．また，K_2O-SiO_2 図（Le Maitre ほか，1989）では75％が medium-K，25％が low-K（あるいはソレアイト質岩）の領域に入る．このような化学組成をもつ下部地殻物質はマントル物質より Rb/Sr 比が高く，Sm/Nd 比は低いため，形成された後，時間が経過するとマントルより全体として第4象限方向の傾向をもつようになる．さらに第4象限方向の傾向は，マントル起源マグマが，それ以前にあった第4象限の同位体組成をもつ古い下部地殻物質と混合し，新しい下部地殻をつくっても説明できる．3番目の εNd 軸（縦軸）に平行な分布は，下部地殻源捕獲岩以外でもマントル源捕獲岩（たとえばサウジアラビアのかんらん岩，Blusztajnほか，1995）や Faure（2001）のまとめた世界各地の火成岩［たとえばスコットランドのスカイ島の玄武岩，ブラジルのパラナ洪水玄武岩（Paraná flood basalt）の low-Ti，high-K 玄武岩など］の中にも見ることができる．このような同位体的特徴の火成岩につい

ては，2つの成分の混合モデルあるいは起源物質の同位体的不均一性による解釈が普通である．εNd軸に平行な分布を示す下部地殻源捕獲岩について，火成岩のモデルをそのまま適応できるかどうか今後の検討が必要であろう．

　日本列島の下部地殻源捕獲岩のプロットされる範囲（図7.7）は，図7.6のイブレア-フェルバノ帯の領域とほぼ一致している．しかし下部地殻源捕獲岩の産地ごとに εSr値，εNd値が異なっている．εNd値に注目すると温海の値が最も高く，鷲の山が最も低い．鷲の山の試料中のεNd値の特に低い1試料は珪長質グラニュライトである．そのほかの一の目潟，北部フォッサマグナ，宇田島のデータは互いに重なっている．隠岐島後，北九州のデータは2つのグループに分けられ，その一部は北部フォッサマグナなどと重なるが，ほかの一部は低εNd値（あるいは高εSr値）側に位置する．北九州の場合，2つのグループに分かれているが，本図に示されていないデータを加味すると両グループは1つの領域にまとめられる可能性がある（加々美ほか，1999b）．一方，隠岐島後についてみると，高εNd値のグループはかんらん石はんれい岩，低εNd値グループは複輝石グラニュライトというように岩石が異なっている（Takahashi, 1978）．これについては§7.4.Cの項でもふれる．

7.4.C　マントル物質と下部地殻物質の関係

　マントルと下部地殻の同位体的関係について述べる．マントルと下部地殻の両捕獲岩のSr, Nd同位体比が報告されている例としてハヌオバ，北九州，隠岐島後，一の目潟がある．この中で日本列島地域のデータを図7.8に示した．これらの図を見るとマントル物質と下部地殻物質は比較的近い位置にプロットされ，成因的に関連していることを暗示させる．たとえば，隠岐島後の下部地殻はマントルと同様に2つのグループに分かれている．左側のCHUR（全地球）の近くにプロットされるグループはかんらん石はんれい岩であり，これと一致した領域にマントルグループが存在している．Takahashi (1978) によると，このはんれい岩は新しい地質時代に活動したアルカリ玄武岩マグマからの集積岩であり下部地殻の構成員となっている．一方，右側のSr同位体比の高いグループは複輝石グラニュライトで，古い時代に形成された下部地殻である．このグループはマントルの項で述べた古い時代にできたマントルに近いSr, Nd同位体比をもっている．したがって，2つの下部地殻グループは岩石学的にも

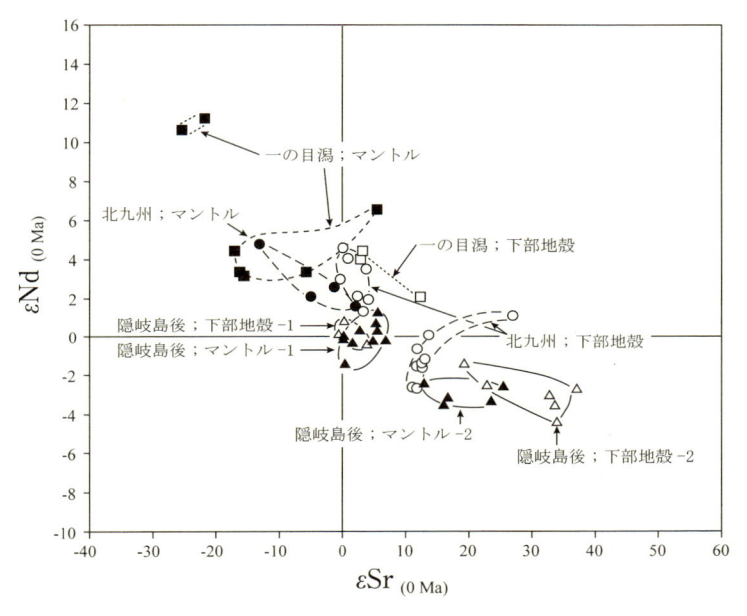

図7.8 本州弧に産する下部地殻源捕獲岩と上部マントル源捕獲岩の εNd 値, εSr 値の関係
一の目潟；■（マントル），□（下部地殻），北九州；●（マントル），○（下部地殻），隠岐島後；▲（マントル），△（下部地殻）．データの出典は図7.3と図7.7の説明を参照．

年代的にも別であり，それぞれの起源となったと考えられるマントルも同位体的に近い位置にある．

7.5 原生累代～中生代堆積岩

　隠岐島には原生累代の堆積岩を源岩とする変成岩が分布している．日本列島には古生代～中生代に形成された堆積岩類が広く分布している．堆積岩，変成岩それに伴う火成岩類の形成年代，特徴などを考慮した地質区が数名の研究者により提案されているが，その中の1つを図3.15に示した．古生層～中生層のSrとNdデータが多数報告されているのは西南日本弧内帯と東北日本弧の棚倉構造線以西の地域である．このほかにも西南北海道，日高変成帯からも報告されている（Maeda・Kagami, 1996；川野・加々美, 1999；Tsuchiyaほか, 2007）．これら以外の地域のデータはたいへん少ない．古生層～中生層は白亜

紀以降活動した火成岩の母岩となっていることが多く，そのためマグマに混入した主要物質として考えられることが多い．Sr, Nd 同位体を使いマグマ中への混入量を算出するために，古生層〜中生層の両同位体データが必要である．堆積岩の Sr, Nd 同位体比は §7.5.B, §7.5.C で記述するように地域差が認められるので，西南日本外帯，あるいは棚倉構造線以東の古生層〜中生層のデータの蓄積が今後必要となる．

7.5.A 堆積岩のイプシロン Sr 値と Nd 値の広がり

古生層〜中生層の εSr 値と εNd 値関係を Kagami ほか（2006）と Kawano

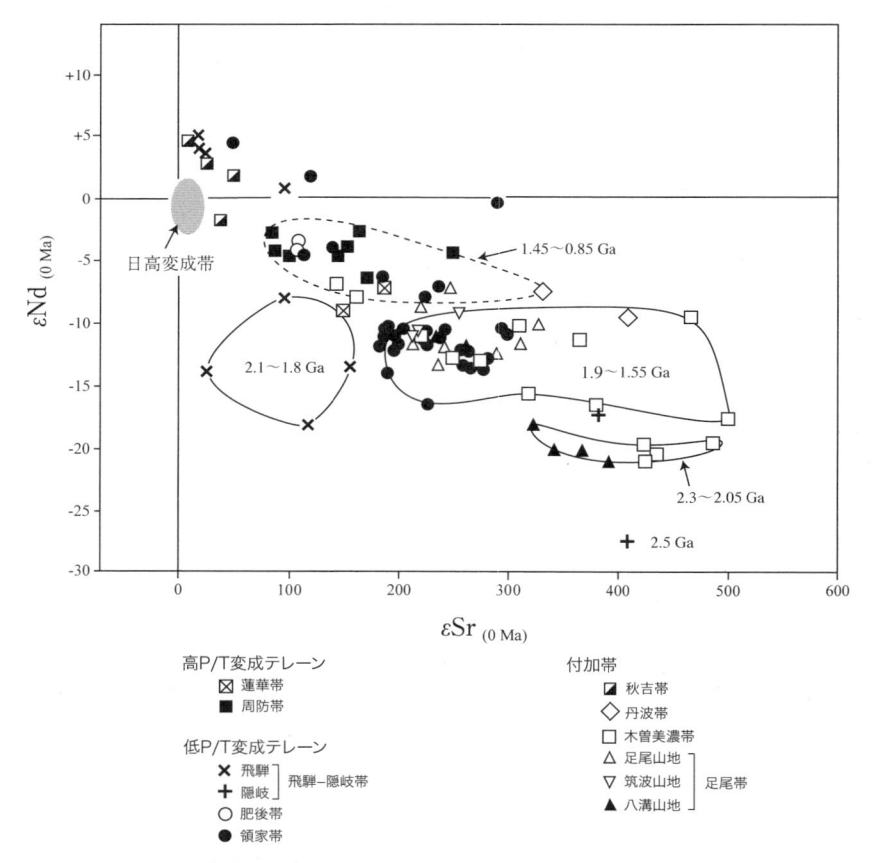

図7.9 本州弧中・古生層の εNd 値，εSr 値の関係（Kawano, 2006）
日高変成帯のデータは Maeda・Kagami（1996）による．図中の年代値は Nd モデル年代を示す．

7.5 原生累代〜中生代堆積岩　*155*

ほか（2006）のデータを引用し図7.9に示したが，これらの値は現在値である．図中の年代値は§3.6.B-bで示したNdモデル年代である．

　図7.9を見ると，εSr値側はεNd値側に対して約20倍の広がりをもっていることがわかる．すなわちεSr値は0〜+500の間に入り，一方のεNd値は飛騨-隠岐帯の隠岐島の1データを除き+5〜−21に収まっている．これは堆積岩のRb/Sr比とSm/Nd比を比べると前者のほうが10数倍高く，また^{87}Rbの壊変定数は^{147}Smの約2.17倍である．これらのことがイプシロン値の広がり幅の違いを生じさせるが，さらにRb-Sr系はSm-Nd系に比し地質学的出来事に影響されやすく，そのためRb/Sr比に変動が起きやすいことにも関係している．最初に本州弧，次に日高変成帯について述べる．

7.5.B　本州弧の各地質区のイプシロン値の領域

　図7.9を改めて見ると，それぞれの地質区は重複しつつも異なるεSr値，εNd値の領域をもっていることがわかる．値幅の小さいεNd値を中心に，高いプラス値をもつ地質区から順に記述する．

① 　この図で1番左上にプロットされるεNd値の高い（+5〜−2）堆積岩は秋吉帯から採取されたものである．そのほかに飛騨-隠岐帯の一部の堆積岩も同じ領域にプロットされる．これらの岩石はNdモデル年代計算のための2つの条件，すなわち^{147}Sm/^{144}Nd＜0.13（§3.6.A参照）と^{143}Nd/^{144}Nd＜0.5125を満たしていない．そのためNdモデル年代は算出されていないが，それらの源岩の形成時代は若く，また苦鉄質な火成岩である（Kagamiほか，2006；Kawanoほか，2006）．

② 　秋吉帯の右下，すなわちεNd値がやや低い−2〜−6のところにプロットされるのは主に周防帯，肥後帯の堆積岩で，14.5〜8.5億年のNdモデル年代をもっている．領家帯の一部もこの領域に入るが，これらの試料は山口県の柳井地方と香川県の志々島から採取されたものである．

③ 　周防帯，肥後帯よりさらに低いεNd値（−10〜−15）に領家帯の集中域が見られる．この領家帯の試料は中部地方の伊那市周辺と近畿および柳井地方から主に採取されている．この領家帯に足尾帯の筑波山地と足尾山地から採取された試料が重なっている．これらのNdモデル年代は19〜15.5億年である．この領域の左側，すなわち，低εSr値側に飛騨-隠岐帯の飛騨地域

の岩石の一部がプロットされ，これらの Nd モデル年代は 21〜18 億年である．低 εSr 値は，堆積岩の源岩が Sr に比し Rb に乏しかったことによるものか，あるいは変成作用時に Rb に枯渇するような出来事があったのかこの図からはわからない．飛騨地域の堆積岩の源岩の形成年代は原生累代の中頃以前と考えられる一方，最初の①に述べた秋吉帯の領域に入るような新しい時代に形成された岩石を源岩とするものもある．このように飛騨地域を構成する堆積岩は 2 つあるいはそれ以上の異なる時代に形成された岩石を起源としている可能性がある（Kagami ほか，2006）．

④ 領家帯を中心とする領域よりさらに低い εNd 値（−18 以下）をもつのは足尾帯の八溝山地南部と飛騨-隠岐帯（隠岐島）の堆積岩である．前者は Nd モデル年代が 23〜20.5 億年である．また後者は 25 億年前後と古く，この時期は北中国地塊の地殻の主要形成時期の 1 つである 27〜25 億年と一致している．

以上のほか，1 つの地質区内に幅広い εNd 値と Nd モデル年代（図 3.17）の堆積岩が分布するのは蓮華帯と木曽美濃帯である．この中で Sr 同位体比が多数報告されているのは木曽美濃帯で図 7.9 から次のことが読み取れる．

⑤ 美濃帯の木曽，飛騨山脈（木曽美濃帯）を中心とする地域から採取された堆積岩は，周防，肥後両帯の②の低 εNd 値付近より八溝山地南部（④）付近まで非常に広い領域に入る．最も低い εNd 値をもつ堆積岩の Nd モデル年代は 23 億年，高い εNd 値をもつのは約 12 億年であるが，コンプレックスごとにまとまった εNd 値をもっている（Kagami ほか，2006）．

以上の飛騨-隠岐帯の隠岐島の変成岩のように古い時代に形成された岩石がイプシロン図の 1 番右下に位置し，秋吉帯，飛騨-隠岐帯の飛騨地域の一部の岩石が左上に位置するのは，基本的には堆積盆に砕屑物を供給した後背地をつくる岩石の源岩の形成年代差を示している（Kagami ほか，2006；Kawano ほか，2006）．

7.5.C　火成岩の形成過程に混入した本州弧堆積岩の取り扱い

図 7.9 で示したように地質区によって異なる εSr 値，εNd 値をもっている．したがって，ある火成岩の形成過程で堆積岩の混入の可能性がある場合，その

火成岩の分布域の堆積岩の同位体データを用いることが必要である．さらに図7.9に示したイプシロン値は現在値であるため，各堆積岩の $^{87}Rb/^{86}Sr$ 比，$^{147}Sm/^{144}Nd$ 比を使い，火成岩の活動時（t）に補正した $(^{87}Sr/^{86}Sr)_t$ 比，$(^{143}Nd/^{144}Nd)_t$ 比から εSr_t 値と εNd_t 値を算出することが必要である（§3.8.A，B参照）．

秋吉帯，周防帯の堆積岩のように地質区ごとにまとまりのよいSr，Nd同位体比をもつ場合，混入した堆積岩の同位体比はそれらの平均値を使うとよい．しかし，飛騨-隠岐帯の飛騨地域の変成岩のように εNd 値が高い（$+5 \sim 0$）側と低い側（$-12 \sim -18$）に分かれている（図7.9）場合，混入した堆積岩の同位体比の算出には注意を要する．また，木曽美濃帯，足尾帯のように幅広い εNd 値と εSr 値をもっている場合も同じことがいえる．

7.5.D 本州弧堆積岩の化学的特徴

地質区間，同一地質区における地域間の堆積岩の化学組成の違いを大陸上部地殻の平均化学組成（Taylor・McLennan, 1985）で割った値をDinelli ほか（1999）による元素の並び順に示した**スパイダー図**（spider diagram, spidergram, 図7.10）と，武蔵野（1992）による堆積岩の成熟度を示す SiO_2/Al_2O_3-Zr/Ti 図を使いKawanoほか（2006），川野ほか（2007）が論じている．それを見るとNdモデル年代ほど地質区間の，あるいは同一地質区でNdモデル年代の異なる堆積岩間の化学組成の違いがはっきりしない．

スパイダー図を見ると大きく3つのグループに分けられそうであるが，中間の特徴をもつものも多い．(1) 八溝山地南部を除く足尾帯，周防帯，超丹波帯，丹波帯，領家帯の多くの堆積岩はCaとSrの負異常をもち，全体として緩い右上がりのパターンをもつ．図7.10には足尾帯の足尾山地の例を示した．このパターンと成熟度を示す SiO_2/Al_2O_3-Zr/Ti 図から花崗閃緑岩質の岩石を源岩としている（Kawanoほか, 2006）．(2) スパイダー図においてFe，Ni，Crなどの元素で著しく負異常をもち，成熟度は高い．この特徴を示すのは木曽美濃帯の沢渡，島々，味噌川の各コンプレックスと足尾帯の八溝山地南部の堆積岩で，図7.10には味噌川コンプレックスの例を示した．(3) スパイダー図で右側に位置するFe，Ti，Ni，Crなどの元素で顕著な正異常をもつ堆積岩で，Ca，Mgも正異常を示すことが多い．また，これらの成熟度は著しく

158　第7章　日本列島を構成する物質のSr, Nd同位体比

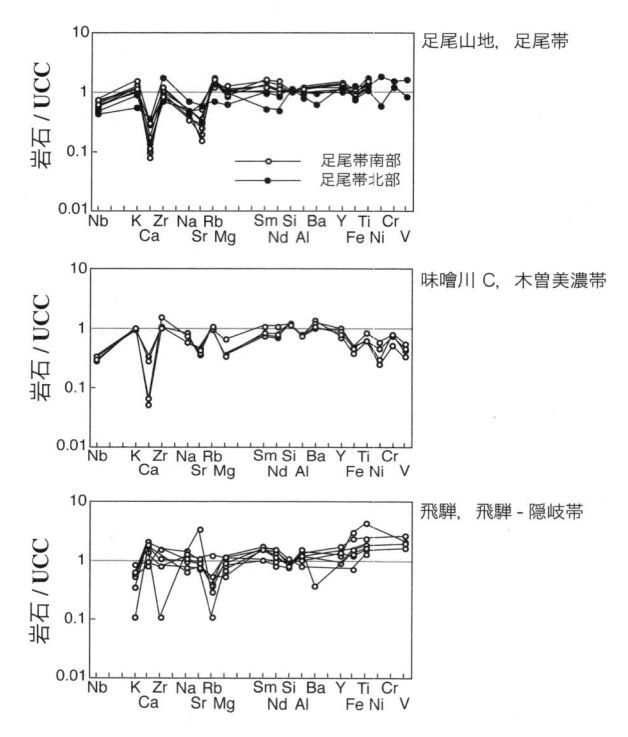

図7.10　本州弧足尾帯，木曽美濃帯，飛騨-隠岐帯の中・古生層のスパイダー図
UCC；Upper Continental Crustの略．Kawanoほか（2006）によるデータの一部を引用した．

低く，^{147}Sm/^{144}Nd比，^{143}Nd/^{144}Nd比も高い．これらについては苦鉄質な火成岩を源岩とする可能性がある．図7.9においてεNd値の最も高い飛騨-隠岐帯（飛騨地域）と秋吉帯の堆積岩がその良い例で，図7.10には飛騨地域の例を示した．舞鶴帯の堆積岩もほぼ同様な特徴をもち，中性岩を源岩としている（川野ほか，2007）．しかし§3.6.B-bのNdモデル年代の項で記したように，これらは互いに異なる年代カテゴリーに属している．このように，各地質区あるいは同一地質区でNdモデル年代が異なる地域では比較的類似したパターンを示すことが多い．しかし蓮華帯の場合，長門構造帯の豊ヶ岳結晶片岩が（1）のパターンを示す以外は堆積岩ごとにさまざまなパターンをもち，しかも起伏が激しい特徴をもつ．また，それらの成熟度は低く，苦鉄質〜中性岩の領域と重なる．このことは舞鶴帯の堆積盆に火成岩から由来した砕屑物が堆積作用の

過程で大きく化学組成を変えることなくそのまま堆積したことを示唆している（川野ほか，2007）．

7.5.E 日高変成帯のイプシロン領域

　日高変成帯を構成する泥質岩源グラニュライト～非変成堆積岩類の堆積時は白亜紀末～古第三紀といわれている．これらの岩石について Maeda・Kagami（1996）による11データの報告があり，本州弧の各地質区のデータ数に比べ決して少ない数ではない．それらのイプシロン値は秋吉帯の低 εNd 値側にプロットされ，εNd 値としてみると +0.4 から -2.7，εSr 値も +9.7～+25.5 と本州弧の各地質区に比し著しく狭く，Sr, Nd 同位体的に均一であることを示している（図 7.9）．これら岩石の $^{147}Sm/^{144}Nd$ 比の平均値は 0.127 ± 0.007（標準偏差値）である．この値を本州弧の堆積岩（図 3.19）と比較すると，その高い側に入る．一方の $^{143}Nd/^{144}Nd$ 値は 0.5125～0.5127 で平均値は 0.51258 ± 0.00005（標準偏差値）と高く，Nd モデル年代を計算できない．また 11 試料の Sr 同位体比の平均は 0.70566 ± 0.00032 である．この値は Kawano ほか（2006）の報告した本州弧の中，古生層堆積岩 60 試料の平均値，0.7220 ± 0.0128 に比べ著しく低く，また，§7.7 と 7.8 で述べる本州弧の白亜紀～新生代火成岩の SrI 値として普通に見られる程度の値である．日高変成岩を構成する堆積岩源変成岩類には始生累代～原生累代をもつジルコン（inherited zircon）が含まれているが（Usuki ほか，2006；Kemp ほか，2007），これらの Nd および Sr 同位体データで見るかぎり，若い時代に活動した火成岩類がもっとも主要な供給源となっていることが予想される．

7.6 海洋性リソスフェアを構成する岩石

7.6.A 秋吉帯・丹波帯

　西南日本内帯のいわゆる三郡変成帯と蓮華帯には，470～380 Ma の K-Ar ホルンブレンド年代を示すはんれい岩体が点在している（西村・柴田，1989）．しかしこれらについては Sr, Nd 同位体比が報告されていない．秋吉帯と丹波帯には主に石炭紀に形成された玄武岩質火山岩が分布している．丹波帯の玄武岩については Sano ほか（1987），佐野・田崎（1989），秋吉帯については田崎ほか（1989）が報告している．

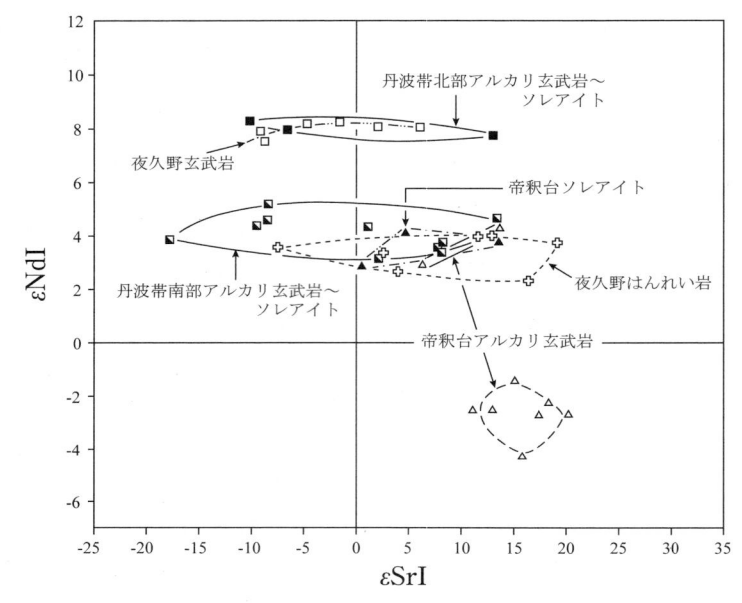

図7.11 古生代に活動した苦鉄質火成岩類の εNdI 値, εSrI 値の関係

各帯の苦鉄質岩類の εNdI 値, εSrI 値を算出するのに用いた年代値（280～426 Ma）については本文（§7.6）参照.
丹波帯玄武岩類（■, ◨）; Sanoほか (1987), 佐野・田崎 (1989), 夜久野玄武岩（□）; Koide (1990, 1992), 帝釈台玄武岩類（△アルカリ玄武岩, ▲ソレアイト）; 田崎ほか (1989), 夜久野はんれい岩（✚）; 佐野 (1992).

　丹波帯南部のソレアイト（tholeiite）4試料のSm-Nd全岩-単斜輝石アイソクロン年代は339±58 Ma～334±60 Maの年代範囲に収まる. 一方, 北部のソレアイトとアルカリ玄武岩によるSm-Nd全岩アイソクロン法から303±40 Maが得られるが, 著者らはこの年代値について, 今後の慎重な検討が必要としている. 北部, 南部とも330 Maで計算したεSr初生値（**εSrI値**）, εNdI値を図7.11に示した. 丹波帯北部のアルカリ質玄武岩とソレアイトはεNdI値が+8前後の値で, 図7.11において第2象限から第1象限にかけた領域にプロットされる. これらの玄武岩類は放射性源Nd同位体に富化したマントルに由来する海洋島あるいは海山起源であると考えられている. 丹波帯北帯の分域がεSr軸とほぼ平行に細長い. これはSr/Nd比の非常に高い海水（表3.6参照）の影響があったことを示しているが, 同様な分布は南部の玄武岩類にも見られる. 南部から採取されたアルカリ質玄武岩とソレアイトのεNdI値（+3

~+5)はほぼ一致し，北部より明らかに低い．これらの玄武岩類は北部の玄武岩に比べ放射性源 Nd 同位体に乏しいマントルに由来する海洋島あるいは海山起源であると考えられている．

秋吉帯の帝釈台地域に分布するソレアイトとアルカリ玄武岩について Sm-Nd 系による年代は得られていない．しかし，玄武岩と密接に伴って産出する石灰岩中の化石により，玄武岩の年代は前期石炭紀かそれ以前と推定される．丹波帯と同じ 330 Ma を用いて εSrI 値，εNdI 値を計算し図 7.11 にプロットした．アルカリ質玄武岩類の一部とソレアイトの εNdI 値がほぼ一致し，+3.5～+5 の範囲に入る．この値は丹波帯と一致しているが，εSrI 値の範囲は丹波帯のほうが広い．帝釈台のソレアイトは海山あるいは**島弧**（island-arc）で形成されたものと考えられている．また，帝釈台のアルカリ玄武岩の大部分は -1～-4 の低い εNdI 値をもっている．このマイナス εNd 値が EM I のもつ同位体比に近いことから考え，南部の一部のアルカリ玄武岩は EM I を起源とする海山で形成されたものと考えられている．

EM I 起源のアルカリ玄武岩を除く帝釈台の玄武岩類と丹波帯の玄武岩類には，ほぼ同一の ε 値領域に入るものが存在していることから，Sano ほか

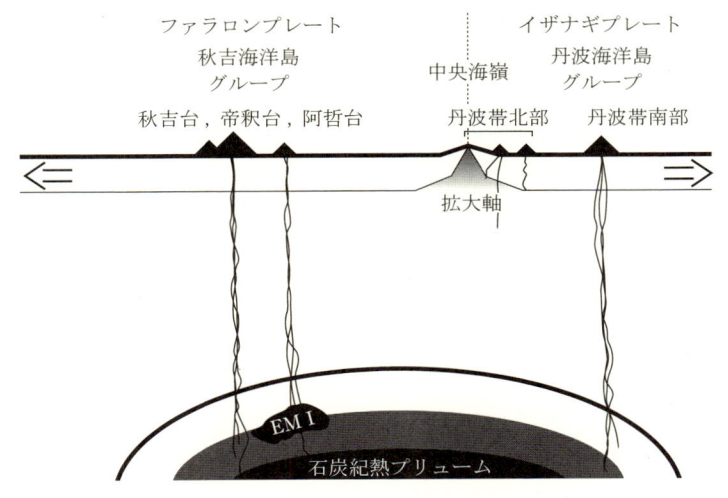

図7.12　秋吉帯と丹波帯に活動した玄武岩類の起源についてのモデル（Sano ほか，2000）

(2000)は両帯の玄武岩類の起源に関して図7.12に示したようなモデルを提案した.

7.6.B 舞鶴帯夜久野オフィオライト

舞鶴帯の夜久野オフィオライトを構成する火成岩類は290〜230 Ma, すなわち前期ペルム紀〜中期三畳紀のK-Ar年代をもっている（Shibataほか, 1977a；柴田ほか, 1979）. また，舞鶴帯の西方延長に位置する井原デイスメンバード・オフィオライト（dismembered ophiolite）から281±8 MaのRb-Sr全岩アイソクロン年代と0.70359±0.00004のSrI値が報告されている（Koideほか, 1987a, 1987b）. 一方，単斜輝石，単斜輝石に富むフラクションを用いたSm-Nd全岩—鉱物アイソクロン年代から310±67 Ma（Koide, 1990；Koide・Sano, 1992）が得られ，εNdI値は+7.6±1.9である. このSrI値がN-MORBや縁海（marginal sea）玄武岩に比べ若干高いことについて，沈み込んだ海洋プレート由来の物質に汚染された縁海マントル起源が想定されている. そのほか，夜久野オフィオライトが分布する全域からSrI値が報告されているが0.7036〜0.7055と幅が広い. 地球化学的特徴などからこのオフィオライトは海嶺，島弧，縁海などさまざまな環境下で形成された可能性が指摘されているが, SrI値の広さはこのことを裏付けている. 図7.11にKoide（1990），Koide・Sano（1992）によるεSrI値, εNdI値を示したが，§7.6.Aの項で述べた丹波帯北部のアルカリ質玄武岩〜ソレアイトの領域と重なる.

舞鶴帯南帯の大島半島から綾部市北部に至る地域には，夜久野オフィオライトに属する超苦鉄質岩，苦鉄質岩，斜長花崗岩（plagiogranite），苦鉄質火成岩源〜堆積岩源変成岩などさまざまな岩石が分布している. このなかで超苦鉄質岩のウエブステライト（websterite），はんれい岩，斜長花崗岩を使いシルル紀末を示す426±37 Ma（Sm-Nd全岩アイソクロン年代）が得られ，この年代値は火成活動時期を示している（佐野, 1992）. これらの岩石の単斜輝石を用いたSm-Nd年代は412±62 Ma〜409±44 Maとなっており，この年代はグラニュライト相の変成作用時期を示している. また，この地域から採取された玄武岩とそれから分離された単斜輝石の2点によるアイソクロン年代は311±65 Maとなり，はんれい岩などに比べ若い. しかし311 Maは2点により計算された年代値であることと年代誤差が大きいので，試料数を増やし確認のた

めの測定が必要である．最後の玄武岩を除く岩石の εSrI 値，εNdI 値を図 7.11 に示したが，この領域は丹波帯南部に活動したアルカリ玄武岩類，秋吉帯の帝釈台のソレアイトの領域と重なっている．

はんれい岩がグラニュライト相の変成作用を受けていることと，低い εNd 値をもつことから考え，はんれい岩は通常の海洋地殻起源というよりもむしろ異常に厚い海洋地殻の下部地殻（Ishiwatari, 1985）を起源としている可能性が強い．

7.7 白亜紀〜古第三紀火成岩

7.7.A 火成活動の変遷

7.7.A-a 琉球弧

琉球弧の火成活動場の変遷図を Kawano・Kagami（1993）が示しているが，川野（2007）はその後に公表された年代値を加え新たな図を示した（図7.13）．琉球弧に分布する花崗岩を主とする深成岩体はいずれも小さく，最大のものは石垣島の於茂登岩体の長さ7.5 km，幅5 km である．なお琉球弧の各岩体の分布する島名については図 7.13 の右側に示されている．

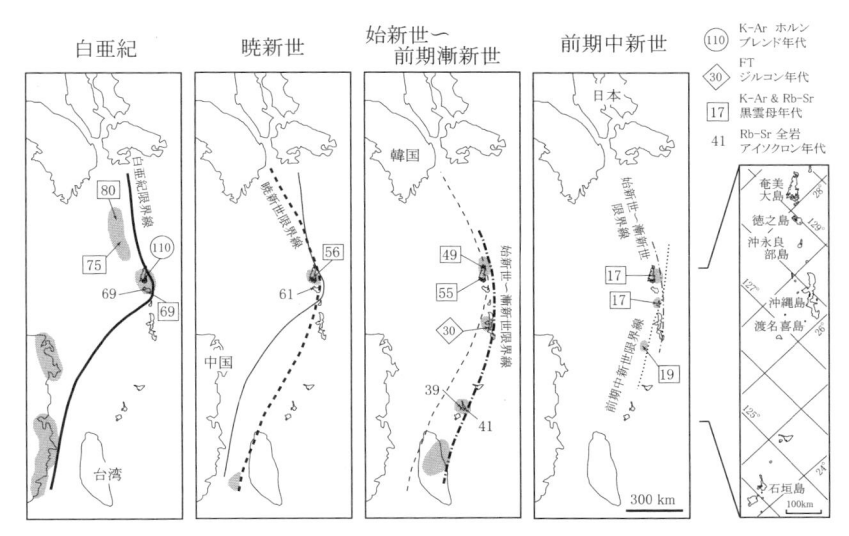

図7.13 琉球弧の白亜紀〜第三紀中新世の火成活動の場の変遷（川野，2007）

164　第7章　日本列島を構成する物質の Sr, Nd 同位体比

　琉球弧の火成活動は白亜紀中頃の 110 Ma 前頃に始まった．白亜紀の 110～70 Ma 間の火成活動は琉球弧だけでなく，朝鮮半島，中国大陸の福建省など東シナ海に面した地域に広く見られる．また，東シナ海の海底から採取された花崗岩も同じ年代値をもっている．

　古第三紀に入ってから 55 Ma 頃（前期始新世）までの火成活動は，琉球弧の中心付近に位置する奄美諸島と徳之島に限られている．また，中国大陸もこの時代の活動はなく，台湾海峡から採取された花崗岩に限られる．これは，中国大陸周辺の活動域が，太平洋側に移行したことを示している．55 Ma～30 Ma（前期始新世～前期漸新世）までの火成活動は，琉球弧の奄美諸島から沖縄島，石垣島にわたる全域で見られ，台湾にまで及んでいる．したがって，55 Ma 以前の活動に比べると，全体として太平洋方向に移動したことになる．次の活動は前期中新世末の 19～17 Ma 頃になるが，奄美大島の勝浦岩体，沖永良部島，渡名喜島（西森複合岩体）などに限られている．台湾でもこの時代の活動は見られない．火成活動がしばらく休止した後，10 Ma～4 Ma 間に琉球弧の西側に沿い沖縄トラフが形成される．この海盆は，火成活動を伴った隆起と沈降により形成されたことが明らかにされている．日本海盆形成時の前にも火成活動の休止が見られるが，この休止期間に地球内部で起こっている変動についてはわかっていない．しかし海盆の形成と火成活動の休止は何らかの関係があるかもしれない．

7.7. A-b　本州弧

　白亜紀～古第三紀に活動した火成岩類は日本列島，特に本州弧に広く分布している．加々美ほか（1999a）は，本州弧の火成岩類（主として花崗岩）について報告された Rb-Sr 全岩アイソクロン年代値と，閉鎖温度が高い K-Ar ホルンブレンド年代をまとめ，火成活動場の変遷を示した（図 7.14）．この図を見ると 120 Ma 以前に本州弧北部の西南北海道，北上山地で始まった火成活動は，120 Ma 以降の約 10 Ma 間，北上山地と北部九州を結ぶ比較的狭い帯状の地域で起こっている．北海道の勇払地域の地下に 115 ± 18 Ma の Rb-Sr 全岩アイソクロン年代をもつ花崗岩体が分布していることが，八木ほか（2004）により最近明らかにされたが，この花崗岩体の年代から勇払地域は，北上山地の 120 Ma 活動場の北部延長上に位置する．110 Ma から約 10 Ma 間の活動は西

南北海道の奥尻島から北九州に及ぶ広範な地域で起こっている．98 Ma 以降約 2 Ma 間の活動は 120 Ma から約 10 Ma 間の地域とほぼ一致する狭い帯状の地域で起こっている．したがって 135 Ma から 96 Ma 間の活動は，最初の頃本州弧北部に限られた活動が，その後本州弧全域に広がっている．しかし活動域の幅は狭（120～111 Ma）→広（110～99 Ma）→狭（98～96 Ma）と変化している．次に火成活動の場に変化が見られるのは 95 Ma 以降である．

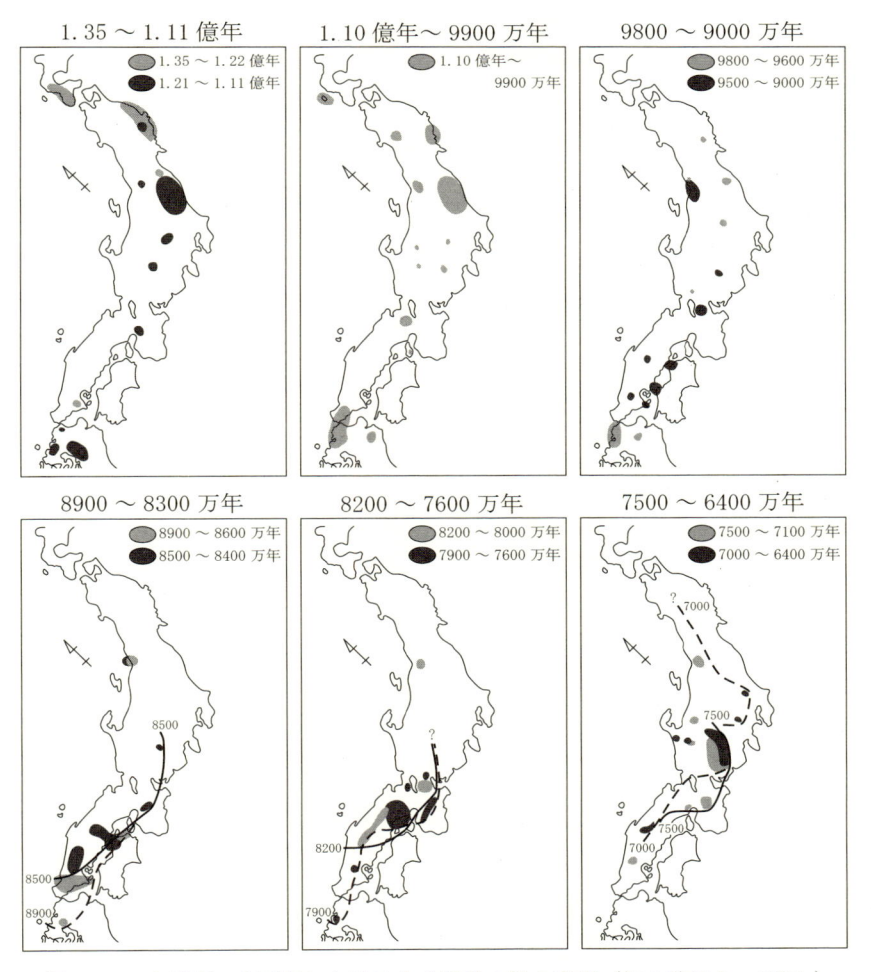

図7.14 本州弧の白亜紀における火成活動の場の変遷（加々美ほか，1999a）

95 Ma 以降 80 Ma までの約 15 Ma 間の火成活動は，新潟県北部地域以南で起きている．新潟県北部地域ではこの間，連続して活動が見られることになる．なお，藤本・山元 (2007) の最近の研究から白神山地，秋田市北東の太平山付近に 85 Ma 頃に活動した花崗岩体が分布することが明らかとなった．一方，本州弧の西側では 90 Ma 以降，火成活動の最西端が北九州から中国地方西部，中部へと東方向に変わっていくが，80 Ma 頃になるとふたたび北九州にまで及び，それ以降，特に中国地方の火成活動は日本海側にのみに限られる．また 90 Ma 以降，火成活動の激しい地域は東方向に移行しているようにみえる．特に中央構造線に沿った地域に注目すると，火成活動の激しい地域は白亜紀最末期に向かって北九州から中部地方，筑波山地へと移っている（図 7.14；89〜64 Ma）．

古第三紀以降の活動を本州弧と極東ユーラシア大陸についてみる．本州弧の火成活動域は日本海側に徐々に移行する．日本列島を日本海盆の開く以前の位置に戻すと，前期漸新世においては，ロシアのシホテアリンと朝鮮半島南東部，中国地域とをほぼ直線で結ぶ狭い範囲で起こっている（加々美ほか, 1995）．

以上の変遷は火成活動を起こした原因の解明のため重要である．図 7.14 の火成活動の広がり（幅）と場の変化をみると，沈み込む海洋プレートの沈み込む位置と傾斜が重要のように思われる．また，古第三紀以降の火成活動の場の変遷の原因を明らかにすることによって，中期中新世における日本海盆の拡大という大事件を引き起こした原因の解明にもつながっていくかもしれない．

7.7. A-c　千島弧

北海道中央部の日高帯には南北約 200 km の長さと，東西約 50 km〜10 km の幅をもつ地域に第三紀に活動した深成岩類が分布している．日高変成帯はこの地域の南部に位置する．北部においては火成岩体は西と東の 2 つの列に分かれ分布している（前田ほか, 1986）．西列の岩体は花崗岩〜苦鉄質岩からなる．川上ほか (2006) は，中新統古丹別層と川端層の花崗岩礫および愛別花崗岩体について K-Ar 黒雲母年代と FT ジルコンおよびアパタイト年代を報告し，今まで報告された年代値をあわせまとめている．それによると川端，古丹別両層の花崗岩礫の K-Ar 黒雲母年代は 46.0〜28.5 Ma と 18.6〜16.6 Ma に，FT

ジルコン年代は43.2〜37.0 Maと19.8〜16.8 Maに，またFTアパタイト年代も36.3〜30.4 Maと19.4〜15.2 Maに分かれている．古丹別層の同一試料のK-Ar黒雲母年代，FTジルコン年代，FTアパタイトはそれぞれ28.5±0.7 Ma, 16.8±0.5 Ma, 15.2±0.7 Ma，愛別岩体の1試料についてはそれぞれ46.0±1.1 Ma，後者は38.9±1.2 Ma, 16.5±0.6 Maが得られており，これらの年代値の違いは閉鎖温度の違いと説明されている．特に愛別岩体の場合は新第三紀に入り200℃程度に加熱され，アパタイトのFT年代のみ若返ったことを示している．日高帯北部の東列の岩体は花崗岩からなる．これについても川上ほか（2006）が中新統オシラネップ川層の花崗岩礫についてFTジルコン年代測定を行い，従来の結果とあわせ論じている．その結果をみると

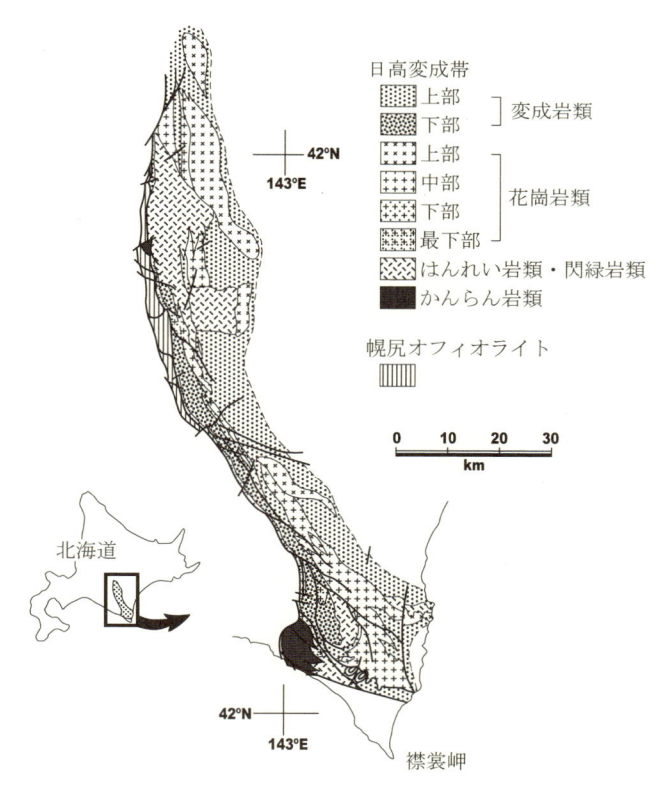

図7.15　日高変成帯の地質図
小松ほか（1986）を改変したShimuraほか（2004）を引用した．

K-Ar黒雲母年代として44〜41 Ma，FTジルコン年代として32 Maおよび16.5前後が得られている．従来から東列と西列の間に年代差があるといわれてきたが（Ishihara・Terashima, 1985；前田ほか，1986），新たな年代データはその差がないことを示している（川上ほか，2006）．

以上の西列は北海道中央部で北東–南西方向の上支湧構造帯によって約50 km右方向にずれてはいるが，日高変成帯（図7.15）へとつながっている．東列はこの構造帯以南では追跡できない（前田ほか，1986）．北部日高帯の西列の南への直線的な延長であるとみなされている日高変成帯では北部同様に20〜16 Maの年代も報告されているが，50 Ma前後の年代も報告されている．これについては次に述べる．

日高変成帯南部に分布するミグマタイトから54.9 ± 5.5 Ma（Owadaほか，1991；大和田ほか，1992），角閃石トーナル岩体から51.2 ± 3.6 MaのRb-Sr全岩アイソクロン年代と40.5 ± 0.3 MaのRb-Sr全岩—鉱物（黒雲母，珪長質鉱物）年代（Owadaほか，1997）が報告されている．またK-Arホルンブレンド年代は41Ma〜25 Ma，K-Ar黒雲母あるいは全岩年代は35 Ma〜12 Maである（佐伯ほか，1995）．この黒雲母年代が報告された最南端の新富–幌満–庶野–目黒地域でみると主衝上断層方向に向かって35 Maから17 Maへと若くなっている．この地域より北へ約20 kmと60 km（日高変成帯中央部）の2つの地域からK-Arホルンブレンド，黒雲母年代が報告されているが，岩石の種類，変成度さらに鉱物の種類に関係なく19〜16 Maである．大和田ほか（2006）は南部と中央部の境付近に分布するニオベツ岩体（角閃石，輝石はんれい岩〜閃緑岩）にまれに伴われる鉄かんらん石ざくろ石ノーライトについてRb-Sr全岩—鉱物（黒雲母，斜方輝石）アイソクロン年代とSm-Nd全岩—鉱物（ざくろ石，斜方輝石）アイソクロン年代を測定し，前者から18.6 ± 0.12 Ma，後者から18.3 ± 2.7 Maとほぼ一致する年代値を得た．この結果から彼らは日高変成帯において前期始新世（56.5〜50.0 Ma）と前期中新世（23.3〜16.3 Ma）の2回，火成活動があったとしている．

日高変成帯の東側の下部中新統中の花崗岩礫は，45〜42 MaのK-Ar黒雲母年代をもっている．この年代測定法から考え，礫を供給した花崗岩体の形成は50 Ma頃までさかのぼることが予想される．さらに礫の特徴からこの岩体

7.7 白亜紀〜古第三紀火成岩

は日高変成帯南東部にあったものと考えられる．この花崗岩体は前期中新世（23.3〜16.3 Ma）にすでに地表に露出していたため，この時代に起こった地殻内部での激しい変動の影響を免れている．花崗岩礫の年代は日高変成帯の一部の花崗岩体の初生形成年代を考えるうえで重要な情報となる．

　以上は，Rb-Sr全岩アイソクロン法，K-Ar法，FT法により得られた年代値を中心に記述した．日高変成帯の岩石についてU-Pbジルコン年代を報告したのはKimbroughほか（1994）が最初であった．彼らはグラニュライト相のトーナル岩について，従来から行われてきた表面電離型質量分析計による測定から17 ± 4 Maという結果を報告した．その後しばらくU-Pb系による年代測定は行われなかったが，最近になりSHRIMPを使った年代値が相次いで報告されるようになってきた．その測定結果からUsukiほか（2006）はミグマタイトの形成時を23〜22 Maを主張し，Rb-Sr全岩アイソクロン法で得られた年代値（54.9 ± 5.5 Ma）は混合線から算出された偽りの年代である可能性を指摘した．Usukiほかの測定した泥質岩源グラニュライト3試料のジルコンにはさまざまな年代値が認められる．その中で中生代以前のみに限ると1番若い年代値は176.5 ± 2.5 Ma，最も古い年代値は2816 ± 30 Maで，この両年代値間に断続的にいくつかの年代値が認められる．一方，古第三紀以降では60 Ma（1），58〜50 Ma（3），40〜35 Ma（2），1番若い年代値は21〜19 Ma（3）である．括弧内は3試料中に表れる頻度であるが，これを見ると58〜50 Maと21〜19 Maに集中域があることがわかる．一方，Kempほか（2007）は輝石はんれい岩1試料，堆積岩源グラニュライト3試料，角閃岩1試料，斜方輝石トーナル岩3試料（2試料は含ざくろ石，1試料は含ホルンブレンド）と図7.15の上部花崗岩類に入る花崗岩1試料についてU-Pbジルコン年代を測定した．その結果，グラニュライトは60〜50 Maに明瞭なピークをもつコアがあるもののリムは19.3 ± 0.3 Maであり，この年代値は角閃岩の18.7 ± 0.5 Maとほぼ一致している．含ざくろ石トーナル岩は古い年代値を示すコアをもつがリムは18.8 ± 0.3 Ma，はんれい岩は18.5 ± 0.3 Maである．以上のデータからグラニュライトあるいは含ざくろ石トーナル岩のコアに見られる50 Maを超える古い年代値はプロトリス（protolith）における出来事を示す年代値であり，ミグマタイト形成を起こしたのは前期中新世であると彼らは解釈

している．Kemp ほかは以上と全く異なる年代値（37.5±0.3 Ma）を含角閃石トーナル岩と花崗岩のジルコンから報告している．このジルコンの特異な点は古い年代をもつコア，あるいは前期中新世のような若いリムをもっていないことである．これらのデータから，彼らは日高変成帯に後期始新世に島弧火成活動が広域にわたってあった可能性を指摘している．

　上述したように日高帯には日高変成帯を含め 40 Ma を超える K-Ar ホルンブレンドあるいは黒雲母年代，Rb-Sr 黒雲母年代をもつ花崗岩体が分布している．それらについては各年代測定法の閉鎖温度を考慮すると，形成年代として 45 Ma より古いことが予想される．これらの形成年代がいつまでさかのぼるのか，閉鎖温度の高い Rb-Sr 全岩アイソクロン，U-Pb ジルコンあるいはモナズ石を用いた年代測定が望まれる．また前期中新世においても火成活動が行われたが，これについては Rb-Sr 全岩アイソクロン年代（Shibata・Ishihara, 1979a），Sm-Nd 全岩―鉱物アイソクロン年代，U-Pb ジルコン年代の結果による．しかしながらミグマタイト形成期，すなわち日高変成作用の時期がこのいずれになるのか研究者間で統一した見解はまだ得られていない．今後の研究課題である．

7.7.B　火成岩類の起源物質
7.7.B-a　琉球弧
　琉球弧には 110 Ma から以降活動した火成岩体が分布していることは §7.6.A-a ですでに述べた．これらの火成岩体の SrI 値は，新城ほか（1990），加藤ほか（1992），Kawano・Kagami（1993），川野ほか（1997）などにより報告されている．川野（2007）はこれらの SrI 値をまとめ（図 7.16），マグマの起源となった物質について論じている．なお，この図の SrI 値は Rb-Sr 全岩アイソクロン年代が得られている岩体の試料については，その年代値を用いて算出している．琉球弧の多くの岩体から報告されている年代値は，図 7.13 に示したように K-Ar 黒雲母年代，FT ジルコン年代のように閉鎖温度が低い年代測定法による．この場合，閉鎖温度の低い系による年代は岩体形成時を示していないので，形成時の見積もりが必要である．本州弧の後期白亜紀～古第三紀岩体についてみると，Rb-Sr 全岩アイソクロン年代と K-Ar 黒雲母年代では 4～9 Ma（Shibata・Ishihara, 1979a）あるいは 5 Ma（Kagami ほか，

1988）の差があり，前者のほうが古い．琉球弧の岩体は小さいため両年代値の差がはっきりしないが，川野（2007）はK-Ar黒雲母年代，FTジルコン年代

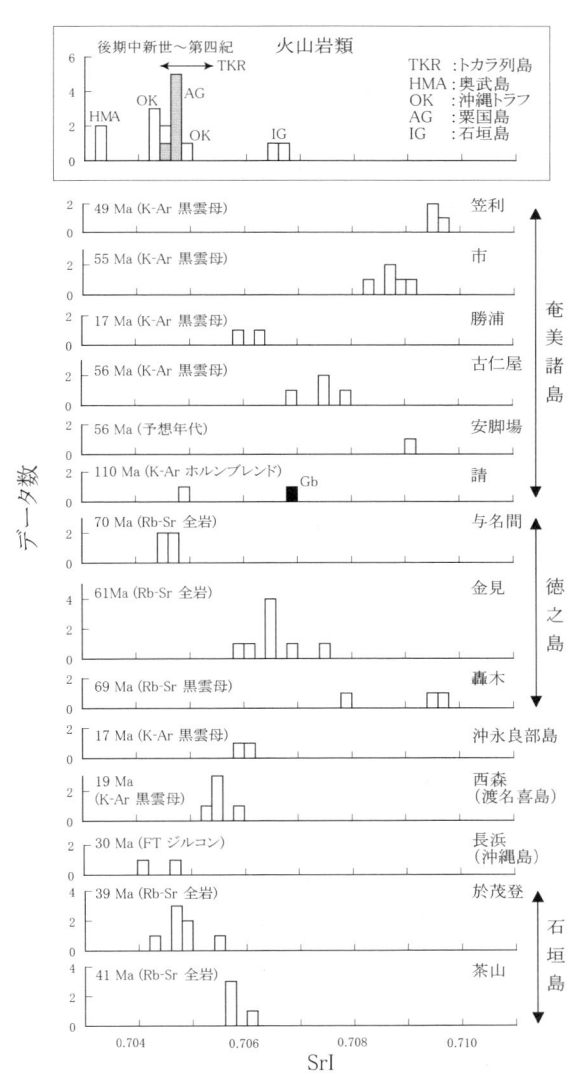

図7.16 琉球弧の白亜紀・新生代火成岩類のSrI値の頻度分布（川野，2007）
HMA；高マグネシア安山岩, Gb；はんれい岩, Rb-Sr全岩；Rb-Sr全岩アイソクロン年代．

に 5 Ma を加え SrI 値を算出している．

図 7.16 では岩体を東（九州側）から西（台湾側）に順に並べ，それらの岩体から得られた SrI 値を示している．この図から奥武島の高マグネシア安山岩（high magnesian andesite）（新第三紀末）の 0.7033 を除くと，SrI 値の最も低い火成岩類は 0.704 ～ 0.705 の値をもっている．この値は沖縄トラフあるいは粟国島の火山岩類にも見られ，これらの火山岩類をつくったマグマは島弧的なマントルを起源としている（新庄ほか，1990；Honma ほか，1991）．同様な SrI 値をもつ火成岩体が徳之島，沖縄島，石垣島にも見られることから，琉球弧下には島弧的な特徴をもつマントルが広く分布していたと推定される（川野，2007）．以上の低い SrI 値に対して高い値は 0.710 である．川野は 0.704 ～ 0.705 より高い SrI 値をもつ岩体について，マグマが母岩の堆積岩（西南日本外帯の四万十累層に相当）を混入した結果と説明している．図 7.16 を改めて見ると，SrI 値が 0.706 付近の勝浦岩体と茶山岩体，あるいはこの値を最高値とする西森岩体と於茂登岩体，最小値とする金見岩体などがある．このようなことから，0.706 前後の Sr 同位体比の値をもつ起源物質が存在する可能性もあるので，Nd 同位体比などを加え検討が必要である．

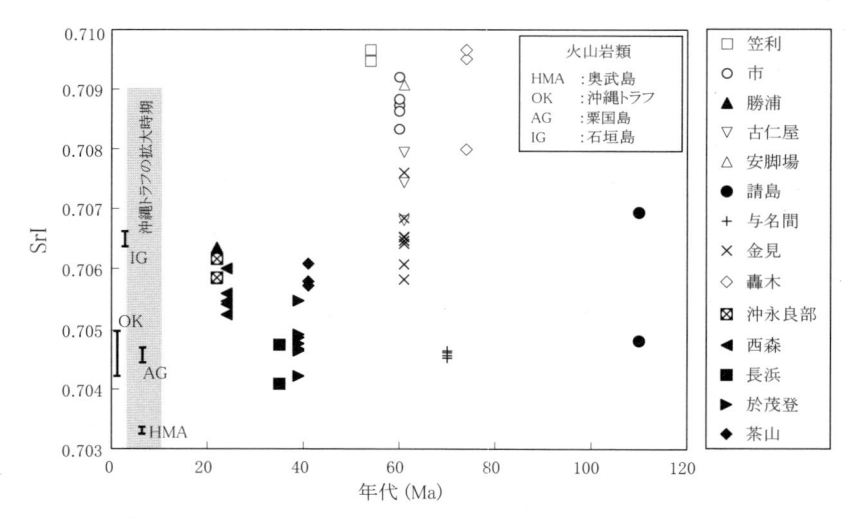

図7.17 琉球弧の白亜紀・新生代火成岩類の SrI 値と活動年代の関係（川野，2007）
HMA：高マグネシア安山岩．

7.7 白亜紀～古第三紀火成岩　173

次に琉球弧の火成岩体の川野（2007）によるSrI値と年代との関係を図7.17に示した．この図からSrI値は時代とともに変化していることがわかる．すなわち，高いSrI値をもつ岩体は奄美大島，徳之島に見られ，それらの形成年代は75～55 Maに限られている．40 Ma前後に形成された長浜岩体，於茂登岩体は0.704～0.705の低いSrI値をもつ．20 Ma前後に形成された岩体ではふたたび0.705～0.706高くなり，沖縄トラフ形成時以降の火山岩類の多くは0.704～0.705となる．110 Ma以降約9千万年間にわたり火成活動が見られるのは，琉球弧の中央に位置する奄美大島諸島，徳之島付近に限られている（図7.13参照）．琉球弧中央部が長期間にわたり火成活動の不動点となっている意味を明らかにし，そこに分布する火成岩を詳しく研究することによってSrI値の変化を説明できるようになるかもしれない．

7.7.B-b　本州弧

7.7.B-b-1　Sr，Nd同位体比による分帯

Kagamiほか（1992）は北九州，瀬戸内～中国地域に産する白亜紀～古第三紀火成岩類のSr，Ndおよび酸素同位体比の特徴から，この地域を**北九州帯**（Northern Kyushu zone），**北帯**（North zone），**漸移帯**（Transitional zone），**南帯**（South zone）に分けた．漸移帯は北帯，南帯および両帯の中間の同位体比をもつ火成岩類が混在し分布する地域で，地理的には北帯と南帯の中間に位置する．分帯の基となったSr，Nd同位体の関係を図7.18として示したが，この図には§7.3.Bと7.4.Bで紹介した隠岐島後の上部マントル，下部地殻起源捕獲岩と，鷲の山（香川県）の下部地殻源捕獲岩の85 Maの年代を用いた補正値もあわせプロットした．この図から北帯の火成岩類と隠岐島後の捕獲岩の領域が重なり，一方，南帯の領域には鷲の山の捕獲岩がプロットされている．これらの密接な関係は火成岩類の成因を考えるうえで重要な1つの情報である．これらについては§7.7.B-b-2で改めてふれる．

Kagamiほか（1992）以降Sr，Nd両同位体のデータが増えるにつれ，北九州帯は北帯から区別することが難しくなり北帯に吸収されることになった．また2つあった漸移帯の東の領域，すなわち兵庫県西部を主とする部分は縮小され，北部にわずかに残るのみとなった．さらに近畿地方以東の地域からのデータが増えるにつれ，この地域の検討も可能となった．

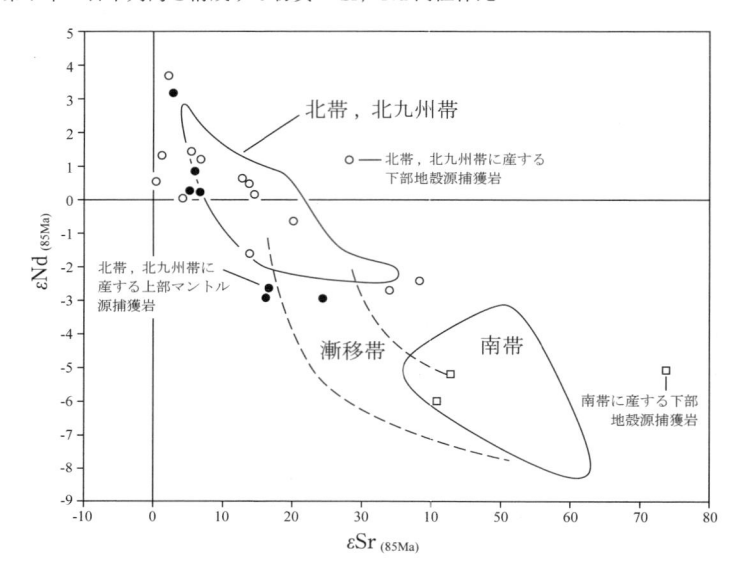

図7.18 西南日本弧の北九州，中国地方と瀬戸内海地域に活動した後期白亜紀～古第三紀火成岩の εNdI 値，εSrI 値の関係

Kagamiほか（1992）による各帯の分布域のみ示した．北帯・北九州・南帯の上部マントル源捕獲岩（●）・下部地殻源捕獲岩（○，□）の εNd 値と εSr 値はKagamiほか（1986，1993）のデータを使い85 Maで計算した．

加々美ほか（2000）は近畿地方から西南北海道までに分布する火成岩類のSr，Nd同位体比の検討を新たに行った．その結果，近畿地方から阿武隈帯まで，北九州，瀬戸内～中国地域と同様な分帯が使えることが明らかとなった（図7.19）．なお，加々美ほかが分帯の検討を行った時には秋田県周辺の火成岩類のNd同位体データの報告はなかった．そのためSr同位体データから判断し，この地域は北帯に属するとした．その後，佐藤ほか（2008）はこの地域の花崗岩類のNd同位体比を測定し，北帯に属することを改めて明らかにした．一方，北上山地を中心とする地域と佐渡島～新潟県北部の火成岩類は，以上の地域とは異なるSr，Nd同位体的特徴を有することが明らかとなり，**北上帯**（Kitakami zone）と**佐渡帯**（Sado zone）が新たに設けられた．このうち北上帯は，いわゆるマントル列のプラス εNd 値側に沿う領域をもつことが土谷ほか（2000），Tsuchiyaほか（2005，2007）などの一連の研究により明らかにされた（図7.20E，詳しくは図7.24参照）．西南日本弧および東北日本弧足尾

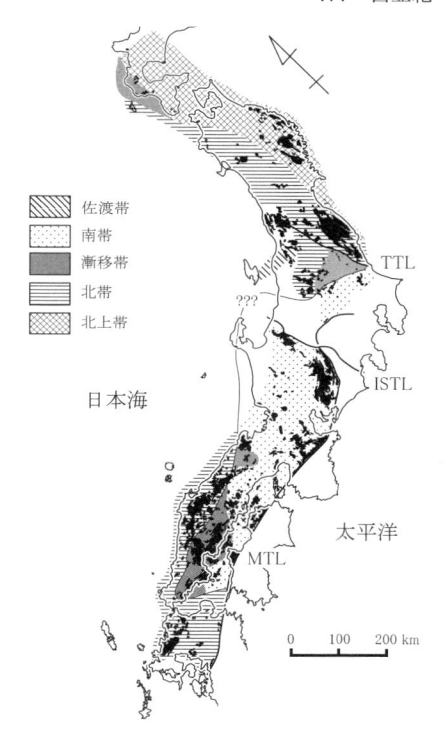

7.7 白亜紀〜古第三紀火成岩

図7.19 本州弧の後期白亜紀〜古第三紀火成岩の εNdI 値，εSrI 値による分帯（加々美ほか，2000）

TTL；Tanakura Tectonic Line（棚倉構造線），ISTL；Itoigawa-Shizuoka Tectonic Line（糸魚川-静岡構造線），MTL；Median Tectonic Line（中央構造線）．

帯の八溝山地には小規模のアダカイト質花崗岩体がわずかに散在しているが，北上帯にはこの種の岩石からなる花崗岩体が広く分布し（Tsuchiya・Kanisawa，1994），ほかの地域とは明らかに異なっている．この違いが Sr，Nd 同位体組成の違いとなって表れている．なお，アダカイト質岩一般の成因と地質学的意義については土谷（2008）による詳しい解説がある．北上帯の中でも北上山地には火成岩類が広く分布しているが，それらの活動時期と分布は次のとおりである．

　北上山地の深成岩類の活動時期は 125〜108 Ma である．また岩脈類は深成岩類よりやや早期の 134〜117 Ma に活動している．深成岩体の多くは累帯構造をもち，中心部はアダカイト質花崗岩，周縁部はアダカイト質花崗岩〜カル

176 第7章 日本列島を構成する物質の Sr, Nd 同位体比

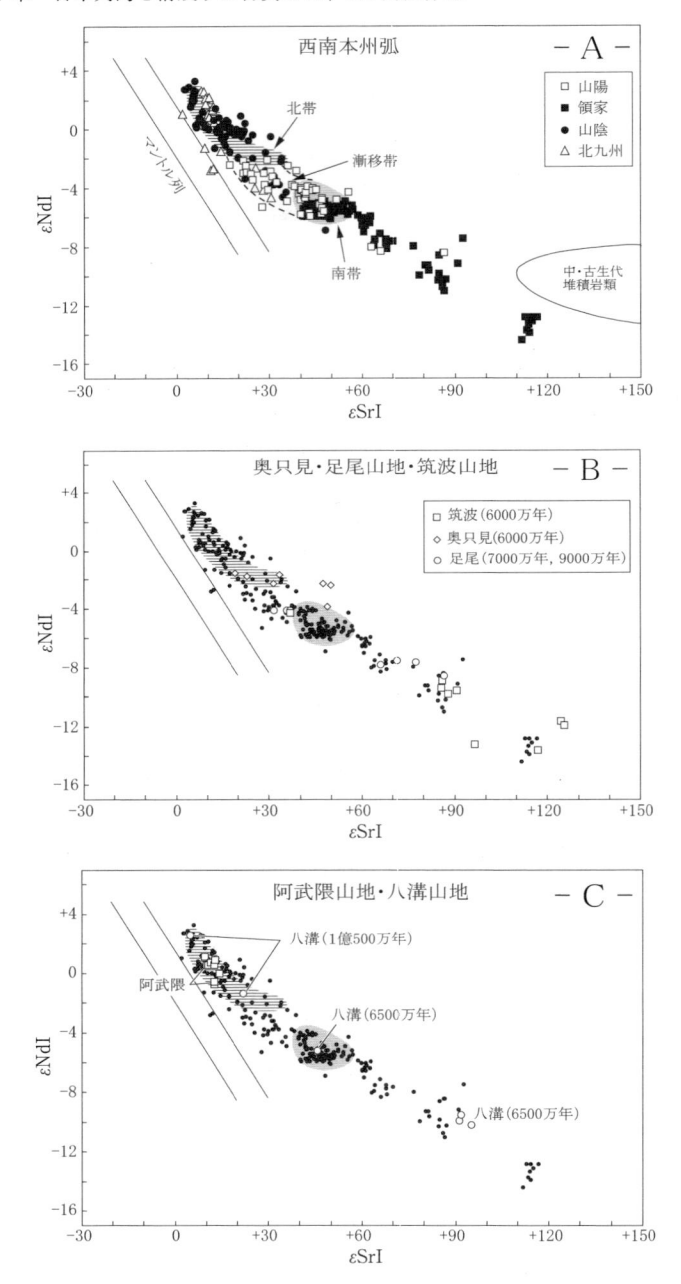

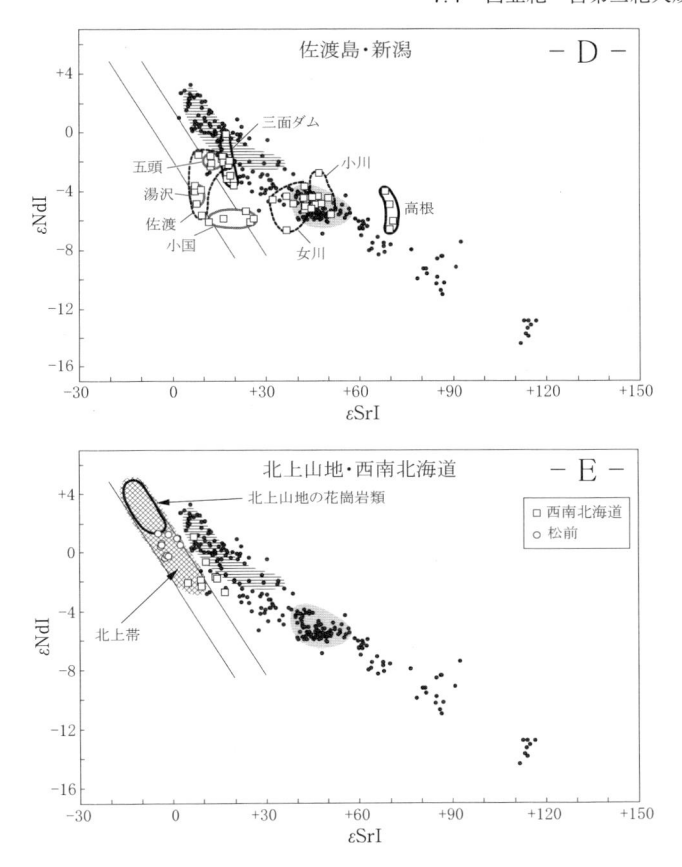

図7.20 本州弧の後期白亜紀～古第三紀火成岩の εNdI 値，εSrI 値の関係
（加々美ほか，2000）
北上山地に分布するアダカイト質花崗岩の正確な値は図7.24参照.

クアルカリ質花崗岩からなる．このほかにカルクアルカリ質花崗岩～ショショナイト（shoshonite）質の苦鉄質岩からなる小規模岩体が散在している．火山岩類は深成岩類と同時期かあるいは後に（121～93？Ma）活動したと考えられ，その分布域は北方ではアダカイト質花崗岩体の東側に，南方ではその帯状配列の西側に広く分布する傾向にある．岩脈は北上山地全域，特に南部に多く産し，その岩石学的特徴もさまざまで大きく7つのタイプに分類される．これらの中には低Y濃度，高Sr濃度のアダカイト質特徴をもつ高マグネシア安山

岩質岩脈も含まれている（Tsuchiya ほか, 2005）.

次に新たに設けられた佐渡帯の Sr, Nd 同位体的特徴について説明する. 新潟県北部（羽越地域）から佐渡付近には, εSrI 値が $0 \sim +10$, εNdI 値が $-5 \sim -6$ 付近, すなわちマントル列より左側に入る火成岩類が分布している（Rezanov ほか, 1999；Kagashima, 2001）. またこの地域には, この値と北帯の領域, あるいはこの値と南帯の領域を結ぶ線（帯）上にプロットされる火成岩類も分布している（図 7.20D）. このような SrI 値, NdI 値をもつ火成岩類は北帯, 南帯, 北上帯にも見られない. 図 7.19 ではその範囲は狭いが, 今後, 佐渡〜新潟県北部地域あるいは日本海盆の同位体的データが増えるにつれ広がる可能性がある. なお, 佐渡帯とした地域付近には日本国-三面マイロナイト帯があり, また領家帯と同じ変成作用経路をもつ変成岩が分布し, さらにイルメナイト系列に分類される白亜紀花崗岩が分布するなど領家帯と類似した特徴もそなえており, 地質学的に複雑である（志村ほか, 2005）. この複雑さは上述の Sr, Nd 同位体組成にも現れ, 特異な同位体比以外にも北帯あるいは南帯の特徴をもつ火成岩類が混在し分布している.

漸移帯は中国地方において北帯と南帯が接するところに存在することはすでに述べた. その後, 西南北海道まで Sr, Nd 同位体データが増えると, この漸移帯は東北日本弧の北帯と南帯が接する栃木県周辺, 北帯と北上帯の接する渡島半島の日本海沿いの地域にも見られることが明らかとなった（図 7.19）. このことからわかるように, 漸移帯は異なる帯が接する場所に必ず存在するわけではない. 岡山県北部では北帯と南帯が, また東北地方では北帯と北上帯が漸移帯無しで接している. 次に Sr, Nd 同位体的特徴の地域差の原因について述べる.

7.7.B-b-2　分帯を引き起こした原因

本州弧の火成岩類の Sr, Nd 同位体的特徴の地域差は,（1）上部地殻物質を構成する堆積岩の混入量の違い（Shibata・Ishihara, 1979b）,（2）上部マントル〜下部地殻の同位体的違い（Terakado・Nakamura, 1984；Kagami ほか, 1992）,（3）沈み込む海洋地殻由来の流体相の寄与の程度の違い（Takagi, 2004）と大きく 3 つの考えによって説明されている.

Kagami ほか（1992）は（1）説の可能性について Takagi ほか（1989）の論

文を引用し論じている．Takagi ほかは上部マントル～下部地殻由来の Sr 同位体比，0.7052 のマグマに堆積岩が混入し，0.7078 の Sr 同位体比をもつ花崗岩となるための混入率を，DePaolo（1981b）による AFC モデルを使い算出している．前者の同位体比は北帯の花崗岩体の代表的な値であり，一方後者は南帯の花崗岩体の代表的な値である．その結果を見ると 0.7052 の Sr 同位体比をもつマグマに 40 ～ 45 ％の堆積岩を混入すると 0.7078 のマグマとなる．Kagami ほか（1992）はこの研究を引用し，北帯と南帯から報告された花崗岩の化学組成の違いを検討している．堆積岩は Na_2O，K_2O 濃度が高く，CaO 濃度が低いという特徴をもっている．したがって，もし 40 ～ 45 ％の堆積岩を混入すると北帯と南帯の花崗岩にこれらの元素に差が生じるはずであるが，実際には差がほとんど見られない．それよりもむしろ花崗岩と堆積岩間に差がない TiO_2，FeO（Fe_2O_3 を含む），MgO 濃度に差が見られる．このような検討結果から Kagami ほかは，北帯と南帯の花崗岩の Sr 同位体比の違いを堆積岩の混入の有無あるいは差で説明する（1）説の可能性は低いとしている．さらに最近の研究から，マグマの生成から岩体形成まで短期間で終息する可能性が強いこと（§7.1 参照），マグマが固体の地殻物質を多量に混入することは難しいこと（Glazner, 2007）などを考えあわせると，堆積岩の多量の混入というモデルの可能性は低いものと考えられる．

また，（3）説の沈み込む海洋地殻に由来する流体相の影響の差について加々美（2005）は，影響が見られるならば北帯と南帯の花崗岩の間にアルカリ金属の濃度差が生じるはずであるが（1）説で論じたように差が見られない，また影響が見られるならば北帯と南帯間の Sr 同位体比は漸移するはずであるが，不連続に変わる箇所が多い（図 7.19）など，いくつかの疑問点をあげ（3）説に反論している．以上のようにして北帯と南帯の花崗岩の Sr 同位体比の差は，それらの起源物質である上部マントル～下部地殻の同位体的差を反映しているとする（2）説の可能性が強いが，しかしこの説についても以下の点で検討が必要である．すなわち両帯のうち，特に南帯の現在の下部地殻はたいへん薄く（爆波地震動研究グループ，1980；Hashizume ほか，1981；瀬戸・溝上，1983），これが膨大な分布域をもつ後期白亜紀～古第三紀火成岩の主要な起源物質あるいはマグマ生成後の**レスタイト**（溶融残渣ともいう，restite）そのま

まとは考えにくい．(2) 説の場合，後期白亜紀～古第三紀以降現在までの間に剥離などで下部地殻の一部が欠損し，マントル中に消滅した可能性について今後の詳しい研究が必要となるだろう．

新たに設けた北上帯の北上山地に分布する火成岩類の成因について，Tsuchiya ほか (2005) などの一連の研究によると次のように考えられる．アダカイト質特徴をもつ岩脈をつくったマグマは，沈み込む海洋地殻の部分溶融によって主に形成されたものと考えられ，それに加え沈み込んだ堆積物の混入，マグマ上昇過程でのマントル～下部地殻との反応が見られることもある．また，ショショナイト質苦鉄質岩については上部マントル起源のマグマから形成されたと考えられるが，沈み込んだ海洋地殻の溶融も関与していた可能性もある．アダカイト質花崗岩の分布が北上帯（北上山地）を特徴づけているが，この岩石について Tsuchiya ほか (2007) の最近の研究を紹介する．

北上山脈の花崗岩体の多くは中心部をアダカイト質花崗岩，周縁部をアダカイト質～カルクアルカリ質花崗岩から構成される累帯深成岩体である．これらの岩体の一部は北東側のジュラ紀付加体（E 帯）に分布し，また一部は西側の衝突した「南部北上古陸」と呼称されているマイクロ大陸塊（micro-continental block）（W 帯）に分布している（図 7.21）．この分布域の違いにより花崗岩の化学組成と Sr, Nd 同位体組成に違いがみられる．

最初に中心部を構成するアダカイト質花崗岩についてみると，Sr/Y-Y 関係図（Defant・Drummond, 1990）において同じ Y 濃度のところで比較すると W 帯のほうが E 帯より Sr/Y 比が低い値をもつ（図 7.22）．また $Mg/(Mg+Fe)-SiO_2$ 関係図，MgO（重量％）－SiO_2 関係図において W 帯のほうが E 帯より高 $Mg/(Mg+Fe)$ 比，MgO 濃度をもっている．また，REE のパターン，スパイダー図では W 帯，E 帯の差はなく始生累代の TTG (tonalite, trondhjemite, granodiorite) と似ている（図 7.23）．また $\varepsilon Nd I$ 値－$\varepsilon Sr I$ 値の関係で見ると，E 帯がほぼマントル列上に εNd 値として $+4.5 \sim +1.0$ の範囲にプロットされているのに対して，W 帯のものはそれより若干右方向の $+4.5 \sim +2.5$ の範囲にプロットされる（図 7.24）．したがって両帯の領域は若干ずれており，W 帯のほうが高 εNd 値側の狭い範囲に集中している．しかし，いずれの帯の εNd 値も DM (depleted mantle) より明らかに低い．

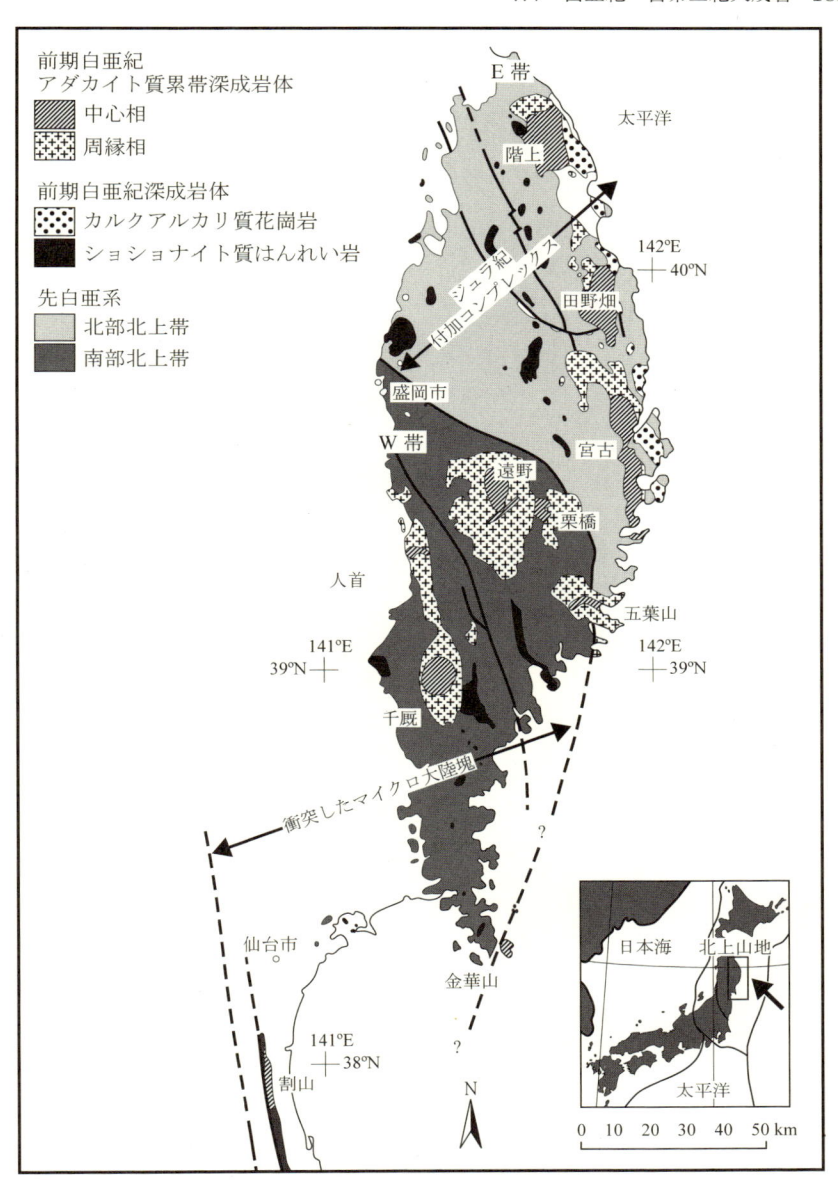

図7.21 北上山地に分布する白亜紀火成岩類の分布（Tsuchiyaほか，2007）

182　第7章　日本列島を構成する物質の Sr, Nd 同位体比

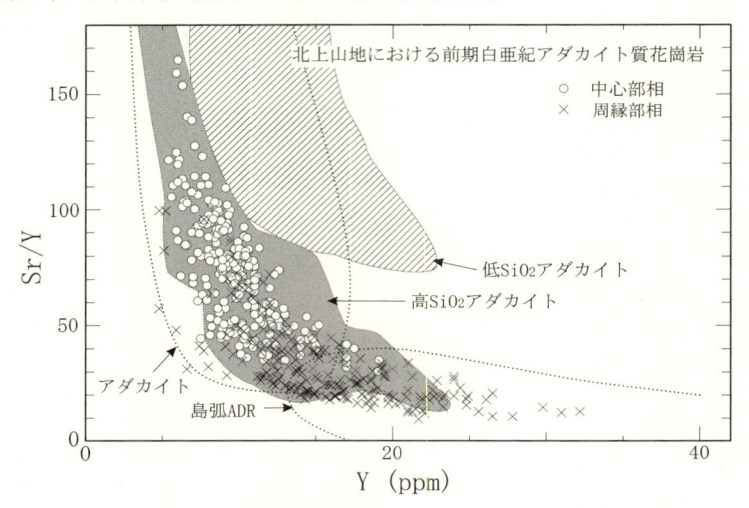

図7.22 Sr/Y-Y 図（土谷，2008）

アダカイト，島弧 ADR（安山岩-デイサイト-流紋岩）；Defant・Drummond（1990），低，高 SiO_2 アダカイト；Martin ほか（2005）.

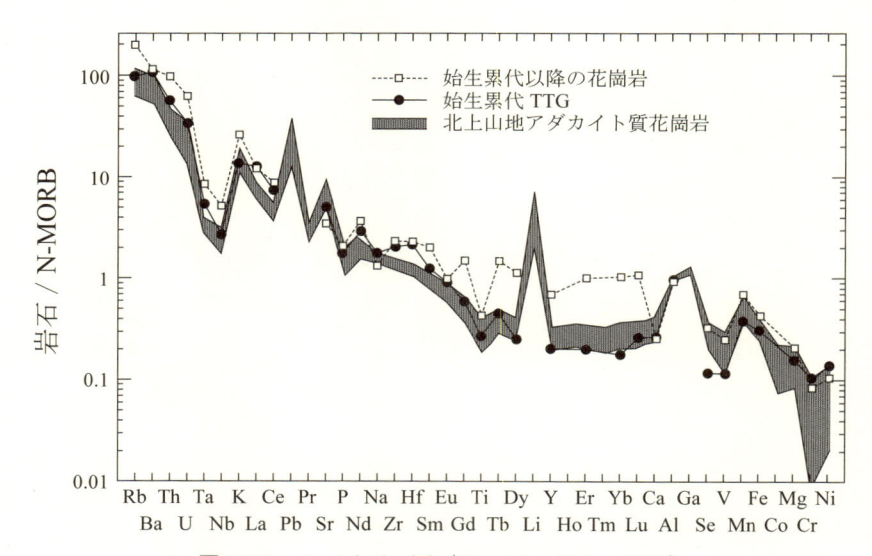

図7.23 スパイダー図（Tsuchiya ほか，2007）

N-MORB の元素の濃度と並び順は Pearce・Parkinson（1993）による．始生累代 TTG と始生累代以降の花崗岩は Martin（1995）による．

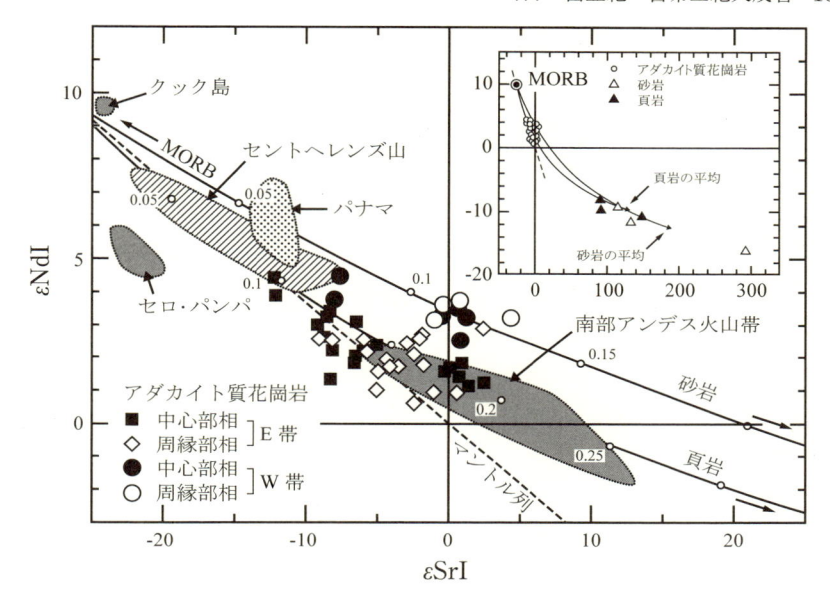

図7.24 北上山地のアダカイト質花崗岩の εNdI 値，εSrI 値の関係（土谷，2008）
北上山地アダカイト質花崗岩のデータは Tsuchiya ほか（2007）による．§7.7.B-b-1 で述べた岩脈類の εNdI 値は+2～+5 で，花崗岩の εNd 値の高い領域とほぼ重なる（土谷ほか，2000；Tsuchiya ほか，2005）．図中に示したアダカイト質のデータの出典は次のとおりである．セントヘレンズ山；Halliday ほか（1983），パナマ；Defant ほか（1991，1992），クック島，セロ・パンパ，南部アンデス火山帯；Futa・Stern（1983），Kay ほか（1993），Stern・Kilian（1996）．

周縁部の花崗岩類は Sr/Y-Y 関係図において Defant・Drummond（1990）によるアダカイト・始生累代 TTG から島弧の安山岩・デイサイト・流紋岩の領域にわたってプロットされる．このようなことから，周縁部はアダカイト質花崗岩～カルクアルカリ花崗岩からなると考えられる．REE パターンは W 帯，E 帯の差が見られず，MREE と HREE 側で中心部より高濃度となっている．Eu ではごく弱い負の異常が見られる．またスパイダー図でも W 帯，E 帯の差はなく，中心部と明らかに異なるパターンを示し，周縁部が始生累代の TTG のパターンと一致していないことを示している．εNdI 値-εSrI 値関係図で見ると，各岩体の中心部（アダカイト質花崗岩）と周縁部は比較的近い位置にあり，両者の成因が密接な関係にあることを示唆している．しかし，中心部と周縁部の εNdI 値-εSrI 値の関係図における両者の占める位置はさまざまで一概にいえない．これらのデータを総合し Tsuchiya ほか（2007）は次のような結

論を得ている.

　周縁部を構成するアダカイト質～カルクアルカリ質花崗岩は，沈み込む海洋地殻の溶融によって形成されたマグマがマントルと下部地殻の中を上昇する過程で周辺の物質と反応を起こし，その反応程度に応じてアダカイト質花崗岩からカルクアルカリ質花崗岩を形成した.一方，中心部を構成するアダカイト質花崗岩は沈み込む海洋地殻の溶融によって形成されたマグマがマントル上昇中に，それらと反応し MgO 濃度が高くなった.E 帯と W 帯の中心部の化学的特徴の違いはマントル構造の違いなどが反映しているものと考えられる.

　以上述べたアダカイト質火成岩は北上帯以外にも九州（Kamei, 2004），近畿地方（貴治ほか，2000；村田ほか，2000），中部地方領家帯（柚原・加々美，1998；Yuhara ほか，2003），足尾帯八溝山地（Takahashi ほか，2005）にわずかに分布しており，沈み込む海洋地殻源とする考えが多い.そのなかで八溝山地のアダカイト質花崗岩を研究した Takahashi ほかは，メタソマティズム（metasomatism）を受けたマントルウェッジ（mantle wedge）の部分溶融によって生じた島弧玄武岩マグマからの分別結晶作用（fractional crystallization）生成物であることを主張している.

　本州弧の 4 つの帯のうち北帯，南帯，北上帯の 3 つの帯についてはすでに述べた.残る 1 つは佐渡帯である.この帯は上述したように εSrI 値が $0 \sim +10$，εNdI 値が $-5 \sim -6$ 付近，すなわちマントル列より左側に入る花崗岩が分布することによって特徴づけられる.また佐渡帯の中には，この値と北帯，この値と南帯の領域とを結ぶ線（帯）上にプロットされる花崗岩もいくつか見られる（図 7.20 D）.花崗岩のこのような同位体的な分布を見ると，εSrI 値が $0 \sim +10$，εNdI 値が $-5 \sim -6$ を示す起源物質が存在していることを強く示唆している.しかしながら，この値をもつ後期白亜紀～古第三紀に活動した火成岩類は西南日本弧，東北日本弧にはなく，また時代を古い側あるいは新しい側に広げてみても見つからない.このような異常な同位体比をもつ起源物質については現在のところ全く情報がなく見当がつかない.したがって，佐渡帯の起源物質については簡単に結論がだせないかもしれないが，ここに分布する花崗岩のもつ化学的特徴をまず明らかにする必要があるだろう.なお佐渡帯の花崗岩の Sr, Nd 同位体比は，Faure (2001) のまとめた世界各地のさまざまな時代に

活動した火成岩類のデータを見ると皆無というわけではない．

7.7.B-c　千島弧

　日高変成帯は島弧地殻の最下部地殻を除く部分が露出したものと考えられている．日高変成帯の地質図は図7.15に示した．またそれから予想される地殻断面を図7.25に示した．最下部地殻は地表に露出せず岩石学的研究から予想されたものであるが，地震波による研究から，この部分は東北日本弧と衝突（始新世）した際に剥離しマントル中に落下している（Aritaほか，1998）．図7.25の右側に示したのは北アメリカのスペリアー区（Superior province），ヒューロン湖北方の典型的な大陸地殻断面（Percivalほか，1992）である．日高変成帯と大陸地殻の両断面には地殻の厚さに差が見られるものの，構成する岩石に共通点が見られる．

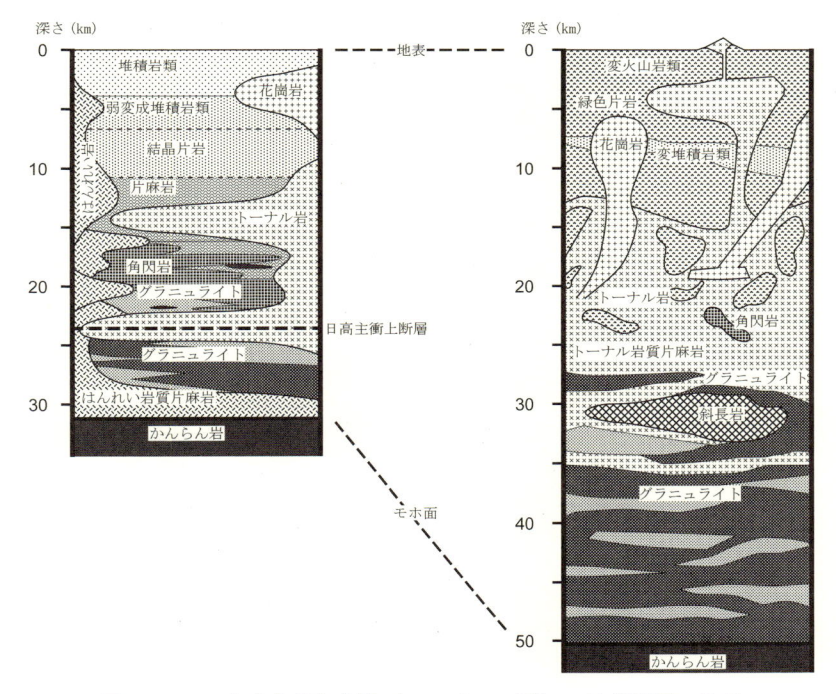

図7.25　日高変成帯と大陸（スペリアー区）の地殻断面の比較
日高変成帯（左）；小松ほか（1986）を改変したShimuraほか（2004），小山内ほか（2006），スペリアー区（右）；Percivalほか（1992）．本図はこの2つの断面図をあわせ示した加々美・志村（2005）を引用．

186　第7章　日本列島を構成する物質のSr, Nd同位体比

　日高変成帯にはんれい岩，苦鉄質変成岩，泥質-砂質変成岩，Sタイプトーナル岩，Ｉタイプトーナル岩とさまざまな岩石が分布しているが，それらの岩石について数多くの研究者がSr, Nd同位体測定を行っている．§7.7. A-cの項で述べたように，日高変成帯の年代論については最近になり相次いでU-Pbジルコン年代が報告され，従来いわれていたRb-Sr全岩アイソクロン法によるミグマタイトの形成時期（54.9±5.5 Ma）に疑問を投げかけている．この

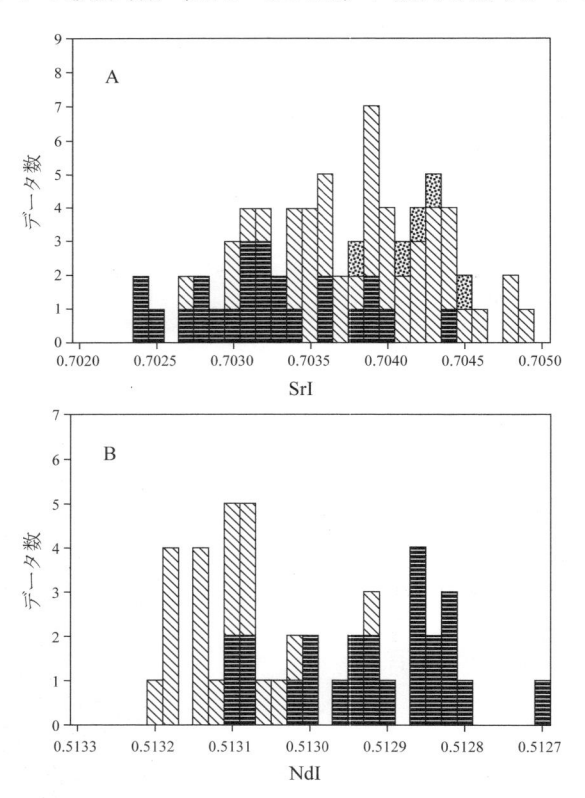

図7.26　日高帯の火成岩のNdI値とSrI値の頻度分布

本図と図7.27のNdI値，SrI値は55 Maを使い算出した．図AのSr同位体比は左側ほど低く，図BのNd同位体比は右ほど低いことに注意．普通，Sr同位体比が低いほどNd同位体比は高くなるが，図AとBを見比べるとそのようになっていない．
A；日高変成帯はんれい岩類（横線）はMaeda・Kagami（1996），日高変成帯・日高帯角閃岩（斜線）とドレライト・玄武岩（点）は川浪ほか（2006）による．日高帯の苦鉄質岩類は77 Maを使い算出した値．
B；日高変成帯はんれい岩類（横線）はMaeda・Kagami（1996），日高変成帯角閃岩（斜線）は川浪ほか（2006）による．

7.7 白亜紀〜古第三紀火成岩

形成年代は，年代論ばかりでなく，SrI 値，NdI 値を使った火成岩の成因論についてもその影響は大きい．特に Rb-Sr 系では珪長質火成岩ほど Rb/Sr 比が高いので，形成年代が前期始新世か前期始新世かによって SrI 値が大きく変わる．一方，Sm-Nd 系では苦鉄質岩ほど Sm/Nd 比が高いので形成年代の違いによる NdI 値の差は大きい．このような点からもミグマタイトの形成年代については，今後早急に解決しなければならない問題である．

この項では 55 Ma の年代値を使って算出した火成岩，変成岩，堆積岩の SrI 値，NdI 値を川浪ほか (2006) がまとめているので図 7.26 A, B として示した．なお，この図には Maeda・Kagami (1996) による日高変成帯のはんれい岩の値も合わせ示した．川浪ほかは日高変成帯のみならず日高帯北部の苦鉄質変成岩（角閃岩），ドレライト (dolerite)，玄武岩についても言及している．日高帯北部の苦鉄質岩類を緑色岩類と一括し以降述べるが，これらの岩類をつくったマグマの活動は前期始新世ではなく白亜紀後半カンパニアン（83.0〜74.0 Ma）と推定されているため，77 Ma を用いて SrI 値が算出されている．日高帯北部の緑色岩類については Sm/Nd 比（^{147}Sm/^{144}Nd 比）が測定されていないので NdI 値が算出されず，そのため図 7.26 B には示されていない．

図 7.26 B から日高変成帯北部〜南部の角閃岩の NdI 値は N-MORB の範囲（0.5130〜0.5133 程度）と一致している．川浪ほかの報告した日高変成帯の角閃岩 20 試料の ^{147}Sm/^{144}Nd 比の平均値は 0.214±0.013（標準偏差値）である．この平均値を使い日高帯北部の緑色岩類の NdI 値（77Ma）を計算すると 0.51289〜0.51305 が得られる．この値の範囲は日高変成帯の角閃岩の集中域の 0.51305〜0.51320 に比べ低い．また，緑色岩類について 55 Ma を使い NdI 値の算出を試みると 0.51292〜0.51309 が得られ，この値の範囲も日高変成帯の角閃岩より低い．地球化学的検討から日高帯北部の緑色岩類は日高変成帯の角閃岩と同様 N-MORB 的特徴をもっているが，^{147}Sm/^{144}Nd 比のみ角閃岩より若干低い可能性も考えられる．しかし，緑色岩類の中には Nd 同位体比が 0.51305 以下の現在値をもついくつかの試料もみられるので，それらのマグマの起源となった物質は日高変成帯の角閃岩をつくったマグマの起源物質と多少異なる低い Nd 同位体的特徴をもつかもしれない．なお，日高変成帯南部地域北部の角閃岩の中にも 0.50305 以下の低い NdI 値がみられるが，これにつ

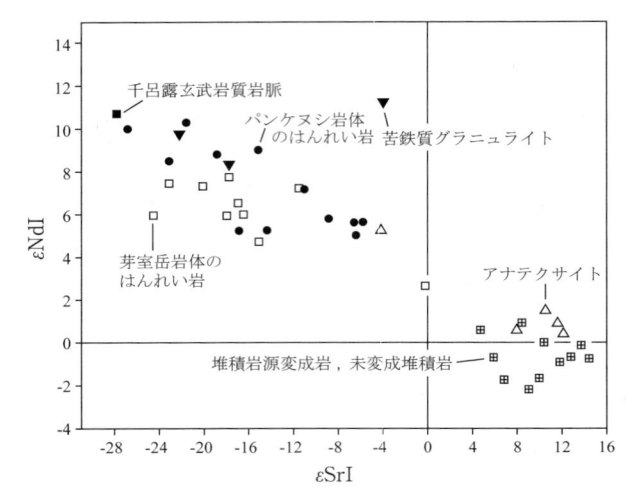

図7.27 日高変成帯を構成する岩石の εNdI 値, εSrI 値の関係 (Maeda・Kagami, 1996)

いて川浪ほか (2006) は起源となったマントル物質の Nd 同位体組成の不均質さによると説明している.

 日高変成帯中～北部にははんれい岩類が広く分布している. これらの岩石についての Sr, Nd 同位体的研究は Maeda・Kagami (1994, 1996) が行っている. 55 Ma を用いて算出した εSrI 値と εNdI 値を図 7.27 に示した. なお, 彼らによるはんれい岩の SrI 値, NdI 値は図 7.26 にも示されている. 図 7.27 からはんれい岩類の最も高い εNd 値は DM と一致し, それより低い側はいわゆるマントル列内とそれより若干右側にプロットされ, その右下方向には日高帯の堆積岩源変成岩およびその溶融生成物であるアナテクサイト (anatexite) がプロットされている. このような方向にプロットされるはんれい岩類が著しい分別作用により形成されたことが明らかにされているので, DM 起源の玄武岩質マグマと堆積岩源変成岩類との単純な混合よりむしろ AFC 過程 (付録 II) により形成されたと考えるほうが適当である. さらに彼らはこのような火成活動は海嶺-海溝の衝突の場で起きたという考えを提案している.

 日高変成帯にIタイプの特徴を有する角閃石トーナル岩体が分布している. この変成帯南東部に分布する一岩体から 51.2±3.6 Ma の Rb-Sr 全岩アイソク

ロン年代と黒雲母，珪長質鉱物を用いて 40.5±0.3 Ma の Rb-Sr アイソクロン年代が報告されている（Owada ほか，1997）．志村（1999）は I タイプトーナル岩と苦鉄質グラニュライトの成因的関係を論じている．そのなかで含輝石 I タイプトーナル岩は最下部を構成していた苦鉄質岩の溶融と結論づけ「露出しなかった最下部地殻」についてもふれている．Shimura ほか（2004）は，苦鉄質変成岩が部分溶融を起こし含輝石 I タイプトーナル岩質マグマを生成した際に残されたレスタイトはざくろ石複輝石グラニュライトで，一方，含輝石 S タイプトーナル岩質マグマのレスタイトはざくろ石-斜方輝石アルミナスグラニュライトで，共に最下部地殻を構成していたと結論づけた．また結論の中で，これらレスタイトとはんれい岩から構成される最下部地殻は，マントル中に落下してしまっているという地震波からの考察（Arita ほか，1998）も引用している．

　S タイプトーナル岩の形成時は未だ決着がついていないが，このトーナル岩が日高変成帯に分布する泥質-砂質岩を起源とすることに関しては岩石学的あるいは地球化学的手法，さらに高温・高圧での溶融実験から導かれた結論である（大和田・小山内，1989；Osanai ほか，1991；Shimura ほか，2004；小山内ほか，2006 など）．両者の Sr 同位体的類似性は Owada ほか（1991），Shimura ほか（2004）などにより指摘されており，先の結論と矛盾しない．また，Sr に Nd 同位体も加え検討すると，図 7.27 から明らかなように両者の領域はほぼ一致しており，両者の間に密接な成因関係があることがわかる（Maeda・Kagami，1996）．

　§7.7. A-c で，はんれい岩〜閃緑岩からなるニオベツ岩体から採取された鉄かんらん石ざくろ石ノーライトの Rb-Sr，Sm-Nd 全岩—鉱物アイソクロン年代がともに 18 Ma 代を示すことを述べた．このニオベツ岩体と同時期に形成された野塚岳地域の黒雲母花崗岩の成因を大和田ほか（2006）が論じている．それによると，εNdI 値-εSrI 値関係図においてこの花崗岩はニオベツ岩体のノーライトと S タイプトーナル岩の間に位置し（図 7.28），3 つの火成岩間の密接な成因関係が予想される．大和田ほかは岩石学的，地球化学的考察も加え，ニオベツ岩体を形成したマグマと S タイプ的特徴をもつマグマとの混合により花崗岩が形成されたと解釈している．なお，S タイプ的なマグマはニオ

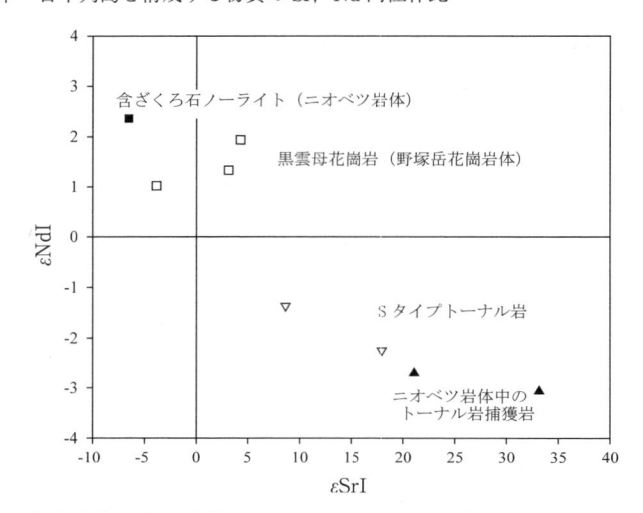

190 第7章 日本列島を構成する物質の Sr, Nd 同位体比

図7.28 日高変成帯南部の前期中新世に活動した野塚岳花崗岩体とニオベツ岩体の εNdI 値, εSrI 値の関係（大和田ほか, 2006）
εNdI 値, εSrI 値は 18 Ma を使い算出した.

ベツ岩体のマグマの貫入が熱源となり, S タイプトーナル岩の部分溶融を起こし生じたものと考えられる.

　以上の前期中新世の一例を除くと, ほかは 55 Ma を使い算出した SrI 値, NdI 値を使った火成岩類の成因である. 将来, 日高帯と日高変成帯に分布する個々の火成岩体の年代値が明らかになった時には, その年代値を用いて SrI 値, NdI 値を算出し改めて成因を論ずることが必要である. また, 日高帯の岩石については緑色岩類を除き Sr, Nd 同位体データがほとんどない. 一方, 日高変成帯の岩石については, Sr 同位体データに比べ Nd 同位体データが少ない. いくつかの元素の同位体を用いることによって, いくつかの可能性のある成因をさらに絞り込むことができる. このような点からも比較的測定が容易な Nd 同位体データを充実させてほしい.

7.8　東北日本弧, 千鳥弧（北部北海道）の新第三紀〜第四紀火山岩
7.8.A　東北日本の第三紀火山活動

　東北日本弧では, 火山活動が漸新世以降現在まで, ほぼ継続して起こっている. 漸新世以降（約 34 Ma）の火山岩について, K-Ar 法やフィッション・ト

7.8 東北日本弧，千鳥弧（北部北海道）の新第三紀〜第四紀火山岩　191

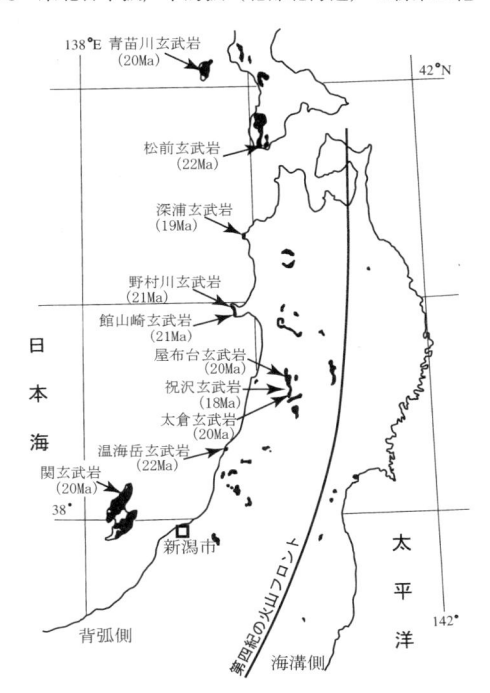

図7.29　東北日本弧の 29 Ma 以前と 25〜18 Ma の火山岩の分布
（Ohki ほか，1993；Sato ほか，2007）

ラック（FT）法でこれまでに測定された放射年代を整理してみると，第三紀に火山活動が活発であった時期は，大きくみて 29 Ma 以前，約 25〜18 Ma，約 16〜13 Ma，約 12〜2 Ma に分けられる．29 Ma 以前と 25〜18 Ma 火山岩の分布を図 7.29，16〜13 Ma 火山岩の分布を図 7.30，12〜2 Ma 火山岩の分布を図 7.31 に示した．

7.8.B　東北日本弧の第三紀玄武岩および珪長質火山岩の Sr, Nd 同位体比

　東北日本弧の第三紀以降の玄武岩の Sr, Nd 同位体比（SrI 値，NdI 値）が，時間とともにどのように変化してきたのかを解明しようとする研究結果が，1980 年代後半以降に相次いで発表されてきた．このような玄武岩にみられる Sr, Nd 同位体比の時間的変化は，日本海拡大に関連したテクトニクス，すなわち，大陸性リソスフェアへのアセノスフェアの貫入で示されるマントルの変動と因果関係があるものと考えられてきた（倉沢・今田，1986；Nohda ほか，

192 第7章 日本列島を構成する物質のSr, Nd同位体比

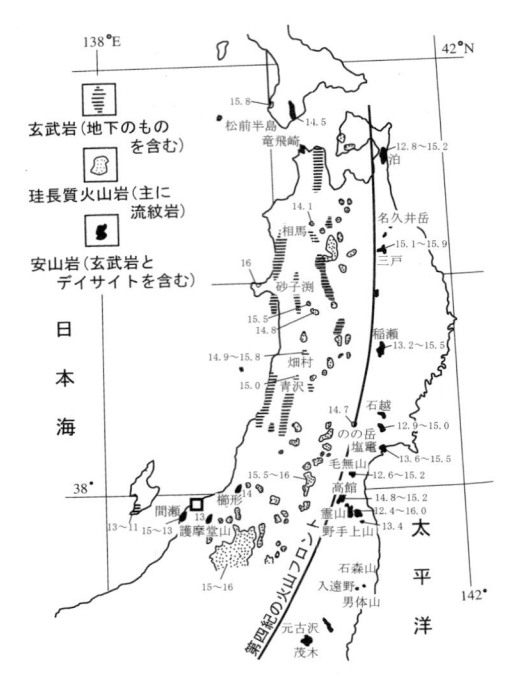

図7.30 東北日本弧の16〜13 Ma火山岩の分布（Ohki ほか，1993）
数字はMa

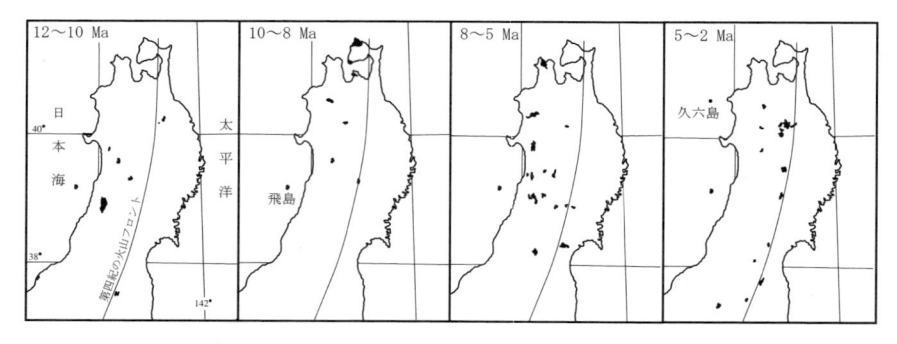

図7.31 東北日本弧の12〜2 Ma火山岩の分布（中嶋ほか，1995）

1988；Tatsumi ほか，1988；Shuto ほか，1993, 2006；Ujike・Tsuchiya, 1993；Ohki ほか，1994；Sato ほか，2007など）．ここでは，そのような視点からの最近の研究結果を，主に Shuto ほか（2006）と Sato ほか（2007）にもとづい

7.8 東北日本弧，千鳥弧（北部北海道）の新第三紀～第四紀火山岩   *193*

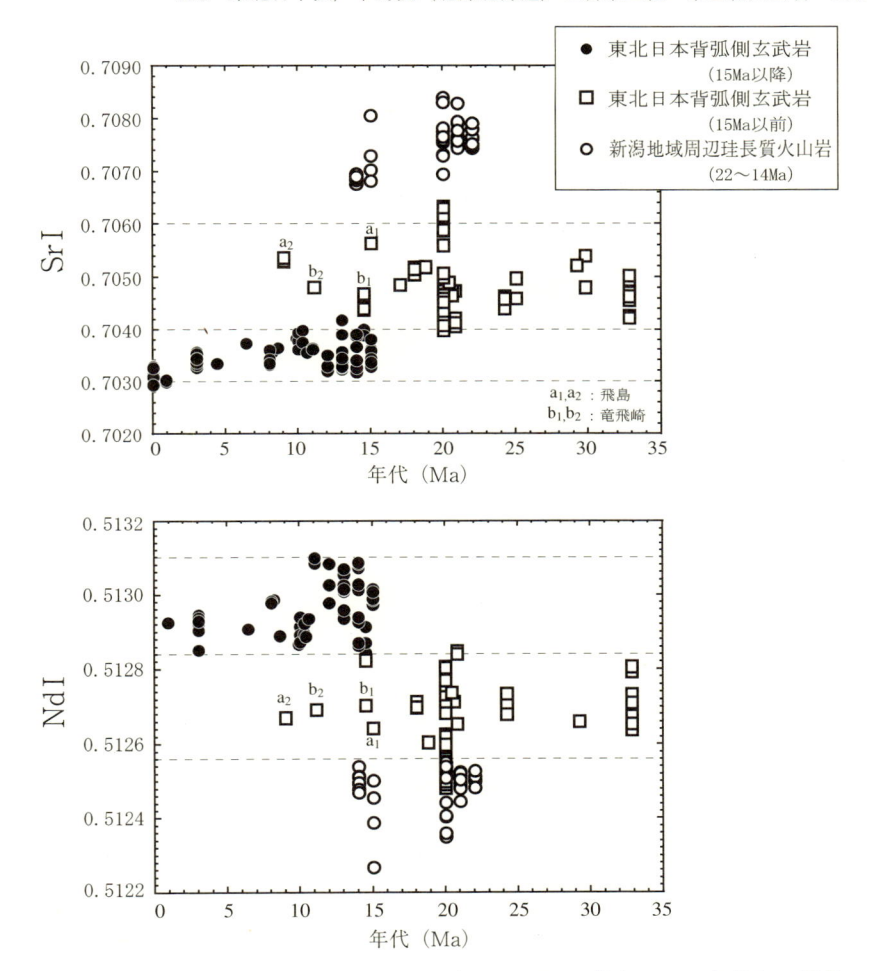

図7.32 東北日本背弧側の火山岩のSrI値およびNdI値とK-Ar年代との関係
黒丸は主に15 Ma以降の玄武岩質岩石．これらは低SrI値と高NdI値で特徴づけられる．白四角は主に15 Ma以前の玄武岩質岩石．これらは高SrI値と低NdI値で特徴づけられる．白丸は珪長質火山岩（流紋岩やデイサイト）．これらは著しく高SrIと低NdI値をもつ．竜飛崎と飛島では15 Ma以降も高SrIと低NdI値をもつ玄武岩を産する．データはShutoほか（2004, 2006），Satoほか（2007）による．

て紹介する．また，これらの玄武岩とほぼ同時期に活動した，流紋岩やデイサイトなどの珪長質火山岩についてのSr・Nd同位体比の研究（Shutoほか，2006）についてもふれる．

7.8.B-a 背弧側の玄武岩の SrI 値・NdI 値の経年変化

図 7.32 は玄武岩の SrI 値，NdI 値と K-Ar 年代値との関係を示したものである．SrI 値と NdI 値は，それぞれ玄武岩の形成時（K-Ar 年代値で示される）の $^{87}Sr/^{86}Sr$ 比と $^{143}Nd/^{144}Nd$ 比を示している．この図に見られるように，背弧側の玄武岩のうち約 15 Ma よりも古い玄武岩の多くは，0.7040 〜 0.7065 の SrI 値と 0.5125 〜 0.5128 の NdI 値をもっている．一方，約 15 Ma よりも若い玄武岩の多くは，古い玄武岩とは対照的に低い SrI 値（0.7030 〜 0.7040）と高い NdI 値（0.5128 〜 0.5131）をもっている．このような玄武岩にみられる SrI 値と NdI 値の**経年変化**（secular variation）は，どのようにして生じたのであろうか．火成岩の SrI 値や NdI 値は，それを形成したマグマが生成してから固結するまでに，二次的作用（たとえば地殻物質の同化作用や海水による変質作用など）による影響を無視できる場合には，マグマ生成時（火成岩形成時）の起源物質（上部マントルのかんらん岩や下部地殻の構成岩）の Sr 同位体比と Nd 同位体比を示しているとみなされる．図 7.32 の玄武岩は二次的作用の影響を受けていない試料とみなされているので（Shuto ほか，1993，2006；Sato ほか，2007），玄武岩の SrI 値と NdI 値の経年変化は，それらの起源物質（上部マントルのかんらん岩）の SrI 値と NdI 値の経年変化を反映しているものと解釈される．

7.8.B-b マントル物質の Sr・Nd 同位体比

起源物質の SrI 値と NdI 値の経年変化がどのようなことに起因しているかについては，1 つの可能性として次のように説明される（Shuto ほか，2006；Sato ほか，2007）．15 Ma 前後における背弧側の玄武岩の SrI 値と NdI 値の急激な変化は，日本海拡大をもたらしたマントルの流動によって，玄武岩質マグマの起源物質の化学組成が変化したことによるものと考えられる．すなわち，日本海拡大の最盛期〜末期に相当すると考えられる中期中新世には，**非枯渇的**（undepleted）な性質（高い Sr 同位体比と低い Nd 同位体比）をもつ背弧側のリソスフェア性マントルへ，**枯渇的**（depleted）な性質（低い Sr 同位体比と高い Nd 同位体比）をもつ，高温のアセノスフェア性マントル物質が，深部から上昇したというモデルが提案された．15 Ma よりも古い玄武岩質マグマは前者のマントル物質から，15 Ma よりも若い玄武岩質マグマは後者のマントル物

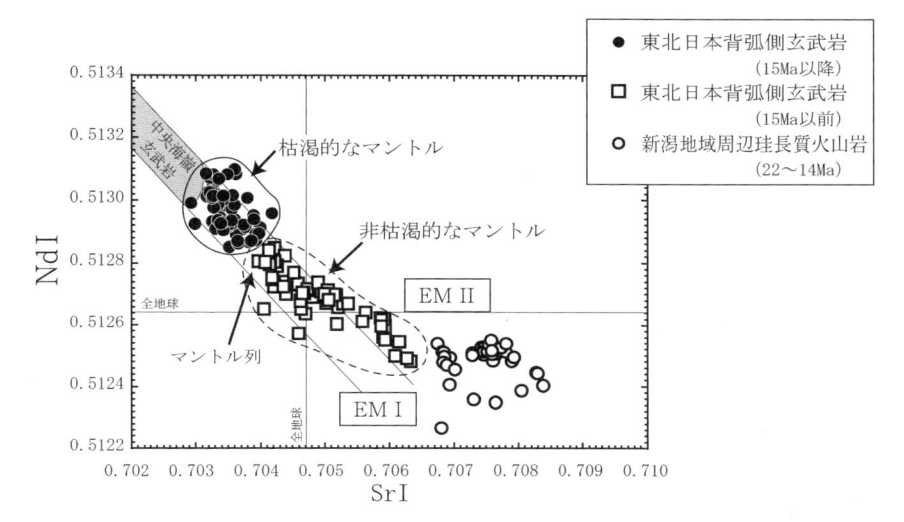

図7.33 東北日本背弧側の玄武岩質岩石と珪長質火山岩のNdI値とSrI値の関係
データと印は図7.30と同一．実線と破線で囲まれた領域は，それぞれ東北日本背弧側下における枯渇的な起源マントルのSr, Nd同位体組成範囲と非枯渇的な起源マントルのSr, Nd同位体組成範囲を示す．全地球の値；O' Nions ほか (1979)，マントル列；Dickin (1995)，肥沃的なマントル EM I, EM II；Faure (2001), Faure・Mensing (2005), 中央海嶺玄武岩；Hawkesworth・Van Calsteren (1984).

質から生成されたというものである．NdI-SrI図において，アセノスフェア性マントル物質はマントル列上のMORBよりも非枯渇的な（**肥沃的な**；enriched）側を占め，リソスフェア性マントル物質は，それよりもさらに肥沃的な側にあるとみなされる（図7.33）．

このような同位体的性質を異にする2種類のマントル物質からの玄武岩質マグマの生成と，日本海拡大にかかわるテクトニクスとの関係を模式的に示したのが図7.34である．図7.34Aは22〜20 Maのマグマ生成モデルを示すもので，東北日本弧はこの時期にはユーラシア大陸縁辺部にあり，その付近のリソスフェア性マントルもかなりの厚さを有している．このモデル図は，日本海拡大が起こる直前において，高温のアセノスフェア性マントル（asthenospheric mantle）の上昇が起こり，これが熱源となってリソスフェア性マントルが溶融し，高SrI値と低NdI値をもつ玄武岩質マグマが背弧側に生成したことを示すものである．図7.34Bは14〜11 Maのマグマ生成モデルを示す．20 Maから15 Maへの時間的変化の中で，アセノスフェア性マントルの上昇を伴い

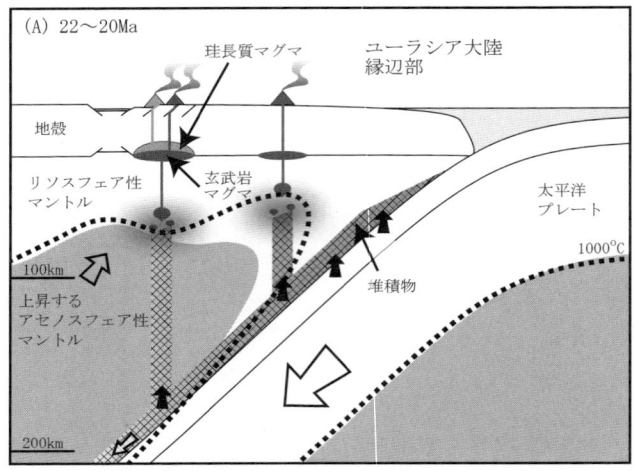

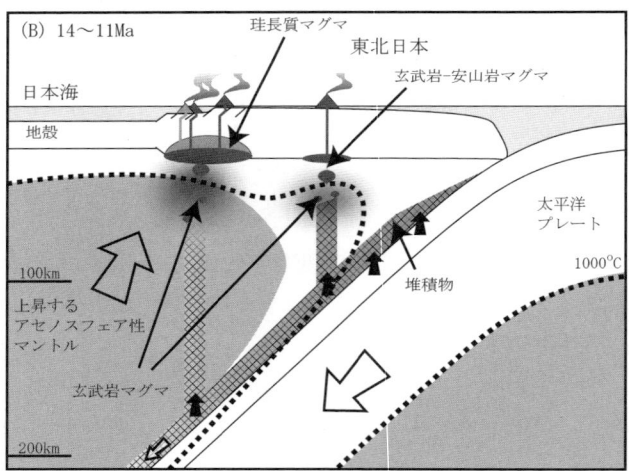

図7.34 東北日本弧背弧側における玄武岩質マグマと珪長質マグマの生成と構造運動との関係を示す模式図（Shuto ほか，2006）

(A) 22〜20 Ma 頃のユーラシア大陸縁辺部における火山活動．高温のアセノスフェア性のマントル物質の上昇により，沈み込んだ太平洋プレートの堆積物による汚染作用を強く受けた，上位のリソスフェア性のマントル物質は部分溶融し，大陸地殻にはリフトが形成された．その結果，リフト帯型の玄武岩質マグマが生成され，それは地表に噴出しただけでなく下部地殻を溶融し珪長質マグマを生成した．

(B) 14〜11 Ma 頃の島弧火山活動．アセノスフェア性のマントル物質の上昇を伴う日本海拡大によってリソスフェアは薄化した．アセノスフェア性のマントル物質の部分溶融によって大量の玄武岩質マグマが生じ，それは地表に噴出しただけでなく，下部地殻を溶融し珪長質マグマを生成した．

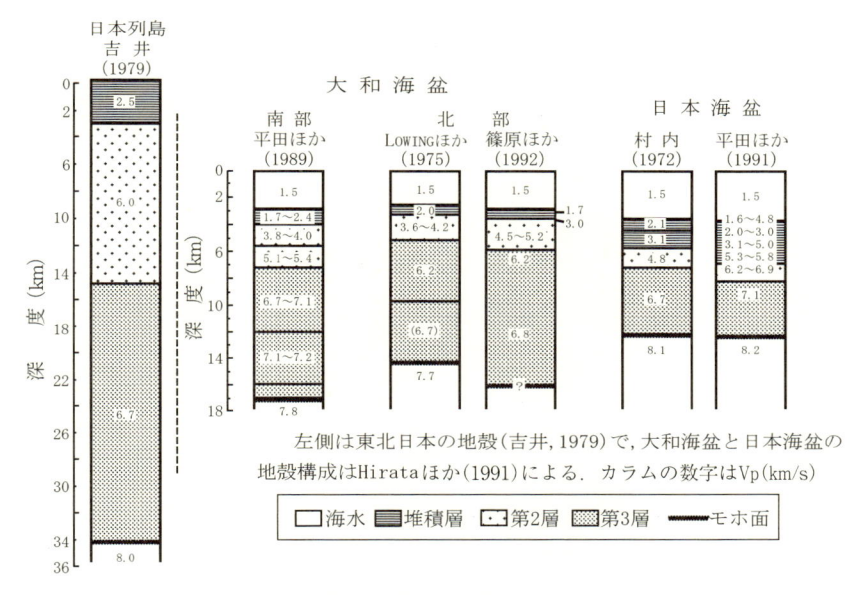

7.8 東北日本弧，千鳥弧（北部北海道）の新第三紀〜第四紀火山岩　197

図7.35 日本海盆と大和海盆の地殻構成（Tamakiほか，1992）

ながら日本海拡大が進行し，東北日本の大陸性地殻とリソスフェア性マントルは伸張・薄化したと考えられる（Tamakiほか，1992）．こうした状況下では，玄武岩質マグマはアセノスフェア性マントルから直接的に生成されるようになり，15 Ma前後には，背弧側の広範囲にわたって低SrI値と高NdI値をもつ玄武岩が形成されたであろう．

日本海の地殻の成因：ここで，日本海の地殻の形成モデルについて説明しておこう．図7.35は日本海の地殻の構成を示したものである．この図にみられるように，北部の日本海盆と南部の大和海盆の地殻には大きな違いがみられる．地殻の厚さや地震波速度の分布からすると，日本海盆の地殻（最上部の堆積層を除いた厚さは6〜6.5 km）は，典型的な海洋地殻に似た特徴をもっているといえよう．一方，大和海盆（堆積層を除いた厚さは10〜13 km）より南西部の海底下には大陸地殻からなる箇所と，海洋地殻よりは厚い玄武岩層から主に構成されている箇所が広がっているとみられる．

このような複雑な地殻の成因については，海洋底拡大説からは次のように説明されている（Tamakiほか，1992）．日本海は中央海嶺型の海底拡大と，大

198　第7章　日本列島を構成する物質のSr, Nd同位体比

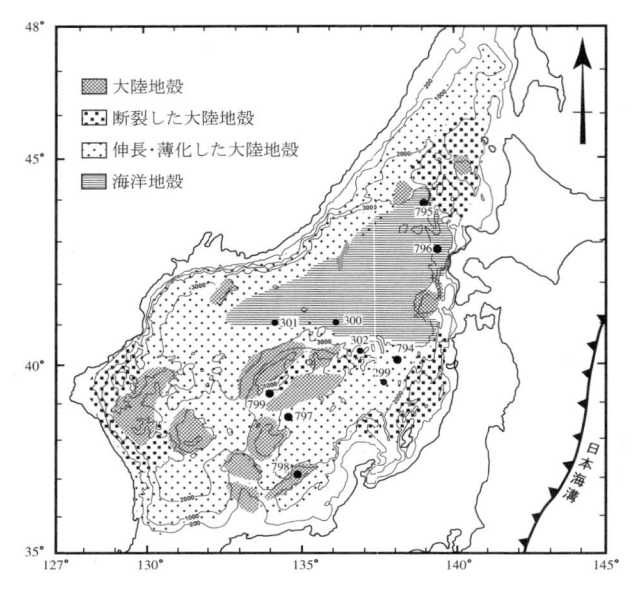

図7.36　日本海の地殻構成分布図（Tamakiほか，1992）
大きい黒丸は1989年の国際深海掘削計画による掘削地点．小さい黒丸は1973年の深海掘削計画による掘削地点．

陸地殻の伸張と薄化によって形成された．すなわち，海洋地殻からなる日本海盆の東部には，ユーラシア大陸縁における裂開に引き続いた海底拡大によって海洋地殻が形成された．一方，日本海南西部は大陸地殻の伸張と薄化によって拡大し，その結果，大陸地殻の断片からなる堆・海台群（大和堆や朝鮮海台など）と，大陸地殻の伸張と薄化によって形成された海盆群（大和海盆や対馬海盆など）が存在するようになったという説である（図7.36）．

7.8. B-c　前期中新世（22〜18 Ma）の背弧側の玄武岩にみられるSrI値・NdI値の島弧縦断方向の変化とその成因

東北日本の背弧側において，漸新世〜前期中新世（約35〜15 Ma）に活動した玄武岩のうち，活動が背弧側の広範囲（南北約500 km，東西の最大幅約100 km）に及んでいるのが22〜18 MaのK-Ar年代値を示すものである（図7.29）．最近，これらの玄武岩についての主成分元素組成，微量元素組成およびSr, Nd同位体組成にもとづく詳細な研究が行われ，玄武岩のSrI値とNdI値には，島弧の伸びに沿った方向で規則的な変化（**島弧縦断変化**；along-arc

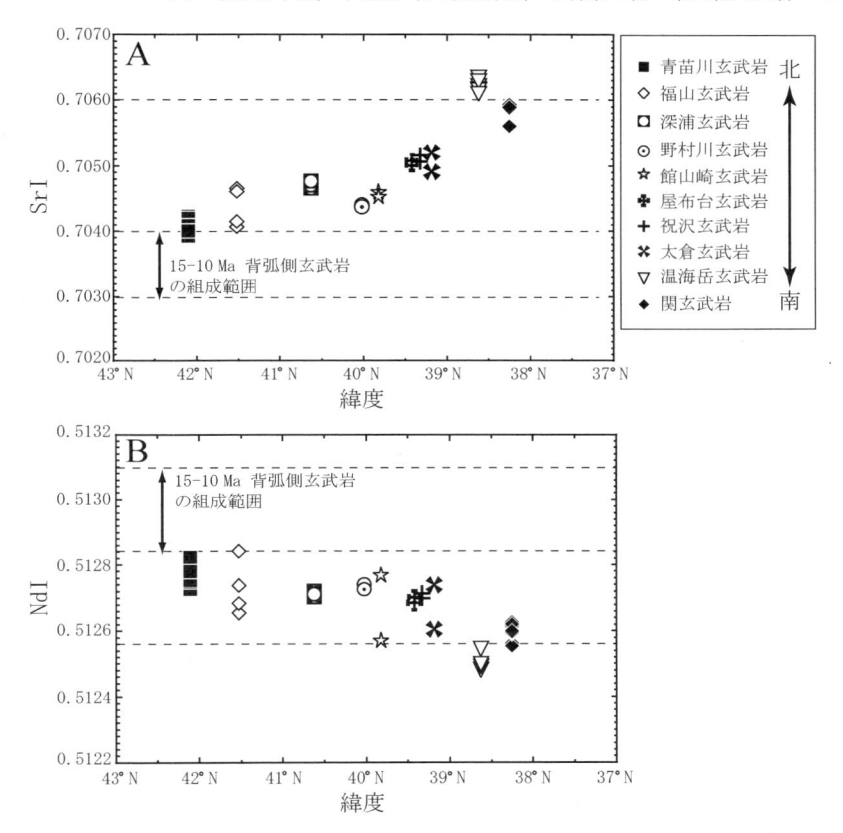

7.8 東北日本弧，千鳥弧（北部北海道）の新第三紀〜第四紀火山岩　199

図7.37 東北日本背弧側の 22〜18 Ma 玄武岩質岩石の SrI 値とそれらの産地の緯度（A），NdI 値と産地の緯度（B）との関係（Sato ほか，2007）

SrI 値は東北日本背弧側に沿って北から南へ漸次高い値となり，一方，NdI 値は漸次低い値となる．これらの玄武岩質岩石の分布は図 7.29 を参照．

variation）がみられることが明らかにされた（Sato ほか，2007）．図 7.37 に示すように，SrI 値は最北端の奥尻島の玄武岩から最南端の佐渡島や温海岳地域の玄武岩に向かって，0.704 前後から 0.706 前後の値まで漸次高くなっているのに対して，NdI 値は SrI 値とは反対に 0.5128 前後から 0.5125 付近の値まで漸次低くなっている．すなわち，玄武岩の Sr，Nd 同位体比は，北部から南部に向かって，低 SrI と高 NdI のものから高 SrI と低 NdI のものへ漸次変化しているということである．

Satoほか(2007)は，このような現象はアセノスフェア性マントル起源の玄武岩質マグマとリソスフェア性マントル起源の玄武岩質マグマの混合によって説明されると考えた．アセノスフェア性マントル起源の玄武岩質マグマが，15～11 Maに背弧側に活動した玄武岩とほぼ同一のSr, Nd同位体比をもっていたと仮定すると，22～18 Maの玄武岩のSrI値とNdI値の島弧縦断方向の変化(図7.37は，アセノスフェア性マントル起源の玄武岩質マグマ(0.703～0.704のSrI値と0.5128～0.5131のNdI値をもつ)とリソスフェア性マントル起源の玄武岩質マグマ(0.705～0.707のSrI値と0.5125～0.5126のNdI値をもつ)の混合によって説明される．この混合過程におけるアセノスフェア性マントル起源の玄武岩質マグマの寄与は北部の玄武岩ほど大きく，南部

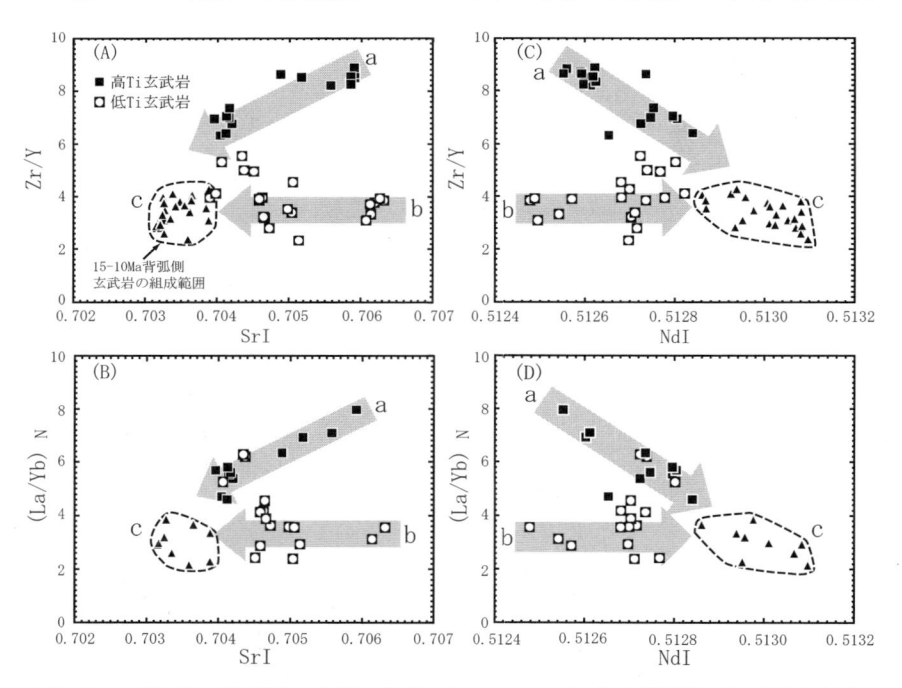

図7.38　東北日本背弧側の前期中新世(22～18 Ma)玄武岩質岩石と中期中新世(14～11 Ma)玄武岩質岩石のZr/Y-SrI(A), (La/Yb)$_N$-SrI(B), Zr/Y-NdI(C), (La/Yb)$_N$-NdI(D)の関係(Satoほか，2007)

矢印は，22～18 Ma玄武岩質岩石が，アセノスフェア起源のマグマ(c)と2種類のリソスフェア起源のマグマ〔高TiO$_2$グループ(a)と低TiO$_2$グループ(b)〕の種々の割合の混合によって形成されたことを示す．

の玄武岩ほど小さかったと考えられる．ところで22〜18 Maの玄武岩は，TiO_2含有量の違いから，高TiO_2グループ（1.5 wt.％以上のTiO_2量をもつ）と低TiO_2グループ（1.5 wt.％以下のTiO_2量をもつ）に区分される．これらの玄武岩についてのSrI-Zr/Y，SrI-$(La/Yb)_N$，NdI-Zr/Y，NdI-$(La/Yb)_N$の関係を示したのが図7.38である．これらの図から，混合に関与したリソスフェア性マントル起源の玄武岩質マグマには，SrI値とNdI値は同一であるがTiO_2を異にする2種類のものが存在したものと推定される．Satoほか（2007）は，リソスフェア性マントル起源の2種類の玄武岩質マグマは，同一組成のリソスフェア性マントルの部分溶融程度の違いによって生じたものと解釈している．

このようにSatoほか（2007）は，22〜18 Maの背弧側の玄武岩は，アセノスフェア性マントル起源の玄武岩質マグマと，リソスフェア性マントルから部分溶融程度の違いによって生じた2種類の玄武岩質マグマ（TiO_2に富むものと乏しいもの）との，混合によって形成されたと結論づけている．

しかし，これより古い玄武岩の生成に，このようなマグマ混合が関与したかどうかは不明なので，背弧側のリソスフェア性マントルは，もっと幅広いSr, Nd同位体（0.704〜0.707程度のSrI値，0.5125〜0.5128程度のNdI値）をもっているものと考えたほうがよいであろう．

7.8.B-d　Sr, Nd同位体比からみた珪長質火山岩の成因

東北日本の背弧側の南部に位置する新潟地域（新潟市をほぼ中心に南北110 km，東西130 kmの範囲）には，前期中新世（22〜20 Ma），中期中新世（15〜11 Ma）および鮮新世（3 Ma），すなわち，日本海拡大前〜拡大後に及ぶ時代の玄武岩とともに，珪長質火山岩（流紋岩やデイサイト）を多産する．これらの玄武岩および珪長質火山岩のSr, Nd同位体比はShutoほか（2006）によって報告されている．

このうち，玄武岩のSrI値とNdI値の特徴については，すでに§7.8.B-bで述べた．珪長質火山岩の活動は前期中新世から中期中新世にわたっているが，両時代のものとも，同時代の玄武岩に比べて，著しく高いSrI値と低いNdI値をもっている（図7.32，図7.33）．新潟地域とその周辺の白亜紀の花崗岩やジュラ紀の堆積岩のSr, Nd同位体比や微量元素などの検討からは，これ

らの珪長質火山岩の形成に，地殻物質の同化作用は関与していなかったと考えられることから，珪長質マグマは著しく高い Sr 同位体比と低い Nd 同位体比をもつ地殻物質の溶融によって生成されたと解釈されている（Shuto ほか，2006）．地殻物質を溶融させた熱源としては，前期中新世の珪長質マグマの生成には，リソスフェア性マントル起源の玄武岩質マグマであり，中期中新世の珪長質マグマの生成には，アセノスフェア性マントル起源の玄武岩質マグマであったと考えられる．このような新潟地域に産する前期〜中期中新世の玄武岩質〜珪長質火山岩の形成モデルは，東北日本の背弧側に広範囲に分布するこれらの火山岩にも適用される可能性がある（図 7.34）．

7.8.C 北部北海道の第三紀玄武岩の Sr，Nd 同位体比

北部北海道に広域的に分布する第三紀火山岩についての主成分元素組成，微量元素組成のデータや Sr 同位体組成のデータにもとづいて，火山岩の形成とテクトニクスとの関連を最初に論じたのは岡村ほか（1995）である．岡村ほか（1995）の議論は，玄武岩，安山岩，デイサイト，流紋岩などの多様な火山岩の SrI 値にもとづいている．これらの玄武岩に随伴する安山岩や珪長質火山岩の Sr 同位体比は，地殻物質の同化作用やマグマ混合などの影響により，玄武岩のそれよりも高くなっている例がしばしばみられる（Shuto ほか，2004）．このことは，マントル物質の Sr，Nd 同位体組成の経年変化等を検討するためには，玄武岩の SrI 値と NdI 値にもとづくことが重要であることを示している．

日本列島に産する第三紀の火山岩は変質作用を被っているのが一般的である．このため，玄武岩中のかんらん石斑晶は粘土鉱物や炭酸塩鉱物に置換されていることが多いが，北部北海道において，12 Ma 以降に活動した玄武岩や高マグネシア安山岩には，新鮮なかんらん石斑晶が残存しているばかりでなく，MgO 量に富み，FeO*/MgO 比に乏しい未分化なものが多くみられる（Shuto ほか，2004）．図 7.39 はこれらの火山岩の産出地域を示す．玄武岩と高マグネシア安山岩の SrI 値，NdI 値と K-Ar 年代値との関係を図 7.40 に，SrI 値と NdI 値の関係を図 7.41 に示す．オホーツク海側の雄武地域に産する高マグネシア安山岩は，東北日本の背弧側に産する 15 Ma よりも古い時代の玄武岩に類似した高い SrI 値と低い NdI 値を有しているが，そのほかの玄武岩は形成

7.8 東北日本弧,千島弧(北部北海道)の新第三紀〜第四紀火山岩　203

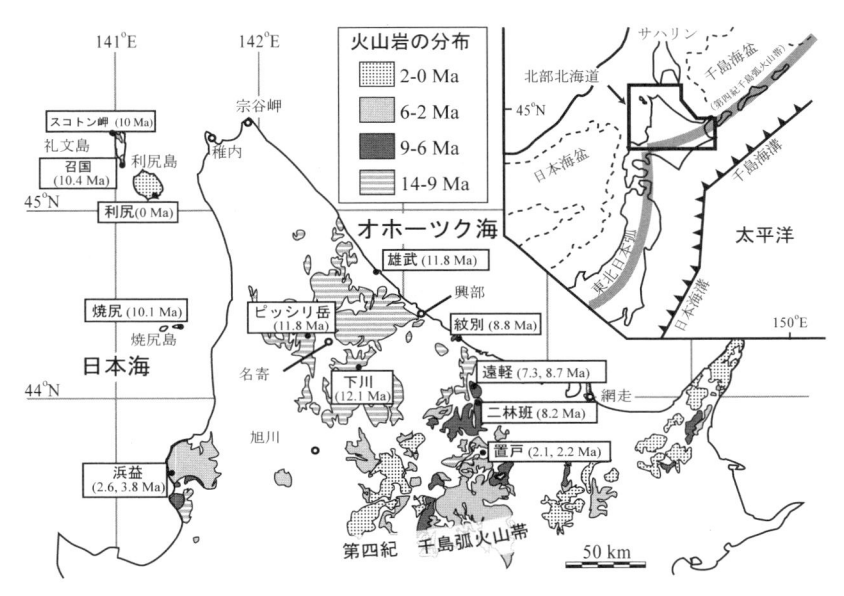

図7.39 北部北海道における中期中新性世〜第四紀火山岩の分布
(Ishimotoほか,2006)

K-Ar年代(Ma)が付してあるのは未分化な玄武岩と高マグネシア安山岩の産地を示す.WR(西側の火山活動域)とER(東側の火山活動域)境界およびK-Ar年代の文献はIshimotoほか(2006)を参照.

年代にかかわらずすべてのものが,東北日本の背弧側に産する15 Maよりも若い時代の玄武岩に類似した低いSrI値と高いNdI値をもっている.Shutoほか(2004)は,これらの同位体組成上の特徴にもとづき,玄武岩質マグマは,日本海あるいはオホーツク海の拡大時に上昇した,アセノスフェア性マントルに由来したのに対して,高マグネシア安山岩質マグマは北部北海道下に残存しているリソスフェア性マントルに由来したものであると考えた.Ikedaほか(2000)も,オホーツク海側に分布する9〜7 Maの玄武岩(これらは背弧海盆型の玄武岩の性質をもっている)のPb,Nd,Sr同位体比から,これらの玄武岩質マグマが千島海盆の形成に伴って生成されたことを論じている.

　Ishimotoほか(2006)は,これらの未分化な玄武岩と高マグネシア安山岩の化学組成,および両者に含まれるかんらん石斑晶とこれに包有されるクロムスピネルの化学組成などにもとづき,計算された初生マグマについて,マント

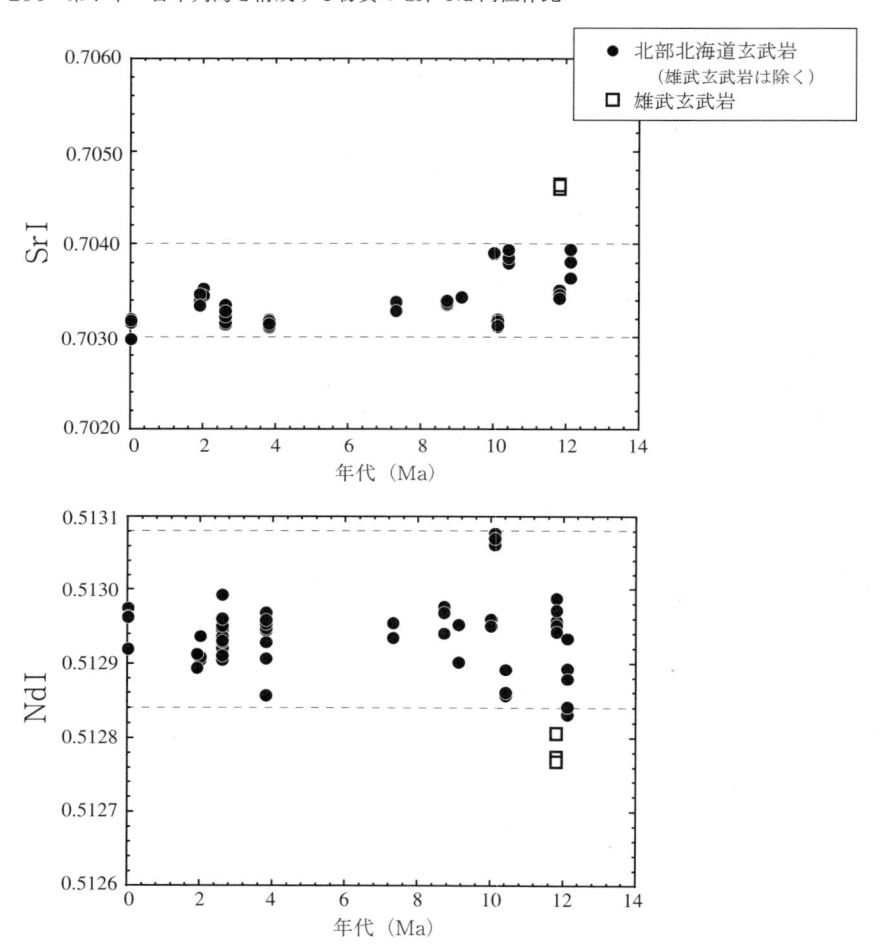

図7.40 北部北海道の玄武岩と高マグネシア安山岩の SrI 値と K-Ar 年代および NdI 値と K-Ar 年代との関係（Shuto ほか，2004）

黒丸で示す玄武岩は，東北日本背弧側の 15 Ma 以降の玄武岩質岩石（図 7.30）に類似の SrI 値および NdI 値をもつが，白四角で示す高マグネシア安山岩は非枯渇的な同位体比をもっている．

ルのかんらん岩の部分溶融度とマントルでの分離深度を次のように推定している（図 7.42）．1）12〜10 Ma の初生玄武岩質マグマ；上昇したアセノスフェア性マントルの浅部が溶融，部分溶融度は大きい，2）9〜7 Ma と 3〜0 Ma の初生玄武岩質マグマ；アセノスフェア性マントルの深部が溶融，部分溶融度

7.8 東北日本弧，千鳥弧（北部北海道）の新第三紀〜第四紀火山岩   205

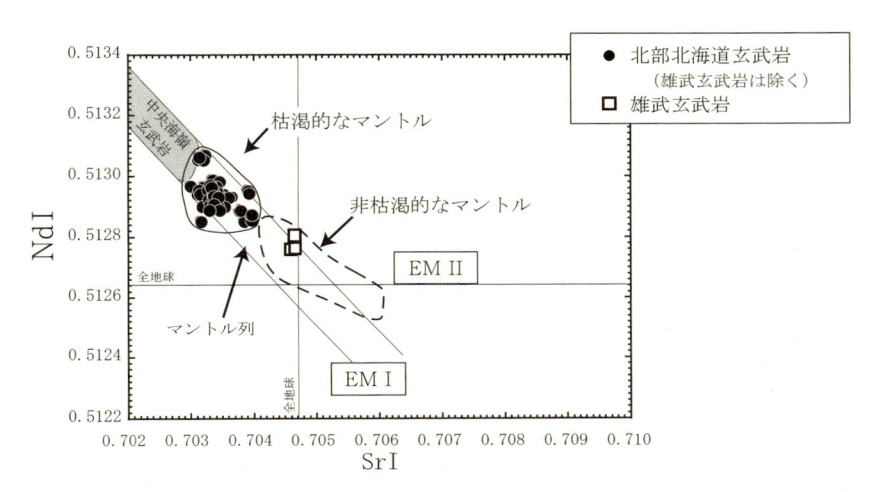

図7.41 北部北海道の玄武岩と高マグネシア安山岩のNdI値とSrI値との関係（Shutoほか，2004）
実線と破線で囲まれた領域，全地球，マントル列，EM I，EM II，中央海嶺玄武岩は図7.31のものと同一．

は小さい，3）12〜10 Maの初生高マグネシア安山岩質マグマ；残存する大陸性のリソスフェア性マントルの部分溶融．

図7.34と図7.42は，東北日本の背弧側から北部北海道にいたる地域においては，日本海あるいはオホーツク海の拡大にかかわって，マントルの深部から上昇したとみられるアセノスフェアを起源とする玄武岩質マグマが共通的に活動したことを示している．

7.8.D 東北日本弧における第四紀火山岩のSr，Nd同位体比

東北日本弧では第四紀の3つの玄武岩帯が**帯状配列**（zonal arrangement）していることが，古くから知られている．これと同様な特徴は，安山岩〜デイサイトなどにも知られている．これらの第四紀玄武岩のK_2O含有量やほかの不適合元素含有量は，東北日本弧を横断する方向で変化（**島弧横断変化**：across-arc variation；**水平変化**：lateral variation）している（Kuno, 1966；Sakuyama・Nesbitt, 1986など）．このような化学組成の島弧横断変化に加えて，SrやNdなどの同位体比にも島弧横断変化（あるいは島弧縦断変化）がみられることが指摘されている．

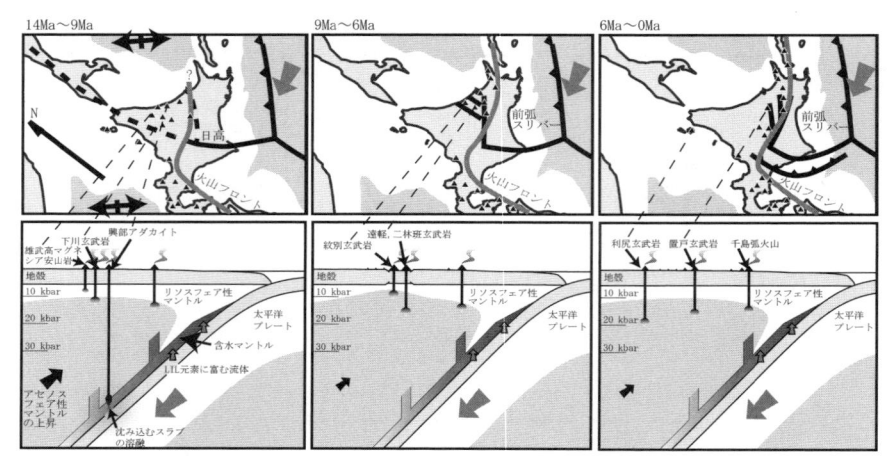

図7.42 北部北海道における中期中新世〜第四紀の構造運動と未分化火山岩
（玄武岩と高マグネシア安山岩）の形成モデル（Ishimonoほか，2006）

14〜9 Ma；背弧海盆（日本海盆と千島海盆）拡大の最終段階の時期に相当．大規模に上昇したアセノスフェア性マントルにより太平洋プレートは押された結果，9〜6Maの太平洋プレートの沈み込み角度は大きくなった．12〜10 Maの未分化玄武岩，高マグネシア安山岩，アダカイト質安山岩などが背弧側に形成された．背弧側の初生玄武岩質マグマはマントルウェッジの浅部で生じた．

9〜6 Ma；アセノスフェア性マントルの地域的な上昇に伴って，北海道東北部において南北方向に延びる地溝が形成された．9〜7 Maの背弧海盆型の性質をもつ未分化玄武岩が背弧側に形成された．それらの初生玄武岩質マグマはマントルウェッジの深部（遠軽玄武岩マグマと二林班玄武岩マグマ）と浅部（紋別玄武岩マグマ）で生じた．

6〜0 Ma；背弧側の3〜0 Maの初生玄武岩質マグマは，9〜7 Maの初生玄武岩質マグマ（遠軽マグマと二林班マグマ）と同程度の深度で生じた．

7.8.D-a 火山岩のSr, Nd, Pb同位体比の島弧横断変化と島弧縦断変化

東北日本弧の多数の第四紀火山岩試料について，Sr同位体比が公表されたのは1980年代前半である（Notsu, 1983）．3玄武岩帯の27火山から採取された52試料のSr同位体比の測定結果は，海溝側から背弧側に向かってSr同位体比が徐々に低くなる島弧横断変化を示したことから，Notsu（1983）はこのような現象は太平洋プレートの沈み込みに起因するマグマの生成を説明するうえで，強い制約条件を与えていると主張した．またNotsu（1983）は，海溝側に分布する火山岩のうち北部のものは，ほぼ一定のSr同位体比（0.7038〜0.7045）を示すが，南部のものは最高で0.7077に達することを見いだしている．

その後，東北日本弧の中央部〜北部および北海道に位置する9火山（海溝側

の岩手，船形火山，脊梁地帯の荷葉，秋田駒ヶ岳，森吉火山，背弧側の寒風，鳥海，利尻火山）の玄武岩においては，Sr同位体比に加えてPb, Nd同位体比においても島弧横断変化がみられることが明らかにされている（Shibata・Nakamura, 1997）. すなわち，玄武岩のSr同位体比とPb同位体比（^{206}Pb/^{204}Pb, ^{208}Pb/^{204}Pb）は，海溝側から背弧側へ減少するのに対して，Nd同位体比は増加する傾向を示す. また，これらの玄武岩のSr/Nd比，Pb/Nd比（沈み込む海洋プレートの脱水反応によって，SrとPbはNdに比べてマントルウェッジに付加されやすい）は，海溝側から背弧側の玄武岩に向かって漸次減少する. これらの事実にもとづき，Shibata・Nakamura (1997) は，玄武岩の同位体比にみられる島弧横断変化は，沈み込む太平洋プレートの脱水反応によって生じた流体相に伴う放射性源の^{87}Sr, ^{208}Pb, ^{206}Pbの付加量が，海溝側マントルから背弧側マントルへ漸次減少（^{143}Ndは漸次増加）したことによって説明できると考えた.

一方，東北日本弧の中央部〜南部にかけての海溝側に位置する10火山（北から南へ配列する船形，蔵王，吾妻，安達太良，那須，高原，女峰，男体，日光白根，赤城の各火山）を構成する火山岩においては，北部の船形，蔵王，吾妻火山の玄武岩〜安山岩質岩石に比べて，南部の女峰，男体，日光白根，赤城火山のデイサイト〜流紋岩質岩石のほうが，高いSrとPb同位体比および低いNd同位体比をもつことが明らかにされている（Kerstingほか, 1996）. このような，珪長質火山岩の同位体的特徴は，マントルで生じた玄武岩質マグマと，これとは同位体比を異にするリソスフェア性マントル，あるいは下部地殻物質との混合によるものと解釈されている. Kimura・Yoshida (2006) は，玄武岩のSr, Nd同位体比の南北間の違いは，北上地域と阿武隈地域に産する白亜紀〜古第三紀の花崗岩類のSrI値とNdI値の違い（加々美, 2005）と調和的である（北部の北上地域の花崗岩類に比べて，南部の阿武隈地域の花崗岩類のほうが高いSrI値と低いNdI値をもっている）ことを指摘し，玄武岩にみられる南北間のSr, Nd同位体の違いの要因を，マントルで生じた玄武岩質マグマと異なる組成の地殻物質の混合に求めている. 一方，山元ほか（2008）は，玄武岩質マグマの起源物質を花崗岩類の起源物質と類似のもの（上部マントル〜下部地殻）と考え，起源物質の南北間の不均質性が，**火山フロント**

208　第7章　日本列島を構成する物質のSr, Nd同位体比

（volcanic front）沿いの玄武岩の同位体比の違いを生じたと解釈している．

　東北日本の第四紀火山岩のSr同位体比にみられる島弧横断変化については，マントルの溶融とマグマの生成に関する「熱い指；hot fingers」モデルによる解釈もある（Tamura, 2003）．Tamuraほか（2002）は，東北日本弧の第四紀火山の分布等について，島弧の伸張方向に沿って，火山の集中域と空白域が約80 km間隔で現れることや，この空白域により，火山は，幅が約50 kmの10個のグループに分けられること等を見いだしている（図7.43）．また，マントルにおける地震波のP波速度分布をみると，火山グループの下において，背弧側から火山フロントの直下まで延びている低速度異常域が存在するの

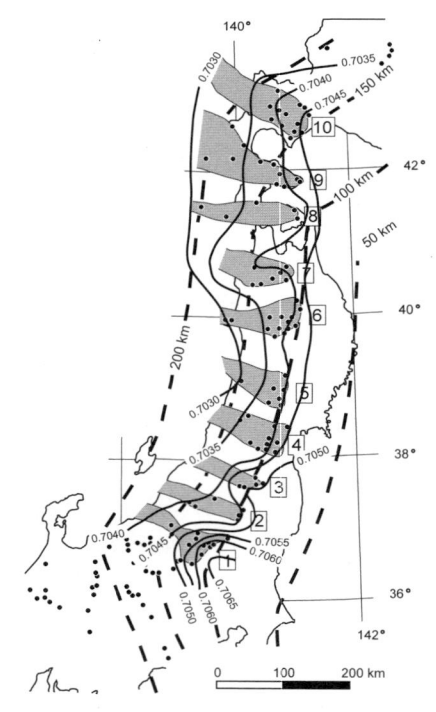

図7.43　東北日本弧の第四紀火山岩のSr同位体比から推定された起源マントルのSr同位体比のコンターマップ（Tamura, 2003）

破線は深発地震の震源深度のコンターを示す．1〜10の火山グループは，マントル中に存在すると推定される10本の「熱い指」の上に位置している．

に対して，火山の空白域の下のマントルには，低速度異常域は観察されない．これらの事実から，Tamura ほか（2002）は，東北日本弧の火山の分布が，マントルウェッジ内の指状の高温領域（幅は約 50 km，間隔は約 80 km の「熱い指」）に制御されていると考えた．さらに Tamura（2003）は，これらの火山グループにみられる Sr 同位体比の島弧横断変化を，「熱い指」モデルによって次のように説明している（図7.44）．1）MORB を生じるような低 Sr 同位体比をもつ枯渇的なマントルウェッジに，高 Sr 同位体比をもつ肥沃的なマントル物質（「熱い指」）が日本海側から侵入する．2）「熱い指」は火山フロント付近で反転し，スラブとともにふたたび沈み込んでいく．このとき，「熱い指」はスラブ上を指の間隔を埋めるように広がるため，深部では厚さのより薄い一様なシート状となる．3）スラブ直上で形成されたマントルダイアピルのうち，火山フロント直下のダイアピルには肥沃的な物質がより多く取り込まれ，背弧側のダイアピルには，肥沃的な物質は薄くなった分だけ少なめに取り込まれることになる．4）このようにして，これらのダイアピルの部分溶融によって生成されるマグマは，火山フロント側では高い Sr 同位体比をもち，背弧側では

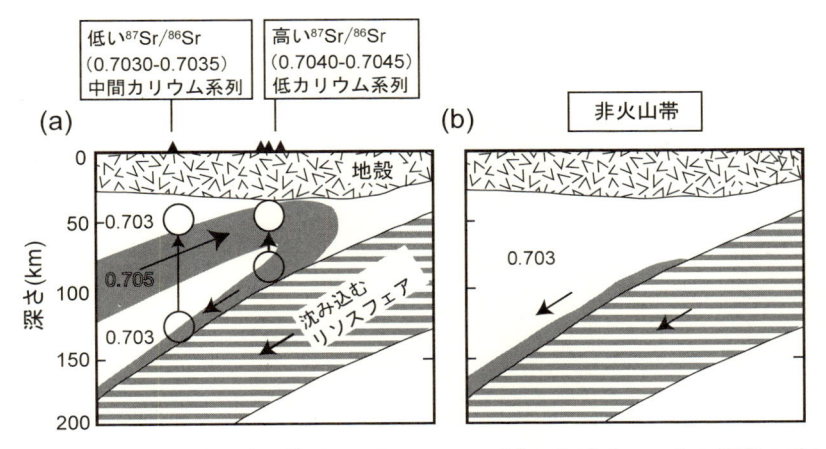

図7.44 東北日本沈み込み帯のマントルウェッジ内におけるマントル対流モデル（Tamura, 2003）
断面図は図 7.41 の「熱い指」の軸に沿って描かれたもので，約 0.703 の Sr 同位体比をもつ，中央海嶺玄武岩様のマントルウェッジ（図 b）中に，肥沃的な Sr 同位体比（約 0.705）をもつマントル物質が侵入する（図 a）ことによって，各火山グループの島弧横断方向の Sr 同位体比の違いを説明する模式図．

低い Sr 同位体比をもつことになる．「熱い指」の源となった肥沃的なマントル物質は，日本海の大和海盆の中新世（21〜18 Ma）の玄武岩を生じたマントル物質（Cousens ほか，1994）と同一のもの（MORB を生じるような枯渇的なマントルが沈み込むスラブの堆積物によって汚染されたもの）が想定されている．

7.9 西南日本弧，琉球弧の新第三紀〜第四紀火山岩

西南日本弧には新生代の火山岩が広く分布している（図 7.45）．Kimura ほ

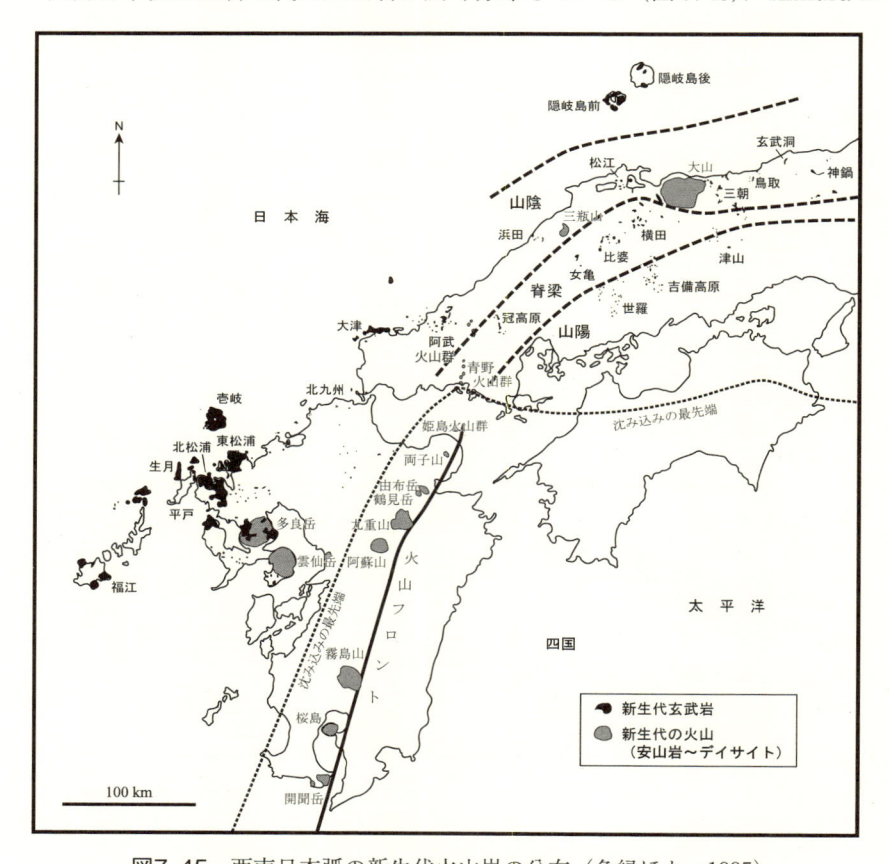

図7.45 西南日本弧の新生代火山岩の分布（角縁ほか，1995）
新生代の玄武岩とフィリピン海プレートの沈み込みに伴う安山岩〜デイサイトで形成された火山の分布を示した．玄武岩の山陰帯，脊梁帯，山陽帯の区分は永尾（1976），Iwamori（1989）などによる．

か（2005a）は，西南日本弧の火山活動を4つのステージに区分した．ステージIは，25〜17 Maで背弧海盆（back-arc basin）のリフティングが起こり，主に非アルカリ玄武岩が隠岐島後，丹後，松江地域で活動した．ステージIIは，17〜12 Maで日本海の拡大が起こり，隠岐島後，壱岐でアルカリ玄武岩が活動した．しかし松江地域では非アルカリ玄武岩も活動し，西南日本外帯では，珪長質〜安山岩質火成岩の活動が，瀬戸内地域で高マグネシア安山岩とそれに伴うサヌキトイド（sanukitoid）や流紋岩が活動した．また，九州西部ではリフト帯（rift zone）である**台湾－宍道褶曲帯**（Hsuほか，2001）に伴う火山活動も起こっている．ステージIIIは，12〜4 Maで山陽帯，脊梁帯，山陰帯でそれぞれ特徴的なアルカリ玄武岩（一部は非アルカリ玄武岩）の活動が起こった（図7.45）．たとえば，隠岐島前，浜田，松江，黒岩高原，津山，吉備，世羅，比婆，冠高原や北西九州（東松浦・北松浦）地域である．これらの活動はマントルの上昇（mantle upwelling）に起因したものであり，この時期には，**フィリピン海プレート**の沈み込みは停止していたと考えられている．ステージIVは，4〜0 Maで隠岐島後，玄武洞，三朝，大山，横田，大根島，女亀山，阿武，北九州〜下関地域で玄武岩が噴出した．また，フィリピン海プレートの沈み込みに伴う火山活動が起こり，鳥取県大山に始まり，三瓶山，青野火山群，姫島火山群，両子山，由布岳・鶴見岳，九重山の各火山が列をつくっている．この火山列の火山はアダカイト質の安山岩〜デイサイトで構成されている．また，阿蘇山，霧島山，桜島，開聞岳の各火山も火山フロントを構成し，主に輝石安山岩で構成されている．さらに，九州から台湾までの1200 kmにもおよぶ琉球弧でも，薩摩硫黄島（喜界カルデラ），口永良部島，諏訪瀬島，硫黄鳥島などが火山フロントを形成している．また，フィリピン海プレートの沈み込みに直接関係しない，熊本県金峰山や長崎県雲仙岳や長崎・佐賀県境に分布する多良岳での火山活動も知られている．さらに，ステージIIIとIVにまたがって（10〜0.5 Ma），長崎県島原，熊本県天草地域では，**沖縄トラフ**の拡大に関係したと考えられる玄武岩の活動が起こった．

　しかし，すべてのステージや地域の火山岩について，同位体にもとづく研究が行われているわけではないので，火山岩の同位体組成の時間的・空間的な変異，あるいは起源マントルの進化について明らかにすることはできなかった．

そこで，各地域や時代ごとに代表的な論文を紹介することにした．

7.9.A　西南日本弧の新生代玄武岩と Sr, Nd 同位体比

　西南日本弧の新生代アルカリ玄武岩の系統的な微量元素・REE（rare earth elements；§3.2）や Sr-Nd 同位体比にもとづく研究は，Nakamura ほか（1985, 1990a, b）によって行われた．彼らは，西南日本弧の新生代アルカリ玄武岩と随伴するソレアイト玄武岩の不適合元素（incompatible elements；§2.6.A）や REE 規格化パターンが海洋島のアルカリ玄武岩のパターンと似ていること（ただし，中国や朝鮮の玄武岩に比べてプレート由来成分にやや富んでいる），アルカリ玄武岩の Sr-Nd 同位体比が海溝から大陸側に向かって系統的に変化しないことから，玄武岩マグマの成因はフィリピン海プレートや太平洋プレートの沈み込みとは直接的な関係をもたないことを明らかにした．

　山陰地域の新生代火山岩の Sr-Nd 同位体に関する研究は，Nakamura らの研究と前後してほかの研究者によっても始められていた．

　Kagami ほか（1986）は，3.6〜0 Ma に活動した隠岐島後のアルカリ玄武岩について Sr-Nd 同位体比の検討を行った．この玄武岩から得られたεNd 値，εSr 値は全地球と一致することから，彼らはこの玄武岩を日本海盆の拡大に伴って深部から供給された始源マントル起源であることを主張した．また，東北日本弧の火山岩類が全地球より N-MORB 側の同位体的特徴をもつことについても言及している．それによると，下部マントルと上部マントルの境まで沈み込んだ枯渇した性質の海洋プレート，このプレートの長期間の活動によるメガリス（megalith；Ringwood, 1982）の成長，メガリスの低密度による地表に向かっての湧きだし（湧昇），それに起因する日本海盆の形成，メガリス（枯渇した性質）に起源をもつマグマ活動によるとしている．このアルカリ玄武岩には上部マントルと下部地殻を構成する岩石が多数捕獲されており，それらの Sr, Nd 同位体的特徴は §7.3.B と 7.4.B, C ですでにふれた．

　Morris・Kagami（1989）は，日本海拡大以降から現在までの山陰地域の火山岩の Sr-Nd 同位体比とテクトニクスの関係について議論した．14.2 Ma の島根半島ドレライト（dolerite）や 12.9 Ma のはんれい岩と 13 Ma の牛切層中の玄武岩と流紋岩の活動は**四国海盆**の拡大に続くフィリピン海プレートの沈み込みに対応している．これらの岩石は，N-MORB 規格化図で Nb の負の異常

を示すなどの島弧的な特徴を示している．約10 Maに活動した松江層中の玄武岩は（11.2, 10.8 Ma）は島弧的な特徴を有している．εNd-εSr図では，大きく異なった位置にプロットされ，不均質な起源物質，おそらく沈み込むプレートの上位のマントルウェッジ（mantle wedge）の溶融によって生成されたものであろう．約6 Maに活動した隠岐島前の火山岩は**プレート内火山岩**（within-plate volcanic rock）の特徴を有しており，εNd-εSr図でマントル列に沿って低εNd値から高εSr値へ広がっている．アルカリ火山活動は約3 Maに引き継がれ，エンリッチマントルプリューム（enriched mantle plume）に由来したと考えられる．1.2 Maの安来玄武岩は**島弧火山岩**（island-arc volcanic rock）の特徴を示し，高いεSr値，低いεNd値を示している．この玄武岩は未分化で上部マントルの捕獲岩を含んでいる．これらのことから，この地域の火山岩の起源物質は局所的にいくつかのLILE（large ion lithophile elements；§2.6. A）と^{87}Srにエンリッチしているか，**未分化マグマ**（undifferentiated magma）が大陸地殻を少量混成し組成が変化したと考えられる．0.1 Maの大根島玄武岩は，典型的なアルカリ玄武岩でεNd-εSr図上で全地球の近くにプロットされる．

また，Iwamori（1989, 1991, 1992）は中国地域の玄武岩類の主成分および微量成分元素と実験岩石学の結果にもとづいて玄武岩マグマの起源物質の組成を推定し，山陰帯（玄武岩の帯状区分は図7.45参照）と脊梁帯の起源物質は山陽帯のものに比べてほとんどの不適合元素に富んでいると結論した．彼はこの山陰帯の下で起こった富化は山陽帯の玄武岩の起源物質である初生のあるいは**メタソマティズム**（metasomatism）を受けていないマントルへの流体相の付加によるものと考えた．

Fujibayashiほか（1989）は，中国山地に分布する玄武岩を主成分元素の特徴によってMFタイプ（MgO, FeOとTiO$_2$に富む）とSAタイプ（SiO$_2$とAl$_2$O$_3$に富む）に区分し，それらが**ホットスポット**（hot spot）あるいはプレート内玄武岩（within-plate type basalt，以下**WPB**と略）と島弧玄武岩に対応することを明らかにした．これらの玄武岩のSr, Nd同位体の特徴は，MFタイプはεNd-^{87}Sr/^{86}Sr図ではマントル列上にプロットされるのに対し，SAタイプはマントル列より高^{87}Sr/^{86}Sr比方向にプロットされる．島弧火山岩の

特徴を示す SA タイプ玄武岩の分布は日本海側に限られ，MF タイプ玄武岩の Sr，Nd 同位体組成の広域的変化は，東北日本弧の第四紀火山に認められる変化とは逆の海溝側から背弧側に向かって Sr 同位体比が増加し Nd 同位体比が減少することを指摘した．

角縁ほか（1995）は，山口県の阿武単成火山群や北西九州玄武岩の Sr，Nd 同位体比を測定し西南日本弧における Sr-Nd 同位体比の広域的変化と起源マントルの特徴について検討した．その結果，Fujibayashi ほか（1989）が指摘した MF タイプ玄武岩が海溝側から背弧側に向かって Sr 同位体比が増加し Nd 同位体比が減少するという傾向は，西方延長上の阿武地域や北部九州地域には認められず，むしろ，北部九州地域の玄武岩では，その分布中心の北松浦半島周辺の玄武岩の Sr 同位体比が低く，Nd 同位体比が高い傾向が認められた．特に，北部九州玄武岩の中心に位置する長崎県西彼杵半島の面高の玄武岩質安山岩は西南日本弧の火山岩の中ではもっとも高 Nd，低 Sr 同位体比を示し，この値は東北日本弧の第四紀玄武岩の示す値や日本海の**背弧海盆玄武岩**（back-arc basin basalt）に近い．中国地域のアルカリ玄武岩のうち WPB（MF タイプ）は，全地球付近から左上のやや高 Nd 同位体側にプロットされる．また，隠岐島前は，高い $^{87}Sr/^{86}Sr$ 比と低い $^{143}Nd/^{144}Nd$ 比を示し，EM I に近い

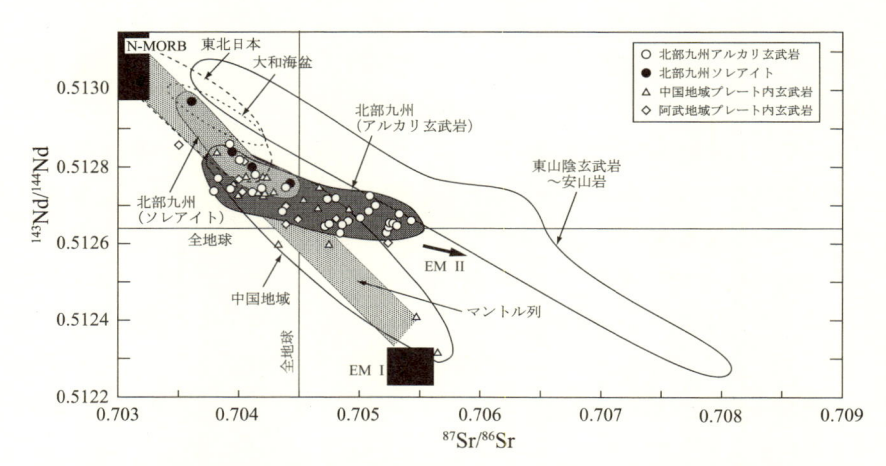

図7.46 西南日本弧の新生代玄武岩類の $^{143}Nd/^{144}Nd$ 比と $^{87}Sr/^{86}Sr$ 比の関係
本図および図 7.48, 50, 55, 56, 57, 59 の N-MORB, EM I, EM II は Zindler・Hart（1986）による．データの多くは角縁ほか（1995），古山（1996）による．

組成を示すが，マントル列上にプロットされる．一方，北部九州玄武岩と阿武玄武岩は，マントル列よりもおだやかな傾きをもつ別の列をつくっている（図7.46）．一般にこのような傾向を有するものについては，地殻物質等の混成作用で説明される場合が多い．しかし，検討した玄武岩は**初生マグマ**（primary magma）もしくはそれに近いものであり，同位体比の特徴は起源マントルの特徴を示しているものと思われる．北部九州玄武岩と阿武玄武岩に認められる変化は，N-MORB から EM II の方向へ変化している．また，北部九州玄武岩のアルカリ玄武岩はソレアイトに比べ，高い Sr 同位体比と低い Nd 同位体比を有する（図7.46）．なお，§7.9 の本文，図中の Sr, Nd, Hf, Pb 同位体比は年代補正を行った初生値である．

　西南日本弧のアルカリ玄武岩の活動については，日本海盆の拡大との関係が議論されている（Fujibayashi ほか，1989；Tatsumoto・Nakamura, 1991 など）．Otofuji・Matsuda（1983）は，日本海の拡大によって西南日本弧は日本海の南西端を軸として時計回りに54°回転したと述べている．この回転の軸は北部九州地域の北部に位置している．日本海の拡大によって中国地域は引張応力場に，北部九州地域は中立もしくは圧縮応力場になったと推定される．すなわち，中国地域ではマントル深部より EM I の特徴を有するプリューム（plume）が上昇したが，引張応力場のため比較的上昇しやすく N-MORB タイプの上部マントルとほとんど反応することなしに比較的深所（約15～20 kb, 45～60 km）でマントルとマグマとが分離したと考えられる（図7.47）．一方，北部九州と阿武地域では，その起源として N-MORB タイプの枯渇した端成分と EM I タイプのエンリッチした端成分とが関与していると考えられる．これを説明するには，マントル深部より EM II の特徴を有するマントルプリュームが上昇したが，圧縮応力場のためにプリュームの上昇速度が比較的ゆっくりであったと考えると都合がよい．そのため上昇するエンリッチプリュームは N-MORB タイプの上部マントルを累進的に溶かし込み，その化学組成・同位体組成を連続的に変化させていったと考えられる（図7.47）．

　また，西南日本弧には，特異な化学組成をもつ玄武岩が分布しており，これらの玄武岩の成因を明らかにすることは，この地域のマントルの進化を考える際に重要である．

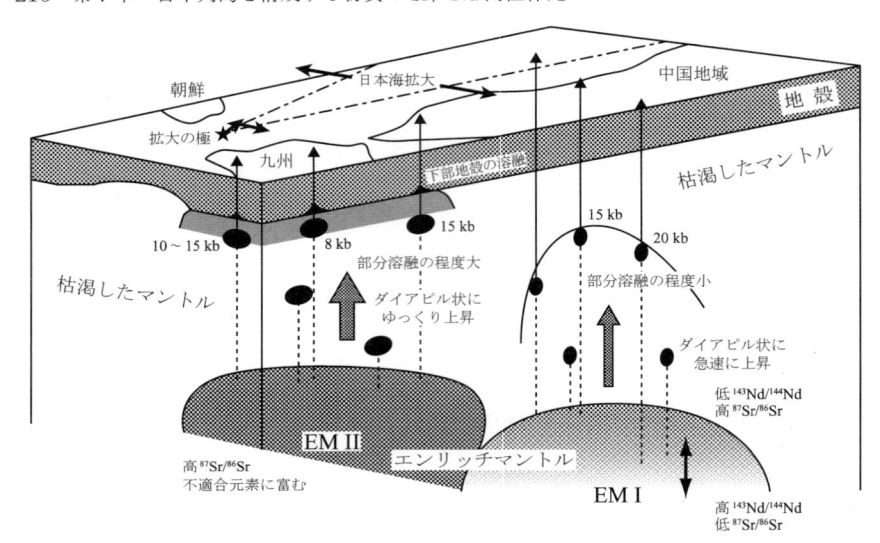

図7.47 西南日本の新生代玄武岩マグマの成因と起源マントルの性質
（角縁ほか，1995）

　Tatsumiほか（1999）によると，約6 Maに活動した浜田ネフェリナイト（nephelinite，図7.45）は，カーボナタイトメタソマティズム（carbonatite metasomatism）を受けた鉄に富んだマントルの部分溶融によって生成されたものであり不適合元素が極端に濃集している．また，Sr-Nd同位体は，$^{87}Sr/^{86}Sr$比0.70379〜0.70391，$^{143}Nd/^{144}Nd$比0.51280〜0.51285であり，中国地域の新生代アルカリ玄武岩に比べ^{87}Srに枯渇している（図7.48）．その値は背弧海盆である日本海からドレッジされたいくつかの玄武岩（Cousens・Allan，1992）と同位体的には同じである．また，主成分元素や不適合元素は大きく変異しているにもかかわらずSr-Nd同位体比は一定である．

　また，永尾ほか（1990）は，約1 Ma（Kimuraほか，2003a）に活動したSrに富む特異な化学組成をもつ玄武岩の起源マントルについて検討した．これらの玄武岩は，かんらん石玄武岩（OB），単斜輝石かんらん石玄武岩（COB），角閃石かんらん石単斜輝石玄武岩（AOCB）の各グループに区分される．それぞれのグループの最も未分化な玄武岩はマントルで生成された初生マグマかそれに近い組成を示している．微量元素組成は島弧火山岩の特徴を示している

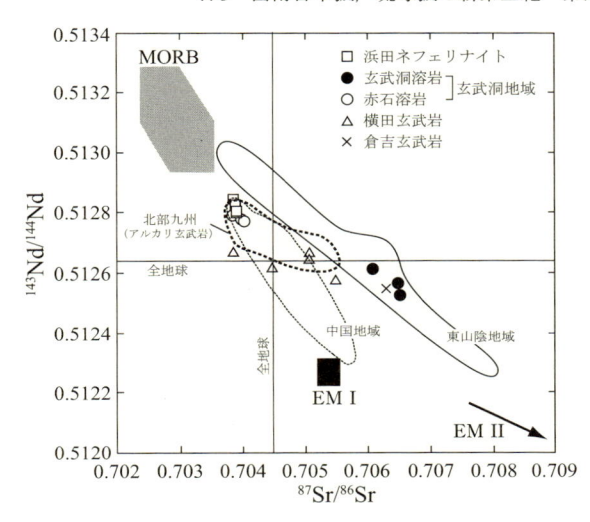

図7.48 浜田ネフェリナイト，Sr に富む横田玄武岩，玄武洞玄武岩類と倉吉玄武岩の $^{143}Nd/^{144}Nd$ 比と $^{87}Sr/^{86}Sr$ 比の関係

データは加々美・玄武洞団研グループ（1990），永尾ほか（1990），加々美ほか（1996），Tatsumi ほか（1999）．

が，Rb，K に乏しく Sr，Ba に富んでいる．AOCB でその傾向は著しく Ba 1130〜1320 ppm，Sr 2450〜3390 ppm に達し，世界のアルカリ玄武岩の中でもきわめて高い値を示している．$^{87}Sr/^{86}Sr$ 比は OB，COB で 0.7055 ともっとも高く，AOCB で 0.70448〜0.70356 と低く，Sr 量の多いものほど $^{87}Sr/^{86}Sr$ 比が低いという傾向が認められる．$^{143}Nd/^{144}Nd$ 比は3グループでほとんど同じで 0.51262〜0.51267 である．図7.48 では，各グループの最も未分化な玄武岩の $^{143}Nd/^{144}Nd$ 比はほぼ一定で，$^{87}Sr/^{86}Sr$ 比が大きく変化し，Sr を 3390 ppm 含む AOCB はマントル列の左側にはずれた位置にプロットされる．このような初生玄武岩の Sr-Nd 同位体の変異は起源マントルの変異を反映しており，起源マントルが著しく不均質であることを示していると考えられる．この不均質の原因は，中国山地の島弧的な性質を示すアルカリ玄武岩の起源マントルに，$^{143}Nd/^{144}Nd$-$^{87}Sr/^{86}Sr$ 図でマントル列の左下に位置する古い大陸性マントル物質（ancient subcontinental mantle material）由来の Sr 成分に富む"液相"あるいは"気相"が不均質に付加されたと考えられる．

その後，Kimura ほか（2003b）は，横田玄武岩の起源となったマントルの

進化過程を明らかにした．すなわち，微量元素とSr-Nd-Pb同位体のデータは横田アルカリ玄武岩がメタソマティズムを受けたリソスフェア性マントルの溶融によってもたらされたことを示唆している．溶融はマントルダイアピル（mantle diapir）からの熱と液相の付加によって引き起こされた．横田アルカリ玄武岩は，極端に高いSrとLREE含有量をもちNb-Taの負の異常を示す．玄武岩のSr-Nd同位体比は，MORBと全地球の混合線上にプロットされる．Pb同位体のプロットは，MORB様の端成分とEM II様の成分の混合を示唆している．しかしながら，極端に高いSr含量（1000〜3000 ppm）は，1回の流体相の付加による溶融では説明することはできない．玄武岩のNd-Sr-Pb同位体比からは，横田玄武岩マグマはEM I様のメタソマティズム（たとえばCO_2メタソマティズム）を受けたリソスフェア性マントルの小程度の部分溶融によって生成されたマグマとEM II様マントル由来のマグマの混合によって形成されたと考えられる．すなわち，EM IIマントル由来の玄武岩の熱によってEM Iメタソマティズムを受けたリソスフェア性マントルが溶融することによって玄武岩マグマが形成され，両者が混合したのであろう．そしてそれらが噴火し，横田アルカリ玄武岩が形成された．

　ところで，EM IIマントルに由来した玄武岩が存在するのであろうか．EM IIタイプのアルカリ玄武岩は，玄武洞や神鍋山で代表される山陰東部地域に分布しており，カルクアルカリ安山岩も伴っている．これらの活動は3.8 Ma（兵庫県浜坂町）から始まっているが，最も新しいものは第四紀完新世と考えられる．これらの火山岩の一部は弱い島弧的特徴を示すものもあるが，大部分はWPBの特徴を示す．古山（1996）によると，玄武岩はマントル列上の$^{87}Sr/^{86}Sr$比0.7040，$^{143}Nd/^{144}Nd$比0.5128付近にプロットされるグループと，$^{87}Sr/^{86}Sr$比0.7050，$^{143}Nd/^{144}Nd$比0.5127とそれぞれの比0.7080，0.5124とをほぼ直線で結ぶ線上にプロットされるグループに分けられる．安山岩は後者の線上のより狭い値幅内にプロットされる．このように東山陰地域の火山岩は西中国，北九州地域と異なり幅広いSr，Nd同位体比をもつことを特徴とする（図7.46）．Furuyamaほか（1992）は，2つのグループを結ぶ線を東山陰アレイと名付けたが，その後このアレイは右下方向の0.7094, 0.51226まで延長された（三井，1992）．東山陰アレイはマントル列からEM IIの存在方向に伸び

ているため，この地域のマグマ生成に枯渇したマントル成分と EM II 成分が関与した可能性を論じている．

加々美・玄武洞団研グループ（1990）は，玄武洞地域の玄武岩の起源となったマントルの特徴を明らかにした．玄武洞溶岩は 1.6 Ma に活動したが，その上位に赤石溶岩が分布している．赤石溶岩は，LREE，Sr，Ba に富み，SiO_2，アルカリ金属に異常に乏しい．しかし，玄武洞溶岩，赤石溶岩は微量元素組成では WPB の特徴を示しており Sr に富んでいる（玄武洞溶岩は約 900 ppm，赤石溶岩は 1100〜3300 ppm）．玄武洞溶岩は $^{143}Nd/^{144}Nd$-$^{87}Sr/^{86}Sr$ 図上で，東山陰玄武岩の領域に，赤石溶岩の $^{143}Nd/^{144}Nd$ 比は北九州〜中国地域の中新世以降の火山岩中最も高いグループに属する（図 7.46, 48）．玄武洞溶岩と赤石溶岩の $^{87}Sr/^{86}Sr$ 比，$^{143}Nd/^{144}Nd$ 比の大きな違いは，異なった起源物質に由来したと考えるのが妥当であろう．また，鳥取県倉吉市に分布する晶洞にフロゴパイト（phlogopite）を含むカンラン石玄武岩（倉吉玄武岩）の K-Ar 年代は 1.22±0.08 Ma，1.18±0.11 Ma，Rb-Sr 全岩—鉱物（フロゴパイト，珪長質鉱物）アイソクロン年代は 1.34±0.04 Ma である．倉吉玄武岩は Sr に富み（914 ppm），$^{87}Sr/^{86}Sr$（現在値）は，0.706309，$^{143}Nd/^{144}Nd$ は 0.512551 であり玄武洞溶岩の Sr-Nd 同位体組成に類似している（図 7.48）（加々美ほか，1996）．

7.9.B　瀬戸内火山岩類の Sr，Nd 同位体

瀬戸内火山帯は，13 Ma 頃に愛知県設楽から九州東部まで約 650 km に及ぶ地域に形成された．瀬戸内火山帯には，高マグネシア安山岩（FeO^*/MgO ＜ 1 の安山岩），サヌカイト（sanukite），ざくろ石を斑晶とするデイサイト〜流紋岩など特徴的な火山岩が産出する（図 7.49）．この火山帯は，日本海拡大に伴って西南日本弧が南下し，熱い四国海盆の上にのし上がるという特異な構造地質学的環境のもとで形成されたと考えられている（巽，1995 など）．

瀬戸内火山帯の高マグネシア安山岩は，Tatsumi・Ishizaka（1981，1982a，1982b），Tatsumi（1981，1982）の記載岩石学や溶融実験などの結果から，比較的浅所での含水上部マントルの部分溶融で生成されると結論された．Ishizaka・Carlson（1983）は，瀬戸内火山岩類の玄武岩，高マグネシア安山岩と分化した斑状安山岩の Sr-Nd 同位体を測定し，安山岩は玄武岩より高い

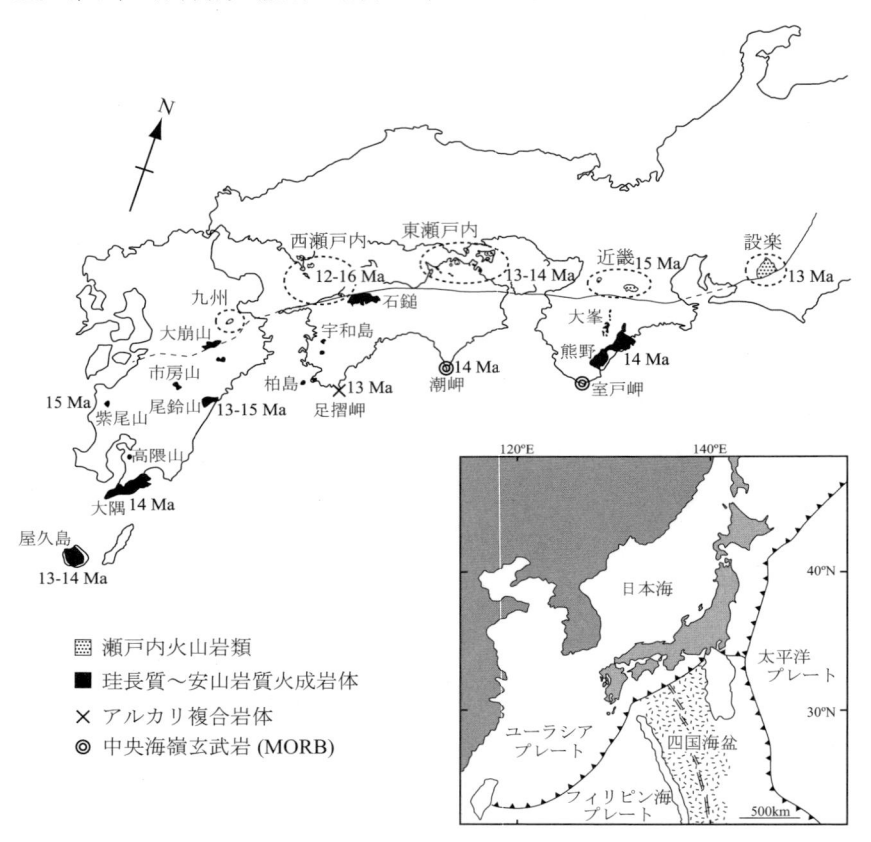

図7.49 西南日本弧の中期中新世火成岩体の分布（Kawabata・Shuto，2005）

^{87}Sr/^{87}Sr 比，低い ^{143}Nd/^{144}Nd 比をもつことを示した．ちなみに ^{87}Sr/^{87}Sr 比は安山岩 0.70487～0.70537，玄武岩 0.70408～0.70468，^{143}Nd/^{144}Nd 比は安山岩 0.51251～0.51273，玄武岩 0.51269～0.51283 である．この結果は，安山岩は玄武岩マグマからの分別結晶作用で形成されたものではなく，初生安山岩マグマに由来したことを示している（図7.50）．また，その後の研究から高マグネシア安山岩の Sr-Nd-Pb 同位体比に地域的な相違があることもわかってきた［たとえば，Tatsumi ほか（2003），図7.51］．

その後，Shimoda ほか（1998）は高マグネシア安山岩と玄武岩の Sr-Nd-Pb 同位体組成の検討から，高マグネシア安山岩マグマは若いリソスフェアととも

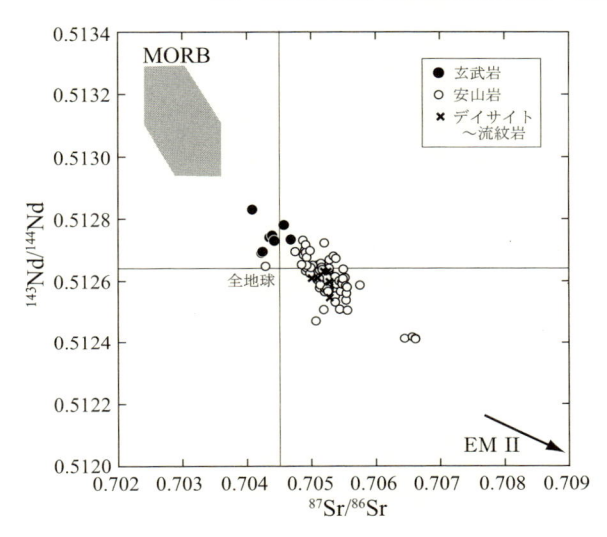

7.9 西南日本弧,琉球弧の新第三紀〜第四紀火山岩

図7.50 瀬戸内火山岩類の $^{143}Nd/^{144}Nd$ 比と $^{87}Sr/^{86}Sr$ 比の関係
データは Ishizaka・Carlson (1983) と Kawabata・Shuto (2005).

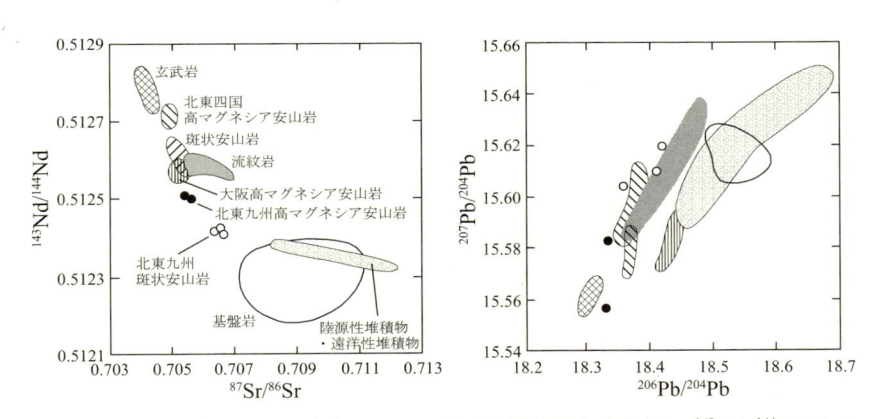

図7.51 瀬戸内火山岩,南海トラフの陸源性堆積物と基盤岩の $^{143}Nd/^{144}Nd$ 比と $^{87}Sr/^{86}Sr$ 比および $^{207}Pb/^{204}Pb$ 比と $^{206}Pb/^{204}Pb$ の関係(Tatsumi ほか,2003)

に沈み込んだ堆積物が溶融し,水を含んだ珪長質なマグマをつくり,そのマグマが上昇してマントルウェッジと混合し,最上部マントルで最終的に平衡に達したと考えた.

Tatsumi・Hanyu (2003) によると，たしかに，瀬戸内高マグネシア安山岩の主成分および微量成分元素組成，Sr-Nd 同位体組成から見ると，マントルウェッジと沈み込む堆積物由来の流体相の添加を示す混合線の上に高マグネシア安山岩の組成がプロットされる．Pb 同位体比で検討すると，Sr-Nd 同位体での検討と同様に，堆積物由来の流体相の添加を示す混合線上に高マグネシア安山岩の組成がプロットされる．しかし，流体相の寄与の程度は Nd-Sr 同位体比の場合よりも明らかに小さく（0.1％以下），この値から予想される高マグネシア安山岩マグマの H_2O 量は 0.5％以下であり，このような少量の H_2O では，上部マントルで形成されるマグマは玄武岩質であると考えられ，高マグネシア安山岩は生成されない．

そこで，彼らは，H_2O で運ばれにくい元素の同位体比として Hf 同位体比に注目して検討を行った．その結果，高マグネシア安山岩マグマは，沈み込む海

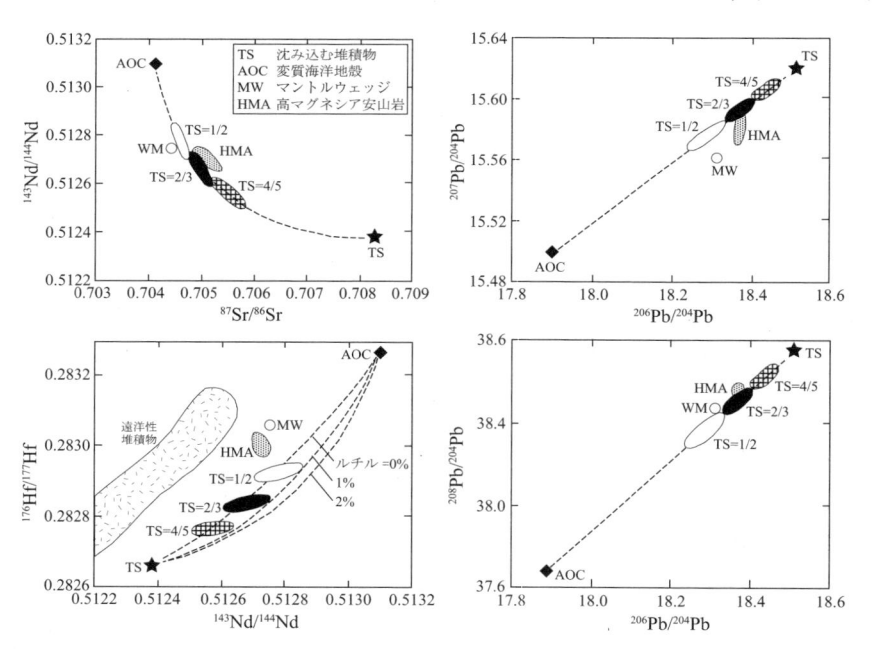

図7.52 沈み込む堆積物と変質海洋地殻に由来する部分溶融液がマントルウェッジと反応してできる高マグネシア安山岩の同位体比の特徴（Tatsumi・Hanyu, 2003）
　　　　破線；変質海洋地殻と沈み込む堆積物の混合線，TS の値；堆積物の寄与程度．

洋地殻および堆積物の部分溶融による含水珪長質マグマとそれに引き続くマグマ-マントルの反応で生成されたというモデルを提案した（図7.52）．ただし，Hf同位体比については，遠洋性堆積物の寄与や部分溶融時のルチルの残存量を考慮する必要がある．なお，Hfの同位体176は^{176}Luの壊変により生成されたものである（表1.2参照）．Hfの電荷（＋4）と6および8配位のイオン半径がZrとほぼ一致するためジルコンに多量に含まれる．そのためジルコンのHfを使って，また同時に得られるU-Pb年代とあわせ，花崗岩の成因を論じるためにも用いられるようになってきている（Kempほか，2005）．

さらに，瀬戸内火山岩類には多種多様な岩石が存在し，地殻内でのマグマ過程（結晶分化作用，マグマ混合，地殻物質の混成作用など）の解明も必要である．Tatsumiほか（2002）は，小豆島に産する斜長石を含むMgに富む安山岩は，構成鉱物の化学組成，Sr-Nd-Pb同位体組成から少なくとも3種類のマグマ（玄武岩マグマ・サヌキトイド質高マグネシア安山岩マグマ・分化した斑状安山岩マグマ）の混合によって形成されたことを示した（図7.53）．Kawabata・Shuto（2005）も，高マグネシア安山岩に伴う中性岩が高マグネシア安山岩と珪長質端成分との混合によって形成されたことを明らかにした．

また，Tatsumiほか（2006）は，香川県小豆島の皇踏山サヌキトイド複合溶岩流（composite lava flow）が，最下部はカンラン石斑晶を10％程度含む高マグネシア安山岩からなるが，上位ほどより分化したサヌキトイドで構成されるが明瞭な境界は存在しないことに注目した．つまり，この複合溶岩流は，マ

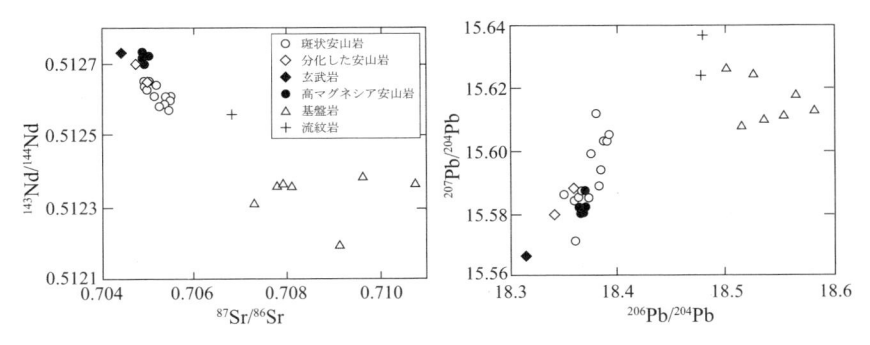

図7.53 小豆島の瀬戸内火山岩類と基盤岩のNd-Sr，Hf-NdおよびPb同位体比の関係（Tatsumiほか，2002）

グマ溜まり内で組成の異なるマグマが共存していたことを示しており，この現象が解明できれば瀬戸内火山岩類の多様な岩石の成因を合理的に説明できる可能性があるからである．彼らは，この複合溶岩流の成因を以下のモデルで説明した．高マグネシア安山岩マグマが地殻内で固結し，それが玄武岩マグマの熱で再溶融し珪長質マグマが形成され岩体内をダイアピル状に上昇する．さらに溶融が進むとマグマの組成は苦鉄質（最終的には高マグネシア安山岩）になり，さまざまな組成のマグマが1つのマグマ溜まりの中に共存するようになる．これらのマグマが連続的に噴出することによって複合溶岩流が形成された．

7.9.C 外帯酸性類の Sr, Nd 同位体

瀬戸内火山活動とほぼ同じ時期（約 14 Ma；角井，2000 など）に，西南日本外帯（南海トラフの近傍）でもマグマの活動が起こり珪長質な火山－深成複合岩体を形成した（**外帯酸性岩**）．外帯酸性岩は，南部フォッサマグナの甲斐駒ケ岳から南海トラフに沿って東から西へ，熊野，大峯，足摺岬，石鎚，神集島−沖の島，大崩，尾鈴，南大隅，屋久島の岩体が分布している（図 7.49）．

中田・高橋（1979）は，これらの火成岩が I タイプ（苦鉄質火成岩の部分溶融物）と S タイプ（泥質堆積物の部分溶融物）(Chappell・White, 1984) に区分され，北部に I タイプ，南部に S タイプが分布していることを示した．

Terakado ほか（1988）は，外帯酸性岩は $^{143}Nd/^{144}Nd$-$^{87}Sr/^{86}Sr$ 図上（図 7.54）で堆積岩や古い地殻と異なった場所にプロットされ，さらに S タイプ酸性岩は I タイプ火成岩と堆積岩の中間に位置することを示した．このことから彼らは外帯酸性岩は，I タイプ火成岩（苦鉄質）成分（図 7.54 の端成分1）と堆積岩（図 7.54 の端成分3）の混合で形成されたと考えた．

一方，Shinjoe (1997) は，四国西南部の宇和島と御内岩体の花崗閃緑岩の主成分・微量成分元素，REE と Sr-Nd 同位体をもとに，宇和島花崗閃緑岩は，斑状安山岩マグマ（高マグネシア安山岩マグマ）（図 7.54 の端成分2）と四万十帯の付加体に貫入した高マグネシア安山岩マグマの熱によって溶融した堆積物の溶融液（図 7.54 の端成分3）の混合によって形成されたと考えた．

Shimoda・Tatsumi (1999) は，瀬戸内高マグネシア安山岩は，沈み込む堆積物が溶融して生成された流紋岩質マグマがマントルウェッジと反応して高マグネシア安山岩マグマが形成されると結論したうえで，上記の Shinjoe (1997)

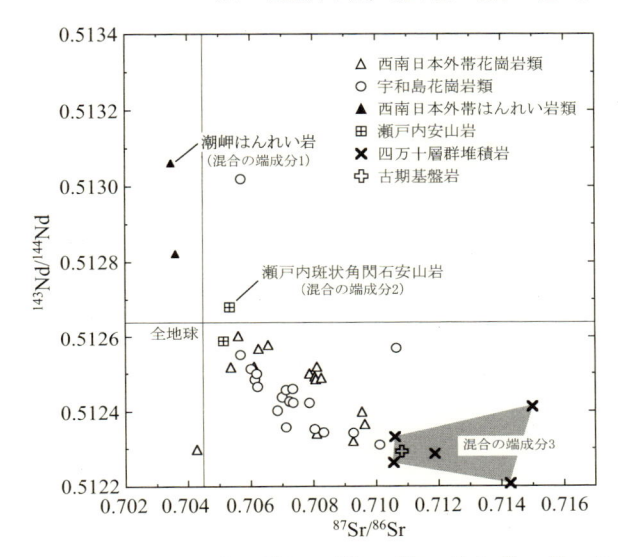

図7.54 西南日本外帯花崗岩類の $^{143}Nd/^{144}Nd$ 比と $^{87}Sr/^{86}Sr$ 比の関係

Terakado ほか (1988) は端成分1と3の混合で,Shinjoe (1997) は端成分2と3の混合で外帯花崗岩類の成因を説明した.データは Terakado ほか (1988) と Shinjoe (1997).

のモデルに関して以下のような問題点を指摘している.もし,瀬戸内流紋岩マグマが沈み込んだ堆積物に由来したものであれば,高温条件下で沈み込んでいる堆積物あるいは付加している堆積物(場合によっては両者)の直接の溶融は,西南日本外帯における珪長質マグマの生成に対しても適用できる.さらに,瀬戸内地域(外帯は含まない)の明らかにマントル由来の高マグネシア安山岩の産状は,高マグネシア安山岩の迸入による地殻を構成する堆積物の二次的な溶融よりも,沈み込むあるいは付加している堆積物(場合によっては両者)の初生的な溶融と調和的である.海溝に近い地域の下にはよく発達したマントルウェッジが存在しないことは堆積物の直接の溶融で流紋岩マグマが生成されるというメカニズムを支持している.

7.9.D 九州の第三紀の火山岩の Sr,Nd 同位体

九州の後期新生代火山活動の特徴や火山岩の化学的性質は,過去から現在まで九州が経験してきたさまざまな地殻変動や火成活動を反映してきわめて複雑である.たとえば,プレート内玄武岩,島弧玄武岩,アダカイト質岩,高マグマネシア安山岩が時間的空間的に錯綜して分布している.このような複雑な火

山活動の時空変遷や火山岩類の化学的特徴を明らかにし,火山活動を支配しているマントルの進化過程を解明するためには,Sr-Nd-Pb同位体にもとづいた研究が不可欠であるが,これまで系統的な研究はなされてこなかった.

最近,Utoほか(2004)は,リフト帯である台湾-宍道褶曲帯の形成に伴って活動した九州北西部の火山岩について,以下のようなことを明らかにした.

長崎県平戸島は,その南西端に位置する五島列島を含め北東-南西方向に伸びる背弧拡大軸である台湾-宍道褶曲帯の軸上に位置する.平戸島は水中に噴出した中新世の非アルカリ玄武岩・安山岩・デイサイトと,それを覆う陸上噴出した後期中新世のアルカリ玄武岩からなる.前者は平戸島および的山大島に広く分布しており15 MaのK-Ar年代を示し,東シナ海拡大時における拡大軸上での火山活動である.SrおよびPb同位体は玄武岩でも高い値($^{87}Sr/^{86}Sr$比0.7051)を示し,EM II的な組成を示すリソスフェア性マントルが関与していると考えられる(図7.55).デイサイトは著しく高い$^{87}Sr/^{86}Sr$比(0.7081)を示し,地殻物質を同化したと思われる.このことは,背弧拡大時の地殻の伸長により上昇するアセノスフェアだけでなくリソスフェアと地殻物

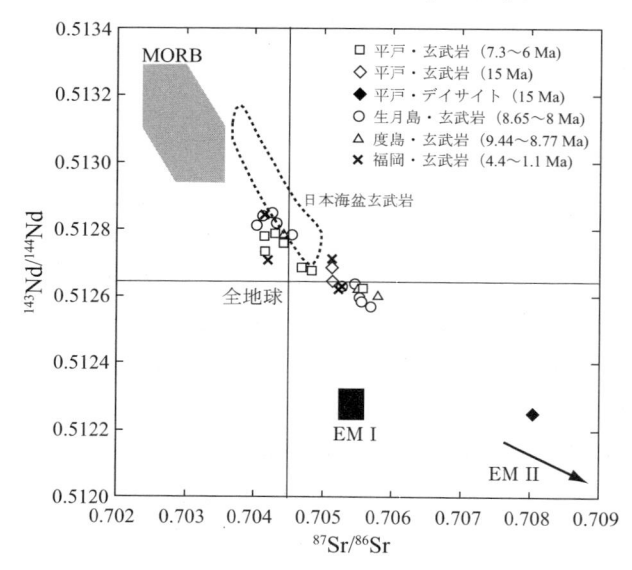

図7.55 長崎県平戸島およびその周辺地域の新生代火山岩類の$^{143}Nd/^{144}Nd$比と$^{87}Sr/^{86}Sr$比の関係(Utoほか,2004)

質が部分溶融に関与したことを示している.

また，Hoang・Uto（2006）は，長崎県島原半島地域と熊本県天草下島地域に分布する 10～0.5 Ma の玄武岩類の地球化学や同位体の研究を行い，琉球弧下の上部マントルの同位体組成を推定した.

10～0.5 Ma の島原半島や天草下島では非アルカリ玄武岩，アルカリ玄武岩が活動した.これらの玄武岩の Sr-Nd 同位体組成は枯渇した成分と EM II に富むエンリッチした成分の間にあるが，部分的に日本海盆玄武岩と重なっており EM I 的な特徴をもつ鬱陵島や竹島の領域の上方にプロットされている.しかし，沖縄トラフ玄武岩，7 Ma の天草玄武岩，4 Ma の島原玄武岩は，同じ $^{87}Sr/^{86}Sr$ 比でより高い $^{143}Nd/^{144}Nd$ 比を示し，枯渇した日本海盆玄武岩のほうへ向かってプロットされている（図 7.56）.

また，島原や天草の玄武岩は，高い Sr 同位体比を示し，SiO_2 量や LILE/HFSE 比と正の相関があることから，玄武岩マグマが地殻物質の混成作用を受けている可能性がある.しかし，地域ごとの玄武岩を見ると，SiO_2 量や

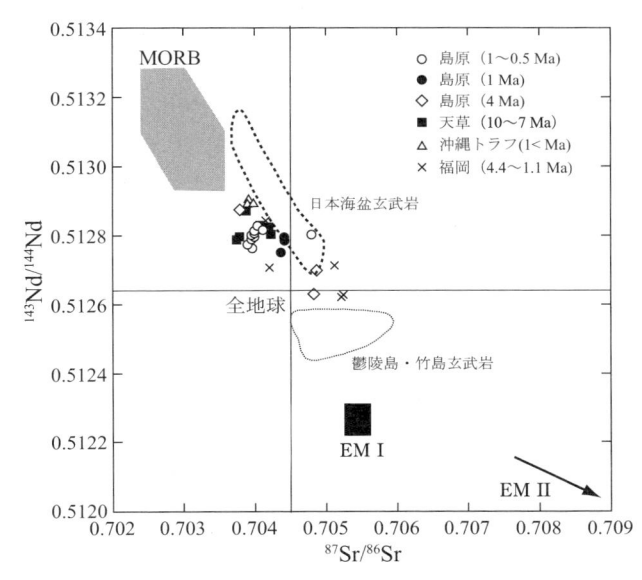

図7.56 熊本県天草下島と長崎県島原半島の新生代玄武岩類の $^{143}Nd/^{144}Nd$ 比と $^{87}Sr/^{86}Sr$ 比の関係（Hoang・Uto，2006）

^{87}Sr/^{86}Sr 比の変化は小さい．このことは，島原や天草の玄武岩の起源マントルは，プレート由来の水に富んだ気相または堆積物の溶融液（場合によっては両者）によって汚染されているかもしれない．しかし，沖縄トラフ玄武岩に化学組成や同位体組成が類似している天草玄武岩は 7 Ma 以降噴出していない．この時期は西南日本弧の下にフィリピン海プレートが沈み込んでいない時期に相当する．両地域の玄武岩マグマの活動は，地殻下の北（天草）から南（沖縄トラフ）へ向かって 30 km〜15 km の間で変化する大陸下のマントルの特徴をもつ起源物質の影響を受けていたのかもしれない．西南日本弧の沖縄トラフと平行な台湾－宍道褶曲帯に沿って分布する中期中新世のソレアイトは，沖縄トラフ玄武岩や天草玄武岩に類似の化学組成を示しており，リソスフェアの組成の影響を受けていると解釈される．沖縄トラフと天草の玄武岩の高 LILE/HFSE 比とはかかわりなく，起源マントルが沈み込み成分あるいは大陸のリソスフェアの汚染（あるいは両者）を反映しており，化学組成や同位体組成の類似は枯渇した起源マントルを示唆している．

つまり，北西九州の島原や天草の新生代玄武岩や沖縄トラフ玄武岩をつくったマントルは，EM II に富んだ太平洋 N-MORB マントルと EM I 成分を少しあるいは全く含まないマントルの混合物であることを示している．これらの玄武岩の組成は，東〜南東アジアや西太平洋縁海盆の下に広く分布するものと類似する特徴をもつ起源マントル（EM I 成分に富む）の影響を受けた北部九州や日本海の玄武岩とは根本的に異なっている．

南部九州に広く分布する肥薩火山岩類は，7.6〜0.4 Ma に活動し広大な安山岩の溶岩台地を形成した（永尾ほか，1999）．Hosono ほか（2003），Hosono・Nakano（2003）は，菱刈金山の周囲の肥薩火山岩類（菱刈火山岩）の地球化学的な研究を行い，安山岩の成因を明らかにした．

菱刈火山岩は，黒園山グループ（2.4〜1.5 Ma）と獅子間野グループ（1.7〜0.5 Ma）に区分される．それぞれのグループは，3つの安山岩のサブグループからなる．ただし，1つのサブグループは流紋デイサイトである．黒園山グループは，年代が若くなるにつれて ^{87}Sr/^{86}Sr, ^{206}Pb/^{204}Pb, ^{207}Pb/^{204}Pb, ^{208}Pb/^{204}Pb が増加し，^{143}Nd/^{144}Nd は減少する．獅子間野グループは，これとは逆の変化をする．Sr-Nd-Pb 図では，菱刈火山岩は 2 つの同位体的に均質な成

分（端成分）の間の混合線上にプロットされる．端成分の1つはMORBに似た組成の枯渇した成分（DC），もう1つは高いPb，Sr同位体比と低いNd同位体比をもつエンリッチした成分（EC）である．菱刈火山岩と日本および周辺地域の岩石の同位体組成を比較した図では以下のことが明らかになった（図7.57）．(1) 枯渇した成分はマントルから上昇してきた低カリの高アルミナ玄武岩マグマである．(2) エンリッチした成分はユーラシア大陸の東縁に分布する大陸性リソスフェアを構成する花崗閃緑岩質下部地殻である．モデル計算によると菱刈火山岩への下部地殻の同化は，黒園山グループでは時間とともに51％から77％に増加する．獅子間野グループでは，逆に68％から57％に減少する．

以上のことから，菱刈火山岩は深部マントルから上昇してきた高アルミナ玄武岩マグマと下部地殻の同化作用，あるいは高アルミナ玄武岩の熱による下部地殻物質の部分溶融によってもたらされたデイサイトマグマと高アルミナ玄武岩マグマとの混合によって形成されたと考えられる．

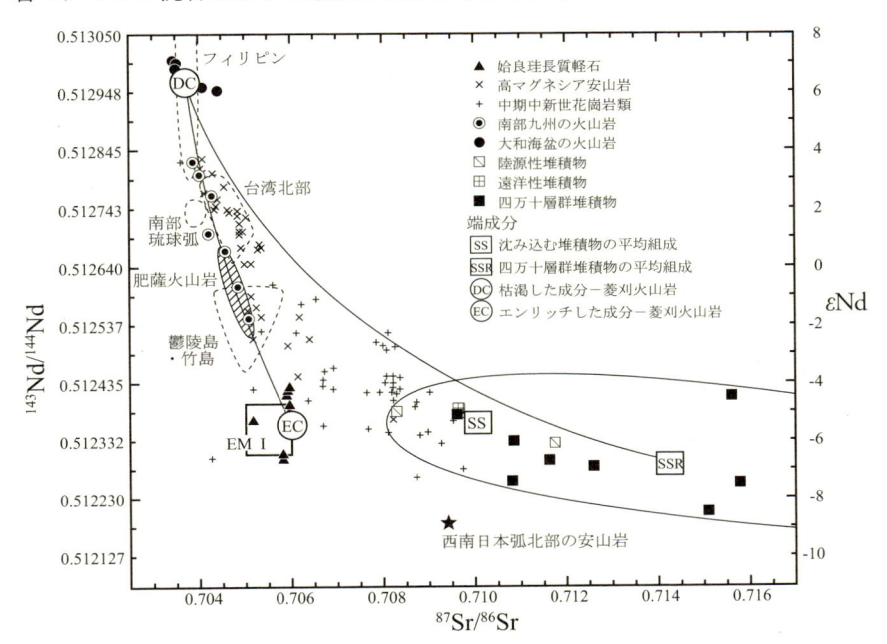

図7.57　菱刈火山岩の^{143}Nd/^{144}Nd比と^{87}Sr/^{86}Sr比の関係（Hosonoほか，2003）

7.9.E フィリピン海プレートの沈み込みに伴う第四紀火山岩の Sr, Nd 同位体比

　フィリピン海プレートは西南日本へ北西方向に沈み込んでいるが，西南日本弧と琉球弧の2つの火山弧を形成している（図7.45）．西南日本に沈み込んでいるフィリピン海プレートは，**九州－パラオ海嶺**を境に，東側に新しい四国海盆（27～15 Ma：Okino ほか，1994），西側に古い**西フィリピン海盆**（60～40 Ma：Hilde・Lee，1984；Shibata ほか，1977b）が沈み込んでおり，このことが西日本弧北部と西南日本弧南部および琉球弧の火山岩の特徴に反映されている．

　西南日本弧北部の火山フロントは，鳥取県大山～大分県久重山まで続いているが，これらの火山を構成する角閃石安山岩～デイサイトは，アダカイト質マグマに由来するものと考えられるようになった．たとえば，大山（Morris，1995；Kimura ほか，2005），三瓶山（Morris，1995），青野火山群（Kimura ほか；Morris，1995；角縁・永尾，1994），姫島火山群（柴田ほか，2005），両子山（柴田，2005；堀川・永尾，2007），由布岳・鶴見岳（Sugimoto ほか，2006）である（図7.58）．しかし，Sr，Nd 同位体の研究は何人かの研究者によって精力的に行われているものの，まだすべての火山を網羅しているわけではない．図7.59に西南日本弧北部の安山岩～デイサイトの $^{143}Nd/^{144}Nd$-$^{87}Sr/^{86}Sr$ 比の関係を示す．アダカイト（adakite）は，沈み込んだ海洋プレートが直接部分溶融して形成されたもので高い Sr 含有量，低い Y 含有量，高い Sr/Y 比を示し，$^{87}Sr/^{86}Sr$ 比も MORB のものと同様に低いという特徴を示し（Defant・Drummond，1990），一般の沈み込み帯に産するカルクアルカリ系列の火山岩と区別されている．しかし，同一の火山の岩石で典型的なアダカイトマグマからの分別結晶作用では説明できない化学組成変化やより MgO，Cr，Ni などの元素に富むアダカイト質岩の存在などからアダカイトマグマと玄武岩マグマの混合，アダカイトマグマとマントルウェッジのかんらん岩との反応なども議論され始めた（Sugimoto ほか，2006；堀川・永尾，2007など）．なお，Kimura ほか（2005b）によれば，世界中のアダカイトの Sr-Nd 同位体比は $^{87}Sr/^{86}Sr$ 比　0.7026～0.7083，$^{143}Nd/^{144}Nd$ 比 0.51324～0.51241 であり，これらの値は $^{143}Nd/^{144}Nd$-$^{87}Sr/^{86}Sr$ 図上で MORB から全地球を通って EM II

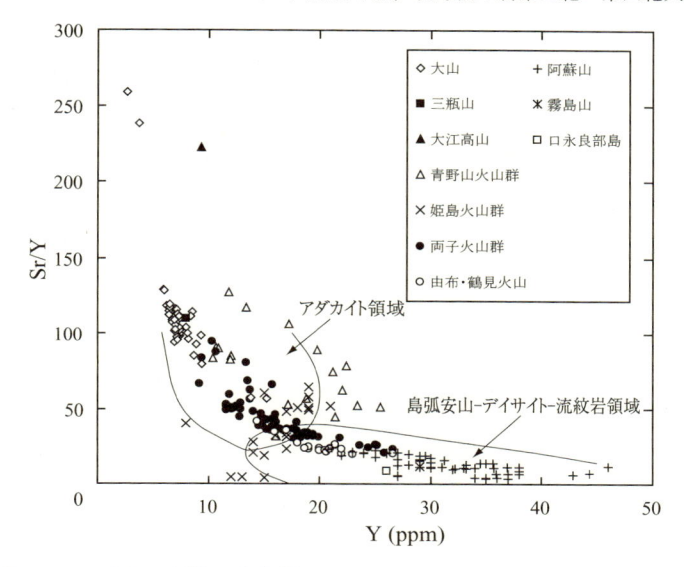

7.9 西南日本弧，琉球弧の新第三紀〜第四紀火山岩　231

図7.58 西南日本弧の安山岩〜デイサイトのSr/Y比とY濃度の関係
データは中田（1986），伊藤（1990），太田・青木（1991），角縁・永尾（1994），Morris（1995），Hunter（1998），Tamuraほか（2003），Kimuraほか（2005b），三好ほか（2005），Sugimotoほか（2006），堀川・永尾（2007）．領域はDefant and Drummond（1990）による．

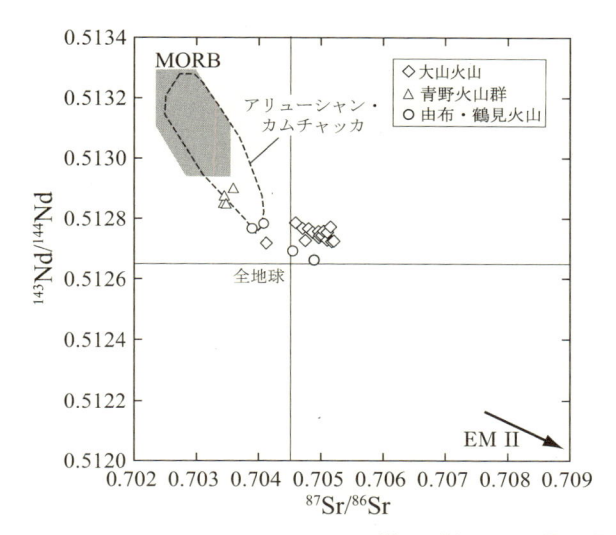

図7.59 西南日本弧の安山岩〜デイサイトの^{143}Nd/^{144}Nd比と^{87}Sr/^{86}Sr比の関係
データは角縁・永尾（1994），Tamuraほか（2003），Sugimotoほか（2006）．領域はKimuraほか（2005）．

成分のマントル列上にプロットされ，Defant・Drummond（1990）などによるアダカイトのSr同位体比はMORBの値とほぼ同じという定義とは異なってきている．このことは，たとえば，大山-蒜山のアダカイトがプレートとそれに伴う堆積物を起源としている（Kimuraほか，2005）ことやアダカイトマグマと玄武岩マグマの混合（堀川・永尾，2007）などが原因として考えられる．ちなみに，Tamuraほか（2003）は，大山の安山岩〜デイサイトはマントル由来の高マグネシア安山岩が下部地殻で固結し，その後，玄武岩の熱によってさまざまな程度に部分溶融し形成されたと考えている．

一方，西南日本弧南部の火山フロントは阿蘇山，霧島山，桜島，開聞岳などによって構成されており，輝石安山岩が主体である．

Notsuほか（1990）は，西南日本弧と琉球弧の火山岩のSr同位体比の島弧横断方向と島弧方向の系統的な変化は見られず，玄武岩〜デイサイトの$^{87}Sr/^{86}Sr$比は0.7040〜0.7069まで変化し，玄武岩だけみると北部のものは0.7040〜0.7045で南部よりやや低いことを指摘した．また，このようなSr同位体比の不均質はフィリピン海プレートの沈み込みの初期段階で，起源マントルがまだプレート由来の成分で完全に汚染されていないことが原因であると考えていた．

Shinjoほか（2000）は，南部九州の火山フロントの玄武岩の$^{87}Sr/^{86}Sr$比は，0.70390〜0.70517，$^{143}Nd/^{144}Nd$比は0.51257〜0.51287と組成幅が大きいことを指摘した．（図7.60）．微量元素やPb同位体の検討から，南部九州の玄武岩の同位体組成の不均一は，インド洋タイプのマントルと琉球海溝堆積物の混合で説明が可能であるとした．一方，北部琉球弧の火山フロントの苦鉄質マグマは同位体的には太平洋タイプのMORBマントルウェッジと沈み込み帯成分（堆積物＋気相）の混合を示しているが，火山フロントに沿って大きな地球化学的な変化が認められる（図7.60，61）

図7.62に南部九州の火山フロントの玄武岩と琉球弧の火山岩の緯度による同位体の変化を示した．南部九州では広い組成範囲を示し，海溝からの距離（あるいはプレートの深さ）との相関もない．プレート由来成分が非常に狭い地域で不均質であることは考えにくいので，この化学的な不均質はより汚染の影響を受けやすいマントルウェッジのさまざまな枯渇度を反映していると思わ

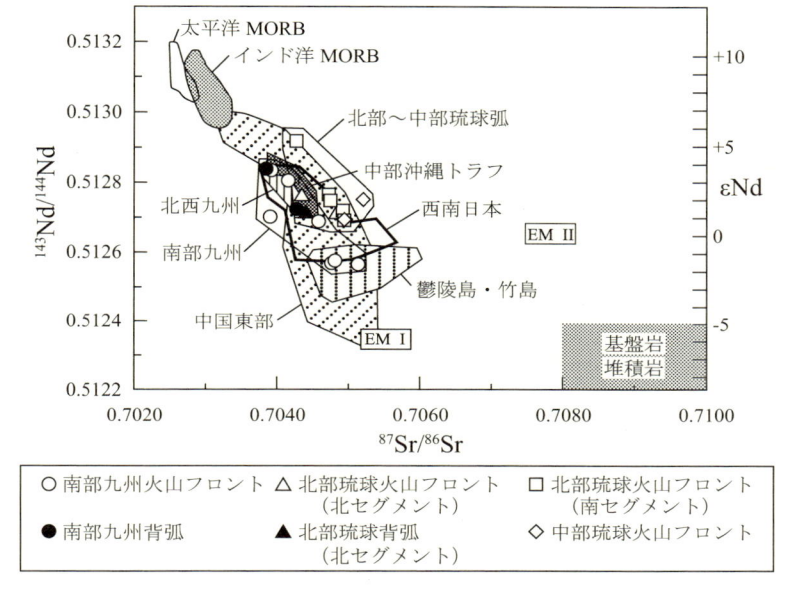

7.9 西南日本弧，琉球弧の新第三紀〜第四紀火山岩　233

図7.60　南部九州〜琉球弧の火山岩の $^{143}Nd/^{144}Nd$ 比と $^{87}Sr/^{86}Sr$ 比の関係（Shinjo ほか，2000）　EM I，EM II は Faure（2001），Faure・Mensig（2005）による．

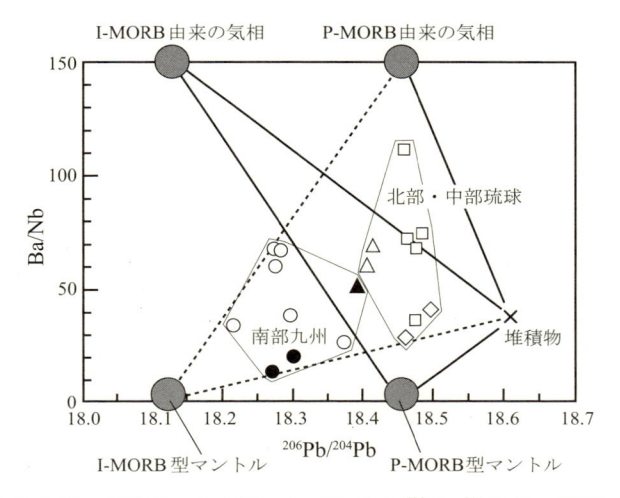

図7.61　南部九州〜琉球弧の火山岩の Ba/Nb 比と $^{206}Pb/^{204}Pb$ 比の関係（Shinjo ほか，2000）　I-MORB；インド洋 MORB，P-MORB；太平洋 MORB．

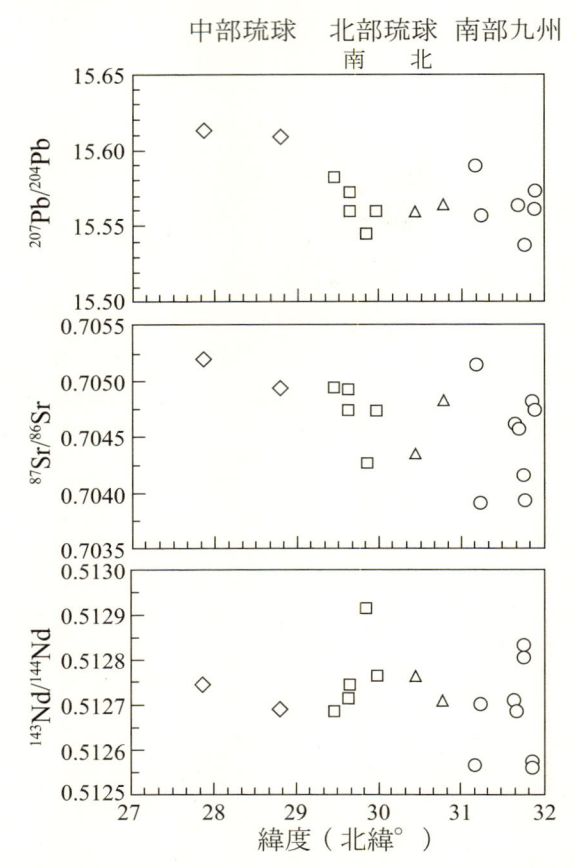

図7.62 南部九州〜琉球弧の火山フロントに沿って噴火した火山岩の $^{143}Nd/^{144}Nd$ 比，$^{87}Sr/^{86}Sr$ 比，$^{207}Pb/^{204}Pb$ 比と緯度の関係（Shinjoほか，2000）

れる．

　さらに，北部琉球弧の火山岩に比べて，中部琉球弧の火山岩は低い $^{143}Nd/^{144}Nd$ 比と高い $^{207}Pb/^{204}Pb$ 比，$^{87}Sr/^{86}Sr$ 比を示している．これらの組成変化は沈み込むプレートからの堆積物や液相の付加の量の反映だと考えられている．つまり，北部琉球火山岩組成の島弧方向の変化はプレート由来成分の不均質によるものであり，北部琉球弧よりも南部琉球弧の起源物質（マントル）への堆積物の大きな寄与によって説明することができる．

さて，西南日本弧の個々の火山についての同位体岩石学的研究は少ないが阿蘇山については詳細な研究がある．阿蘇山は，南北約 25 km，東西約 18 km のカルデラ（caldera）を有する巨大な火山で，カルデラ形成時の大規模火砕流（pyroclastic flow）とカルデラ形成後の複数の成層火山（stratovolcano）と単成火山（monogenetic volcano）で構成されている（小野・渡辺，1985）．
Hunter（1998）によれば，阿蘇山を構成する玄武岩，安山岩，デイサイトの $^{87}Sr/^{86}Sr$ はほとんどのものが 0.70404 〜 0.70402 の範囲に入り（図 7.63），日本列島の一般的な火山岩の組成変化の範囲である．また，Aso-1 から Aso-4 に向かって，つまり時間の経過に伴って $^{87}Sr/^{86}Sr$ 比は減少し，$^{143}Nd/^{144}Nd$ 比は増加する傾向がある．このことは，地殻の混成作用などの影響が Aso-1 から Aso-4 に向かって小さくなっていることを示しているのかもしれない．さらに詳しく検討するために図 7.64 に，Aso-1 から Aso-4 の噴出物の SiO_2 と $^{87}Sr/^{86}Sr$ 比の関係を示した．Aso-1 では，SiO_2 が増加しても $^{87}Sr/^{86}Sr$ 比はほとんど変化しないので，結晶分化作用によってマグマの組成変化が起こったと考えられる．Aso-2 では，SiO_2 の増加に伴い $^{87}Sr/^{86}Sr$ 比は増加しており地殻物質との混成作用によってマグマの組成変化が起こったと考えられる．Aso-3 では SiO_2 の増加に伴い $^{87}Sr/^{86}Sr$ 比はわずかに増加するが，Aso-4 ではほぼ一

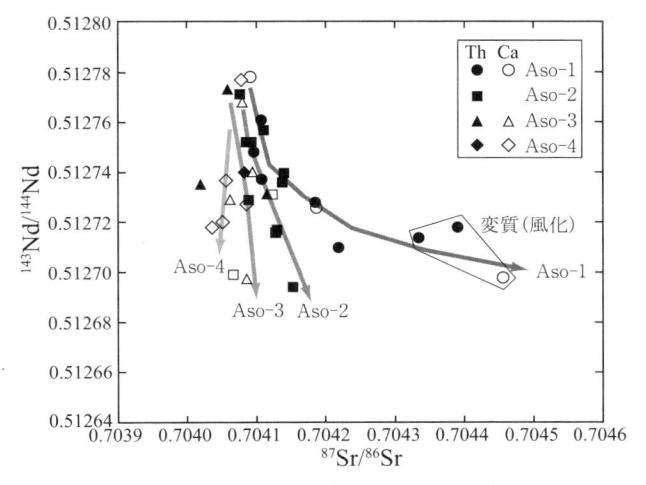

図7.63　阿蘇火山の Aso-1 〜 Aso-4 の $^{143}Nd/^{144}Nd$ 比と $^{87}Sr/^{86}Sr$ 比の関係（Hunter, 1998）　Th：ソレアイト系列，Ca：カルクアルカリ系列

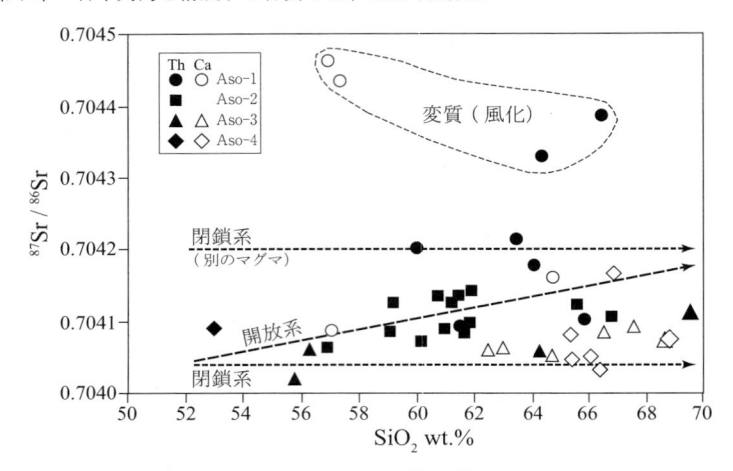

図7.64 阿蘇山の Aso-1 ～ Aso-4 の $^{87}Sr/^{86}Sr$ 比と SiO_2 濃度の関係 (Hunter, 1998)

定である．このことから Aso-3 はわずかに地殻の混成作用の影響を受けているが Aso-4 はほとんどその影響を受けず，結晶分化作用によってマグマの組成が変化したと考えられる．ただし，Aso-1 と Aso-2 ～ Aso-4 の親マグマは，異なっている．

7.9.F　フィリピン海プレートの沈み込みと直接的な関係をもたない第四紀火山

熊本県金峰山，長崎県雲仙岳，長崎・佐賀の県境付近に分布する多良岳は，九州の背弧側に分布する火山で，カルクアルカリ質安山岩～デイサイトを主体とするがフィリピン海プレートの沈み込みと直接的な関係をもたないと考えられている．現段階ではこれらの火山を構成する岩石の詳細な Sr-Nd 同位体の研究成果は公表されていないが多良岳に関して Sr 同位体に関する研究が行われている．

多良岳は，1 ～ 0.45 Ma の間に玄武岩～流紋岩が噴出した（小形，1989；小形・高岡，1991；宮地・松本，1992）．井川・永尾（1996）によれば多良岳の主要な部分は下位から古期玄武岩類（WPB），古期安山岩類（カルクアルカリ安山岩），新期玄武岩類（WPB），新期安山岩類（カルクアルカリ安山岩）である．玄武岩と安山岩の古期玄武岩類の $^{87}Sr/^{86}Sr$ 比は約 0.70440 で MgO の変

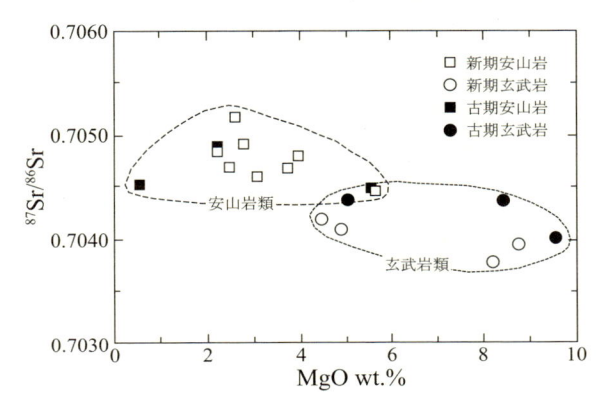

図7.65 多良岳の玄武岩・安山岩の $^{87}Sr/^{86}Sr$ 比と MgO 濃度の関係（井川・永尾, 1996）

化にもかかわらず一定であり（図7.65），古期安山岩類は，古期玄武岩類よりもやや高い $^{87}Sr/^{86}Sr$ 比を有し MgO の変化に対してほぼ一定（0.70463）である．新期玄武岩類の $^{87}Sr/^{86}Sr$ 比はほぼ同じで 0.70408，新期安山岩は 0.70494 で MgO が変化しても $^{87}Sr/^{86}Sr$ 比は一定である．これらのことから，安山岩は玄武岩の分別結晶作用や混成作用で形成されたものではないことがわかる．また，全岩化学組成や鉱物組成特徴から，安山岩類の親マグマは高マグネシア安山岩質で上昇するプレート内玄武岩マグマとマントル物質の反応，あるいは高温のマントルダイアピルの熱的影響によって過去に沈み込み帯由来物質に汚染されたマントルが部分溶融し形成された可能性がある．

付　録　I

1　K-Ar系

　Kは+1価の電荷と138 pmのイオン半径をもち，地殻に濃集しやすい元素の代表である．したがって，Kは地殻を構成する多くの岩石にたくさん含まれている．Kの3つの同位体（39，40，41）の中の40は放射性同位体で，その10.48％は電子捕獲（以降ECと略す）により^{40}Arに，残りの89.52％はβ壊変により^{40}Caとなる．なお，^{40}ArがECにより生成されるとき，陽電子（positron，β^+）の放出を伴うが壊変全体のわずか0.001％にすぎないため無視できる．Arは40のほかに36，38の同位体をもち，^{36}Arの同位体存在度は^{38}Arの約5.3倍ある．本文の§2.4の項で示した一般式（2.9）からK-Ar系の式が導かれる．

$$(^{40}\text{Ar}/^{36}\text{Ar})_p = (^{40}\text{Ar}/^{36}\text{Ar})_t + (\lambda_{EC}/\lambda)(^{40}\text{K}/^{36}\text{Ar})_p(e^{\lambda t}-1) \quad (A.1)$$

　（A.1）式にはRb-Sr系にはなかった（λ_{EC}/λ）の項が加わっている．壊変定数のλは$\lambda_{EC}+\lambda_\beta$となるが，これは^{40}KからECと$\beta$壊変により^{40}Arと^{40}Caがそれぞれ生成されることによる．$(^{40}\text{Ar}/^{36}\text{Ar})_p$と$(^{40}\text{K}/^{36}\text{Ar})_p$は試料から得られる現在値，$(^{40}\text{Ar}/^{36}\text{Ar})_t$は，試料が形成された時にもっていたAr同位体比である．

　^{40}Kの壊変定数（EC，β壊変）は，ほかの系に比べ大きいので若い時代の岩石に適用しやすい．^{40}Kの同位体存在度は0.012％程度と低い．このことからK-Ar系による年代測定はたいへんむずかしそうな印象を受ける．しかし地殻を構成する岩石，およびそれをつくる鉱物には，親核種の元素であるKが含まれることが多い．一方，娘核種のArは不活性ガス（inert gas）に属するということもあって，物質の形成当初から含まれることはないか，たとえ含まれたとしてもごくわずかである．このような理由により，年代測定はそれほど困難ではない．したがって，年代測定の歴史もU-Pb系，Th-Pb系に次いで長い．

　岩石あるいは鉱物1試料を使って年代測定を行う場合，「それらの物質が形

成された当初，^{40}Ar は含まれることはない」の項を活かす．したがって，(A.1) 式の $(^{40}\text{Ar}/^{36}\text{Ar})_t$ の項を 0 とすると次式が得られる．

$$(^{40}\text{Ar}/^{36}\text{Ar})_p = (\lambda_{EC}/\lambda)(^{40}\text{K}/^{36}\text{Ar})_p(e^{\lambda t}-1) \qquad (A.2)$$

この式で分母の ^{36}Ar は両辺にあるので，この項を省くと (A.3) 式が得られる．

$$(^{40}\text{Ar})_p = (\lambda_{EC}/\lambda)(^{40}\text{K})_p(e^{\lambda t}-1) \qquad (A.3)$$

(A.3) 式は ^{40}Ar と ^{40}K の定量分析により年代値 (t) が得られることを示している．$(^{40}\text{Ar}/^{36}\text{Ar})_t = 0$ の前提は，後述する一部の岩石，鉱物には問題となる．しかし，K 濃度がある程度高く，高温下で形成された物質では $(^{40}\text{Ar})_t$ が無視できるため，ゼロとしても年代値に大きな影響を与えない．1 試料から年代値が得られるという便利さもあって，この方法によるデータ数はたいへん多い．

しかし「形成時に Ar が全く存在しない」，すなわち $(^{40}\text{Ar}/^{36}\text{Ar})_t = 0$ という前提が厳密には正しくなく，ごくわずか含まれていることが普通で，そのため K 濃度の低い，あるいは低温で形成された一部の岩石，鉱物の年代データの精度が落ちることが懸念される．また，厳密な年代値を得たい場合，あるいはわずかな年代差を論じたい場合も問題となる．

$(^{40}\text{Ar}/^{36}\text{Ar})_t$ がある数値を示す場合，この数値は試料形成時にすでに存在していた過剰な放射性源 ^{40}Ar をもつアルゴン (excess Ar) と，抽出過程および同位体分析機器などから混入する大気起源のアルゴンの両者の和を示している．この過剰な ^{40}Ar と大気からの混入アルゴンの影響を取り除くために，縦軸に $^{40}\text{Ar}/^{36}\text{Ar}$ 比，横軸に $^{40}\text{K}/^{36}\text{Ar}$ 比をとったアイソクロン法を使う．ただしこのアイソクロン法では，1 試料で年代値が得られるという K-Ar 系の簡便さは失われる．

K-Ar アイソクロン法では，粒径のそろった同一鉱物か，閉鎖温度が同じ鉱物を数個〜数十個使い，Ar と K 同位体比を測定し年代を算出する．アイソクロンと縦軸との交点の $^{40}\text{Ar}/^{36}\text{Ar}$ 比は，すでに存在していた Ar の同位体比になる．この比の値が 295.5 の場合は大気の混入があったことを示し，それ以上の値になると大気以外の過剰な ^{40}Ar が試料中にすでに存在していたことを示している．

^{40}K の壊変から生成される ^{40}Ar は，ほかの元素と化合物をたいへんつくりにくい不活性ガスである．これは生成された ^{40}Ar が鉱物結晶中，不安定な状態にあり，したがって温度の変化に対して非常に敏感なことを示している．このため複雑な地殻変動を受けた岩石の場合，その岩石が形成された最初の年代値が得にくいという短所をもっている．しかしその一方，この敏感さを活かした研究も可能である．

2 Ar-Ar系
(1) プラトー年代

^{40}Ar–^{39}Ar 法ともいう．天然には存在しない ^{39}Ar は原子炉中で（高）速中性子照射を行い，^{39}K の中性子の捕獲と陽子の放出（質量数の変化 0，原子番号 −1）により生成される．この年代測定法は K-Ar 系に比べ利点が多い．1つ目は，K と Ar の定量測定を必要とせず，Ar 同位体比測定のみで年代値が得られるため精度が上がることである．2番目の利点として，試料（鉱物）中，不均一な K, Ar の分布があっても，年代値に対する影響は少ないことである．3番目には，試料を加熱する温度を変えながら放出される Ar の同位体比の測定を行うことによって，試料のもつ熱的歴史が解析されることである．このように利点が多いため，年代値として報告されることが多くなってきている．

放射中に生成される ^{39}Ar は次の式により与えられる．

$$^{39}\text{Ar} = {}^{39}\text{K} \Delta t \int \phi_e \, \sigma_e \, de \tag{A.4}$$

この式の Δt は照射時間である．ϕ_e は，エネルギー（e）をもつ中性子束，σ_e はエネルギー（e）の中性子に関する ^{39}K の核反応断面積である．生成される ^{39}Ar 量は，照射中の中性子エネルギーの全範囲を積分し算出しなくてはならないが，正確な値を決めることはたいへんむずかしい．そこで，年代値がすでに決まっている標準試料を原子炉中に同じ条件下において，照射に関する項を算出するという方法を用いる．(A.4) 式の ^{39}Ar，^{39}K とも現在値であるが煩雑になるため ( )$_p$ を省略する．K-Ar 系で示した (A.3) 式の $(^{40}\text{Ar})_p = (\lambda_{EC}/\lambda)(^{40}\text{K})_p(e^{\lambda t}-1)$ を分子に，(A.4) 式を分母にとると次の (A.5) 式が得られる．なお $(^{40}\text{Ar})_p$ は放射性源 Ar であるため $^{40}\text{Ar}^*$ と表し，$(^{40}\text{K})_p$ とも ( )$_p$ を省略する．

$$^{40}\text{Ar}^*/^{39}\text{Ar} = (\lambda_{EC}/\lambda)[^{40}\text{K}/(^{39}\text{K}\Delta t \int \phi_e \, \sigma_e \, de)] \times (e^{\lambda t} - 1) \quad (A.5)$$

ここで λ は先に述べたように $(\lambda_{EC} + \lambda_\beta)$ を示している．(A.5) 式の右辺の $(e^{\lambda t} - 1)$ 以外の部分は ^{40}K の壊変定数と中性子照射に関係する項のため，年代既知の標準試料と年代未知の試料とでは全く同じである．したがって年代値 (t)，^{40}K のわかっている標準試料の $^{40}\text{Ar}^*/^{39}\text{Ar}$ 比の測定を行えば，$(e^{\lambda t} - 1)$ 以外の部分の数値が得られる．ここで (A.5) 式の右辺の $(e^{\lambda t} - 1)$ を除く部分，すなわち $(\lambda/\lambda_{EC})[(^{39}\text{K}\Delta t \int \phi_e \, \sigma_e \, de)/^{40}\text{K}]$ を J とおくと (A.5) 式は次の式となる．

$$^{40}\text{Ar}^*/^{39}\text{Ar} = (e^{\lambda t} - 1)/J \quad (A.6)$$

年代既知の標準試料と同じ条件で照射を受けた年代未知試料の年代値は，$^{40}\text{Ar}^*/^{39}\text{Ar}$ 比を測定することによって (A.7) 式から得られる．

$$t = (1/\lambda) \times \ln[(^{40}\text{Ar}^*/^{39}\text{Ar}) \times J + 1] \quad (A.7)$$

このように Ar の同位体比を測定すれば高精度の年代が得られるが，普通このような使われ方はせず，次に述べる**プラトー年代** (plateau date) を得るために使われる．

照射を受けた試料を溶融するまで段階的に加熱し，ある温度で放出された Ar 同位体をその都度測定する．これは，ある温度である鉱物から放出される Ar は，鉱物結晶内で同じ箇所から放出された ^{39}Ar（すなわち ^{39}K）と ^{40}Ar を含むという考えに基づいている．最初に「試料中，不均一な K, Ar の分布があっても，年代値に対する影響は少ない」と記したが，このことを指している．このような**段階加熱法** (incremental heating technique) により得られたいくつかの試料の Ar 同位体データを，縦軸に $^{40}\text{Ar}/^{36}\text{Ar}$ 比，横軸に $^{39}\text{Ar}/^{36}\text{Ar}$ 比をとった図にプロットする．^{39}Ar は速中性子照射を行う以前の ^{39}K を示している．^{39}K の同位体存在度は ^{40}K の 7,991 倍のため，この図の横軸の分子は親核種，縦軸の分子は娘核種という関係にあり，K-Ar 系のアイソクロン図と同じになる．したがって，得られた直線の傾斜は年代を示している（付図.1(b)）．$^{40}\text{Ar}/^{36}\text{Ar}-^{39}\text{Ar}/^{36}\text{Ar}$ アイソクロン図は試料中の過剰 ^{40}Ar と大気源アルゴンの存在を評価するのに好都合である．

しかし多くの場合，一度形成された岩石・鉱物は，その後の地質学的影響を受け Ar がさまざまな程度で逸散していることが多い．そのためこの逸散の程

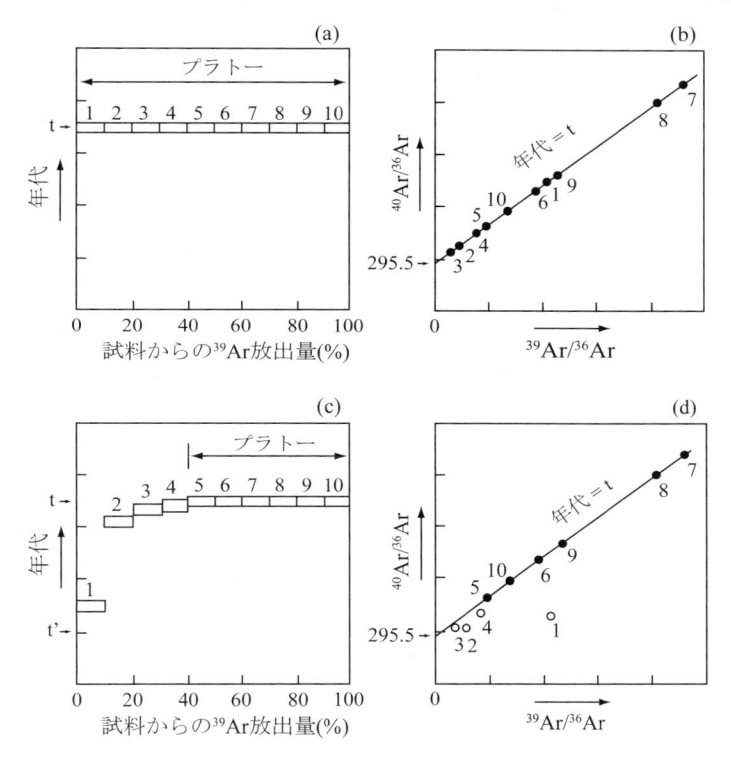

付図.1 プラトー年代とAr-Arアイソクロンの関係（Dalrymple, 1991）

度がわかる図を使ったほうがより便利である．横軸に^{39}Arの試料からの放出率（以降，脱ガスされたArの割合という表現を使う）をとり，縦軸に^{40}Ar*/^{39}Ar比をとった図をつくる．加熱温度が高いほど^{39}Ar全体に対する脱ガスされた^{39}Arの割合は当然高くなり，また縦軸の^{40}Ar*/^{39}Ar比は，(A.7)式から年代値そのものを表している．これは，加熱温度が高い時に脱ガスされるArは，高温時に形成された鉱物結晶内のある箇所から放出され，一方，低温時に脱ガスされるのは，低温時に形成された鉱物結晶の部分から放出されるに違いないという自然界の熱史を，加熱温度に模倣させた単純な考えによっている．この図で^{39}Arの脱ガスの割合が数10％以上の占める範囲で，一定の年代（^{40}Ar*/^{39}Ar比）が得られると，それをプラトー年代と呼び，地質的に意味ある年代として用いられる．

(2) プラトー年代とアイソクロンの関係

プラトー年代と $^{39}Ar/^{36}Ar$-$^{40}Ar/^{36}Ar$ アイソクロンの関係について，Dalrymple（1991）が解説している（付図.1）．この図の（a）は二次的な熱的影響を被っていない場合で，温度を10回変えて段階的に加熱し，各温度で脱ガスしたAr試料（フラクション）の同位体比は，いずれも "t Ma" を示す．この一定の "t Ma" がプラトー年代である．この場合のアイソクロン図を（b）に示した．フラクション1～10の示す傾斜が "t Ma" である．このアイソクロンと縦軸との交点が図のように295.5の場合，大気由来のArの存在がわかる．この値以上になると過剰Arの存在を示す．これらのArは下に述べる特別な場合以外，プラトー年代を示す図からは読みとることはできない．

以上と同じ "t Ma" の年代値をもつ試料が，二次的な熱的作用を受けた場合が（c）である．この図では "t Ma" の年代をもつ試料が，"t´ Ma" に熱的な影響を受けている．最初の加熱で脱ガスArが10％のフラクション1から，"t´ Ma" に近い年代値が得られる．この "t´ Ma" の正確な年代値は，低温域でより細分したフラクションのAr同位体比を測定することで得られそうであるが，このような低温域では過剰Arが含まれることがあり，年代がかえって古くなってしまうこともある．図（c）において，フラクション1の後，さらに2→3→4と段階的に加熱し，脱ガスされたArの割合が上がるにつれ年代は古くなる．5回目の加熱以降，最終の10回目まで一定のプラトー年代 "t Ma" が得られる．アイソクロン図（d）では，このプラトー年代を示すフラクション5～10から得られる傾斜に意味があり，縦軸との交点が295.5の場合，大気中のArが混入したことを示している．

3　Th-Pb系，U-Pb系；コンコルディア法
(1)　Th, U, Pbの化学的特徴

ThとUはともに**アクチノイド**（actinoid）に属し，一方，Pbは炭素族元素（element of the carbon group）の中で最も重い元素である．これらの元素を使った年代測定は80年に近いたいへん長い歴史をもっており，現在，地球の年齢と考えられている，45.4億年とほぼ一致する値（45.5億年）は $^{207}Pb/^{204}Pb$-$^{206}Pb/^{204}Pb$ アイソクロン図により初めて明らかにされた．そこでU, Th

とPbに関する研究の初期の歴史についてごく簡単にふれる.

PbがUの壊変生成物である可能性を指摘し,明らかにしたのはBoltwood (1905, 1907) であった.また,Thの壊変生成物でもあることを明らかにしたのはSoddyとHyman (1914) であった.PbがU, Thの壊変生成物であることを使った**化学年代法** (chemical dating) により,地殻の年齢を計算した最初はRussell (1921) で,おおよそ40億年という結果を報告した.この化学年代については4.のCHIME法のところでふれる.^{238}Uの壊変により^{206}Pbが生成されること,すなわち同位体を用いて年代計算を行った最初はFenner・Piggot (1929) であった.その約10年後に,Nier (1938), Nierほか (1941) はイオンビームの強度を測定するために増幅器を備えた新たな質量分析計を開発し,この分析計を使い方鉛鉱について精度のよいPb同位体比を得ることに成功した.この測定が成功したしばらく後の1940年代中頃から1960年代初期にかけて,U, Th, Pb各元素の同位体を使ったさまざまな年代測定用時計が考案され,また確立されている.これらの系は副成分鉱物,特にジルコンのように風化・変質作用に対して強い鉱物などに適応できるという利点がある.この鉱物を活かすことができる新しい分析機器の導入により,現在もさらに発展を続けている.コンコルディア法を説明する前にウラン,トリウム,鉛の化学的性質を記す.

原子番号90のThはイオン半径94 pmで+4価の電荷をもっている.原子番号92のUの電荷とイオン半径はそれぞれ+3価 (103 pm), +4価 (97 pm), +5価 (89 pm), +6価 (80 pm) であるが,この中で+6価が一番安定,次が+4価となっている.また,原子番号82のPbの電荷とイオン半径は+2価 (132 pm), +4価 (84 pm) で,自然界では+2価が安定に存在できる.

Thは質量数232のみであるが,α線とβ線を繰り返し放出し最終的に^{208}Pbが生成される.Uは234, 235, 238の3つの同位体があり,その中で235と238は壊変しそれぞれ^{207}Pbと^{206}Pbとなる.また,^{234}Uは^{238}Uが壊変する過程で生成されるが,α壊変し再び^{230}Thに変わる(壊変定数=2.829×10^{-6}/年).^{235}U/^{238}U比は137.88である.鉛は204, 206, 207, 208の4つの同位体があるが,204を除く3同位体は放射性源である.それぞれの親核種,娘核種と壊変過程は付図.2のようになっている.この図から^{234}Uは^{238}Uの壊変過程の比較

付表.1 鉱物の Th, U, Pb 濃度と Th/U 比

鉱物名	Pb 濃度 (ppm)	U 濃度 (ppm)	Th 濃度 (ppm)	Th/U
A. 主成分鉱物				
かんらん石	1 以下	0.05 以下	0.02 以下	低い
輝石類	5.9	0.1-50	−	−
ホルンブレンド	15	0.2-60	5-50	2-4
黒雲母	21	1-60	0.5-50	0.5-3
白雲母	26	2-8	−	−
長石類	−	0.1-10	0.5-10	1-5
斜長石	19.5	−	−	−
カリ長石	53	−	−	−
(アマゾナイト)	2900, 596, 11000*	−	−	−
石英	1 以下	0.1-10	0.5-10	1-5
B. 副成分鉱物				
かつれん石	−	30-1000	1000-20000	高い
アパタイト	−	10-100	50-250	約 1
緑れん石	−	20-200	50-500	2-10
ざくろ石	−	6-30	−	−
モナズ石	−	500-3000	20000-500000	高い
不透明鉱物	1-27**	1-30	0.3-20	−
チタナイト	−	10-700	100-1000	1-3
ゼノタイム	−	300-40000	−	−
ジルコン	−	100-6000	100-10000	0.2-2

*; 3つの論文のそれぞれの平均値, **; 磁鉄鉱. Th, U; Rogers・Adams (1974), Pb; Sahl ほか (1974).

的初期に生成されることがわかる.

　Th と U の安定な電荷とイオン半径は全く同じでないので濃集する鉱物が多少違っている (付表.1). また, Pb は +2 価が安定のため Th, U とは化学的性質が大きく違っている. このことは Th, U が入る鉱物と Pb が入る鉱物と違っていること, ある鉱物中で Th, U の壊変によりできた Pb は不安定な状態にあることが予想される. 火成岩においては Th と U は副成分鉱物に入り, 一方, Pb は主成分鉱物, 特にカリ長石に入りやすい. 付表.1 はカリ長石以外のホルンブレンド, 黒雲母, 斜長石といった火成岩の主成分鉱物にも Pb がたくさん含まれることを示している. 以上のことは副成分鉱物が地質学的影響を受けた場合, 壊変により生成された Pb が主成分鉱物側に拡散をとおして逃げる可能性を示している. 一方, U は低度の変成作用, 地表面近くの風化作用などで動きやすい. その理由として, 酸化条件化で安定度の高い +6 価の U は,

ウラニルイオン（UO_2^{+2}）をつくり，このイオンは水に対する溶解度が高い．一方の Th は +4 価しかなく，水に溶け込むことはなく安定に存在し続ける．このようにして同じ鉱物に含まれていた U，Th も風化作用を受けると，一方が選択的に溶出する．このことはこれらの系を使って年代測定を行ううえで重要である．

本文の §2.4 の項で示した一般式（2.9）から U-Pb 系，Th-Pb 系の基本式が導かれる．

$$(^{206}Pb/^{204}Pb)_p = (^{206}Pb/^{204}Pb)_t + (^{238}U/^{204}Pb)_p (e^{\lambda_{238} t} - 1) \quad (A.8)$$

$$(^{207}Pb/^{204}Pb)_p = (^{207}Pb/^{204}Pb)_t + (^{235}U/^{204}Pb)_p (e^{\lambda_{235} t} - 1) \quad (A.9)$$

$$(^{208}Pb/^{204}Pb)_p = (^{208}Pb/^{204}Pb)_t + (^{232}Th/^{204}Pb)_p (e^{\lambda_{232} t} - 1) \quad (A.10)$$

上式の（ ）$_p$ の項は現在値，（ ）$_t$ は試料形成時の Pb 同位体比を示している．それぞれの壊変定数は本文の表1.2 に示した．この系を使った年代測定には U-Pb アイソクロン法，Pb-Pb アイソクロン法などいくつかの方法が提案され用いられている．これらの中で論文中に頻繁に出てくるジルコンを用いた**コンコルディア法**とそれに関連した年代測定法についてふれる．

(2) コンコルディア法

U あるいは Th は Pb と化学的性質が違うことを最初に述べた．このことは U（あるいは Th）に富み，Pb をほとんど含まない鉱物が晶出することを示している．このような鉱物の代表はジルコンでコンコルディア法にたいへんよく使われる．Pb を含まないことから U-Pb 系の基本式において，$(^{206}Pb/^{204}Pb)_t$，$(^{207}Pb/^{204}Pb)_t$，$(^{208}Pb/^{204}Pb)_t$ の項がなくなる．

$$(^{206}Pb/^{204}Pb)_p = (^{238}U/^{204}Pb)_p (e^{\lambda_{238} t} - 1) \quad (A.11)$$

$$(^{207}Pb/^{204}Pb)_p = (^{235}U/^{204}Pb)_p (e^{\lambda_{235} t} - 1) \quad (A.12)$$

$$(^{208}Pb/^{204}Pb)_p = (^{232}Th/^{204}Pb)_p (e^{\lambda_{232} t} - 1) \quad (A.13)$$

さらに各式の左辺と右辺の分母の ^{204}Pb を省くと各式は次のようにまとめられる．

$$(^{206}Pb/^{238}U)_p = (e^{\lambda_{238} t} - 1) \quad (A.14)$$

$$(^{207}Pb/^{235}U)_p = (e^{\lambda_{235} t} - 1) \quad (A.15)$$

$$(^{208}Pb/^{232}Th)_p = (e^{\lambda_{232} t} - 1) \quad (A.16)$$

左辺についてみると分母は親核種，分子は娘核種である．この比の値は

$(e^{\lambda t}-1)$ に等しいので，年代そのものを示している（付表.2）．したがって縦軸に $(^{206}Pb/^{238}U)_P$，横軸に $(^{207}Pb/^{235}U_P)_P$ をとった図を作成すると，この図上にコンコルディアと呼ばれる年代値を付した1つの曲線が描かれる．この図を**コンコルディア図**（concordia diagram, 付図.2）といい，コンコルディアはWetherill（1956）によって命名された．ある鉱物が晶出して以来現在まで，Uとその壊変で生成されたPbがそのまま保持されると，その鉱物から得られたU-Pb同位体比から読み取れるコンコルディア上の年代値が即，晶出年代となる．なお，$(^{206}Pb/^{238}U)_P$ あるいは $(^{207}Pb/^{235}U_P)_P$ と $(^{208}Pb/^{232}Th)_P$ を使う図も考えられるがUとThとは化学的挙動が違うので，使われることは少ない．付図.3の縦軸，横軸の分子はともに放射性源Pbであり，既存の**普通鉛**［common lead；付録 I.3, (1)で与えた一般式の（ ）$_t$ の項］と放射性源Pbとの和である全鉛（total lead）のPb同位体とは異なる．付図.3では ^{206}Pb，^{207}Pb とも放射性源であることを示すために＊印をつけた．以上のようにして鉱物の晶出年代は得られるが，実際の例をみるとコンコルディアを示す曲線以外の直線の上に鉱物の同位体データがプロットされることが多い．この直線は**ディスコルディア**（discordia）と呼ばれているが，これを使って年代値を得る方法について説明する．

コンコルディア図上で放射性源Pbが失われた場合を考える．たとえば20億年前に晶出したある鉱物が，現在（0 Ma）まで閉鎖系でいたとする．この鉱物はコンコルディア上にプロットされる．ところが，この鉱物が何らかの地質学出来事を受け放射性源Pbが失われたとする．完全に失われた鉱物の $(^{206}Pb/^{238}U)_P$ と $(^{207}Pb/^{235}U)_P$，すなわち $(^{206}Pb^*/^{238}U)$ と $(^{207}Pb^*/^{235}U)$ はともにゼロの値となる．また，この出来事で新たに晶出したUを含みPbを含まない鉱物もゼロの値をもつ．失われた割合が高い鉱物ほどゼロに近い側にプロットされ，少ないほどコンコルディアの20億年に近い側にプロットされる．たとえば，放射性源Pbが80％，50％，20％失われた時の数値を計算すると，それらはゼロと20億年を結ぶ直線上にプロットされる（付図.4）．なお，ゼロと20億年を結ぶ線上にはUを得た場合もプロットされる．このように，ある鉱物からさまざまな割合で失われた放射性源Pbもある一方，放射性源Pbを受け入れる側にも物質が存在し，それが鉱物である場合もある．受け入れ側の

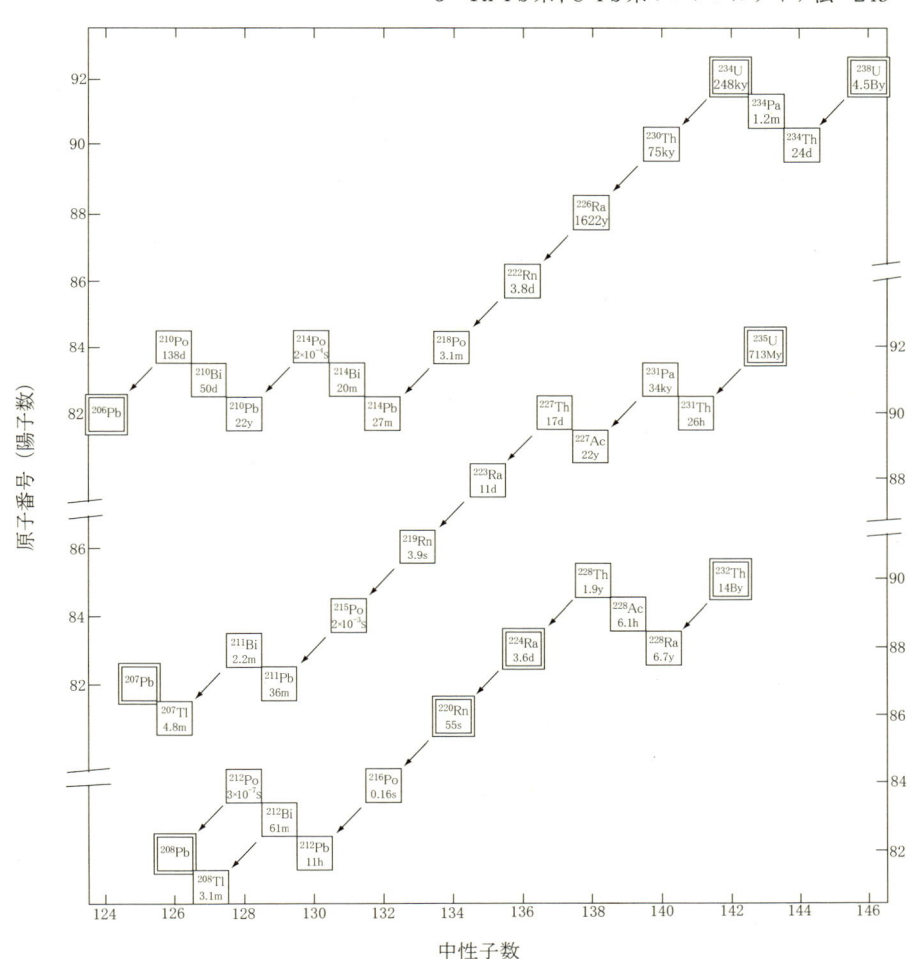

3 Th-Pb系, U-Pb系; コンコルディア法　249

付図.2 ^{238}U から ^{206}Pb, ^{235}U から ^{207}Pb, ^{232}Th から ^{208}Pb への壊変系列

^{238}U, ^{235}U, ^{232}Th からはじまる壊変系列をそれぞれウラン系列, アクチニウム系列, トリウム系列と呼ぶ. 図中の左下方向は α 壊変, 左上方向は β 壊変を示している. 四角内の同位体の下の数値は半減期で, 時間単位は次のとおりである. s；秒, m；分, h；時間, d；日, y；年, Ky；10^3 年 (1000年), My；10^6 年 (100万年), By；10^9 年 (10億年). 二重の四角は本書で扱っている同位体を示す. 図は Dickin (1995) の一部を変更し引用した.

物質はゼロと20億年を結ぶ線をコンコルディアより右上に延長した線上にプロットされる (付図.4). このように失われた放射性源 Pb と受け入れ側を結ぶ直線がディスコルディアである.

250 付録 I

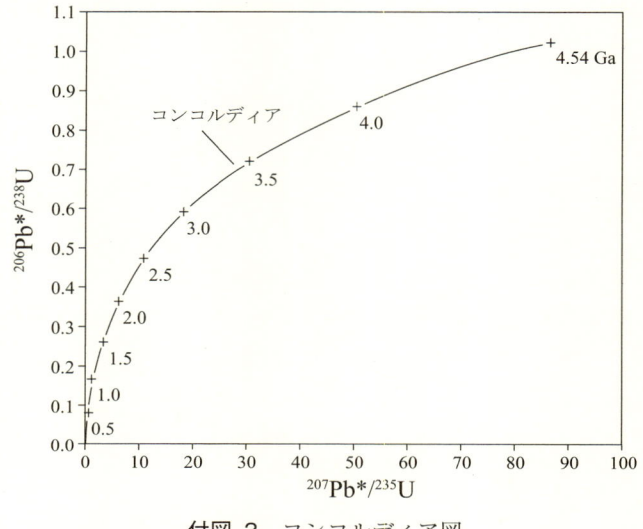

付図.3 コンコルディア図

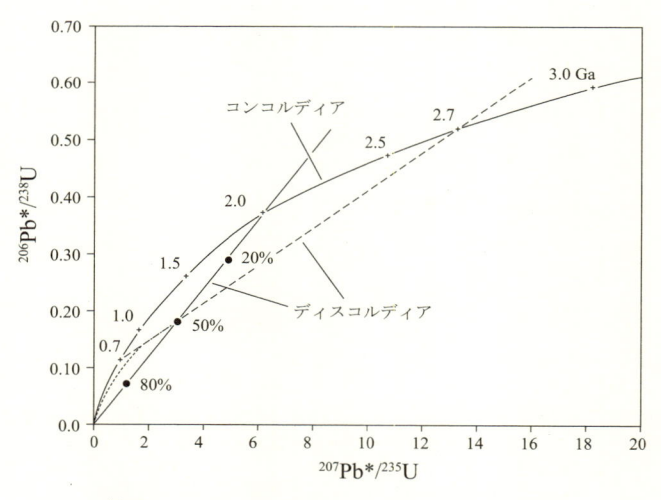

付図.4 コンコルディアとディスコルディア

　付図.2 は 20 億年前に晶出した鉱物が，最近になり放射性源 Pb が失われた場合である．それを完全に失ったゼロの値をもった鉱物は，もともと U を含むため，二次的な地質学的事件の影響を受けた後も引き続き U が含まれてい

る.したがって,これから時間が経過するにつれ,この鉱物の $^{206}Pb/^{238}U$ 比と $^{207}Pb/^{235}U$ 比は,コンコルディアに沿って徐々に右上がりに変化していく.同様にして考えると,7億年前に地質学的事件が起こり,それより20億年前に晶出した鉱物から放射性源 Pb がさまざまな割合で失われた場合は,それらの鉱物の示す Pb, U 同位体比はコンコルディア上の27億年と7億年を結ぶディスコルディアにプロットされる(付図.4).また,7億年前の事件により新たに晶出した U を含む鉱物も7億年を示すコンコルディア上にプロットされる.なお,古い年代側(この場合は27億年)にプロットされるデータが集中し,若い年代側(7億年)のデータが全くないこともある.このような場合,古い年代側から外挿したディスコルディアから得られた若い年代(7億年)時に,何の地質学出来事も認められないことがある.これについては,直線で交差するのではなく,放射性源 Pb の拡散が現在まで引き続き起こった可能性が考えられ(付図.4の点線;Tilton, 1960),したがって7億年は幻の年代ということになる.

以上の27億年と7億年の出来事をこの年代測定法で一般的に広く用いられているジルコンでみると,結晶のコアに27億年を示す部分があり,リムに7億年を示す部分があるという形で残されている.過去の歴史を示す古い年代値を保持したジルコンを特に **inherited zircon** と呼ぶことが多い.

以上のようにコンコルディア図は少なくとも2回の地質学的出来事を解析できるのでたいへん有用で,二次イオン質量分析計(secondary ion mass spectrometer;**SIMS**)の一種であるイオンプローブ質量分析計の開発と相まって,現在では頻繁に使われている年代測定用の時計である.U-Pb 系を使った年代関係の論文によくでてくる **SHRIMP** は ANU の Compston(§2.1参照)らが開発した高分解能のイオンプローブ質量分析計で,Sensitive High-Resolution Ion MicroProbe の大文字の部分をとって命名された.

(3) Tera-Wasserburg コンコルディア法

Tera・Wasserburg(1972)は月の岩石の年代を論じる中で,縦軸に $^{207}Pb/^{206}Pb$ 比,横軸に $^{238}U/^{206}Pb$ 比をとった新しい図を使った.その後,この図は **Tera-Wasserburg コンコルディア図**(Tera-Wasserburg concordia diagram)と呼ばれ,主に若い地質時代(古生代以降)に形成されたジルコン

付表.2 Pb, U 同位体比の経年変化

年代 (億年)	$^{206}Pb^*/^{238}U$	$^{207}Pb^*/^{235}U$	$^{207}Pb^*/^{206}Pb^*$
5	0.01563	0.1035	0.04802
10	0.1678	1.677	0.07250
15	0.2620	3.381	0.09360
20	0.3638	6.169	0.1230
25	0.4738	10.73	0.1643
30	0.5926	18.19	0.2227
35	0.7211	30.41	0.3058
40	0.8599	50.39	0.4250
45.4	1.022	86.46	0.6134

に使われるようになってきた．若い地質時代に使われる理由は次のとおりである．すなわち，^{235}U の同位体存在度は ^{238}U に比べ 1/137.88 とたいへん低い．そのため，若い地質時代に形成された物質においてはその壊変から生成される ^{207}Pb は少なく，$^{207}Pb/^{235}U$ 比の測定精度も悪くなる．このことから $^{206}Pb/^{238}U$ 比（Tera-Wasserburg コンコルディア図ではこの比の逆数）のみを使っている．一方，縦軸の $^{207}Pb/^{206}Pb$ 比は ^{207}Pb を使っても，Pb 同位体比測定のみで得られるので精度は良い．

先のコンコルディアで示した式，$(^{207}Pb/^{235}U)_p = (e^{\lambda_{235}t} - 1)$ は $^{235}U/^{238}U = 1/137.88$ の関係から次の式のように変換される．

$$(^{207}Pb)_p = (^{235}U)_p (e^{\lambda_{235}t} - 1) = (^{238}U/137.88)_p (e^{\lambda_{235}t} - 1) \quad (A.17)$$

(A.17) 式と $(^{206}Pb/^{238}U)_p = (e^{\lambda_{238}t} - 1)$ から次式が得られる．

$$(^{207}Pb/^{206}Pb)_p = (1/137.88) \times [(e^{\lambda_{235}t} - 1)/(e^{\lambda_{238}t} - 1)] \quad (A.18)$$

この式は $(^{207}Pb/^{206}Pb)_p$ 比が "t"，すなわち，年代によって決まることを示している．Pb 同位体比の分母，分子とも放射性源 Pb であることがわかるように，$(^{207}Pb/^{206}Pb)_p$ をここでは $(^{207}Pb^*/^{206}Pb^*)$，同様に $(^{238}U/^{206}Pb)_p$ 比を $(^{238}U/^{206}Pb^*)$ と表す．

$(^{207}Pb^*/^{206}Pb^*)$ 比を縦軸に，横軸に $(^{238}U/^{206}Pb^*)$ 比をとった図に Tera-Wasserburg コンコルディアと呼ばれる曲線が描かれる．縦軸，横軸の数値は年代から算出されたもので，コンコルディア線上に年代値が示される（付表.2，付図.4）．ある鉱物が晶出後，現在に至るまで閉鎖系を保ったままであった場合，その鉱物から得られた同位体比から読み取れるコンコルディア上

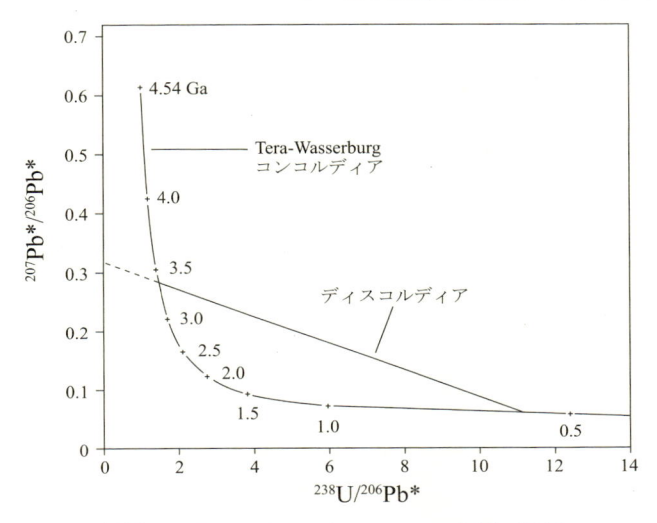

付図.5 Tera-Wasserburgコンコルディア図

の年代値が，即その鉱物の晶出年代となる．しかしコンコルディア図でも説明したように，晶出した鉱物がある時間経過した後に二次的な影響を受けるとディスコルディア線上にプロットされる．この直線とTera-Wasserburgコンコルディア線とが交差する古い年代が初生的な晶出年代，若い年代が二次的影響を受けた年代となる．それに対して，若い年代値で示された側が地質学的に主要な時期で，古い年代側に外挿し交差した年代値には，地質学的事件が何も起こっていないことがある．この場合，古い年代値は幻と解釈される．この幻の年代値については，縦軸との交点で示される同位体比をもった普通鉛と若い年代値をもつPbとの混合線が，コンコルディアと交差する点にすぎないと説明されている．

上式を使い計算すると，20億年前に形成されたジルコンの縦軸（^{207}Pb*/^{206}Pb*）と横軸（^{238}U/^{206}Pb*）の値は，それぞれ0.1230と2.749である（付表.2では後者は逆数となっている）．このジルコンから放射性源Pbの一部が失われたとすると，縦軸の値は一定で変わらないが，横軸側は失われた率に応じさまざまな値をもつ．またPbが完全に失われたとき，縦軸の数値は0/0となってなくなり，一方の横軸の値は無限（^{238}U/0）となり，Tera-

Wasserburg コンコルディア図には示すことができない．しかし，時計が再スタートすると，U の壊変からできた新たな Pb の蓄積が始まり 1 年経過すると，ジルコンの横軸の値は 6.45×10^9，縦軸の値が 0.046 を示す．

4　CHIME 法

Rutherford (1906) は，U とその崩壊により放出される He を使い，フェルグソナイト (fergusonite) の年代測定を行った．同様な方法により Strutt (1908) は，燐酸塩ノジュールと燐酸塩化した骨についての年代測定を行った．U の崩壊最終生成物の Pb を使って，U 鉱物 43 個の年代値を求めた最初は Boltwood (1907) であった．Holmes (1911) は，Boltwood のデータを新しい崩壊定数で再計算し，また新たに 17 試料を加え U 鉱物の年代測定を行っている．Russell (1921) は，地殻の U, Th, Pb 濃度を見積もり 40 億年という地殻年齢を算出した．このように，放射性元素と放射性源元素の濃度から得られた年代値は，化学年代と称されるべきもので，同位体が導入される以前に使われていた年代測定法である．

CHIME 法は Th, U から Pb が生成されるということを使っており，この方法の語源の chemical Th-U-total Pb isochron method からわかるように化学年代である．この方法は，名古屋大学の研究者により開発され，EPMA (Electron Prove MicroAnalyser) から得た Th, U, Pb 定量値をアイソクロン法を使うことによって，比較的簡単に精度の良い年代値が得られ装いを新たに導入されたものである (Suzuki・Adachi, 1991; Suzuki ほか, 1991)．CHIME 法でも付表.1 に示したかつれん石，モナズ石，ジルコンのような副成分鉱物が使われ，生成過程が同じ岩石から得られた同一鉱物の U, Th と Pb 濃度を測定する．その結果は，縦軸に Pb 酸化物 (PbO)，横軸に U あるいは Th 酸化物 (UO_2, ThO_2) の濃度をとった図にプロットされ，その傾斜から年代を計算するアイソクロン法が使われる．この CHIME 法で使うのは風化に対して強い副成分鉱物である．横軸に U を使うのは Th に比し U に富む鉱物（ジルコン，ゼノタイムなど）で Th の濃度を補正している．一方，横軸に Th を用いる鉱物は，U に比し Th に富むモナズ石，かつれん石などであるが，Th 濃度には U 濃度が補正される．

5　フィッション・トラック法

　この方法は^{238}Uの自発核分裂（spontaneous fission）を用いた年代測定法で，フィッション・トラック年代測定法（fission track dating method），あるいは核分裂年代測定法（spontaneous fission dating method）と呼ばれ，一般に**フィッション・トラック法**（**FT法**）と称される．^{238}Uが核分裂を起こす際に高エネルギー（200 MeV）の核分裂片を放出し，それが鉱物に飛跡（フィッション・トラック）を残す．単位体積あたりの飛跡数は，その鉱物が古いほど，またUの原子数が多いほど多くなる．したがって，Uの原子数がわかると飛跡を計数することによって年代値が得られる．このことは次の式から明らかである．すなわち，単位体積あたりの飛跡数をFsとし，自発核分裂壊変定数をλ_f，^{238}Uの壊変定数をλ，^{238}Uの現在の原子数を^{238}U$_p$とおいたとき，（A.19）式が得られる．

$$Fs = (\lambda_f/\lambda)^{238}\mathrm{U}_p(e^{\lambda t} - 1) \qquad (\mathrm{A.19})$$

　この式の基本は付録の（A.3）式と同じである．実際の実験においては，試料の表面を酸処理し，顕微鏡下で観察可能となった飛跡を計数（ρ_s）するため，ρ_sにある係数をかけた値がFsとなる．

　自発核分裂壊変定数（λ_f）は（6.85, 7.03, 8.42, 8.46）$\times 10^{-17}$/年と非常に小さく，^{238}Uのα線，β線による壊変定数（$\lambda = 1.55125 \times 10^{-10}$/年）の2百万分の1程度である．なお^{238}Uのα線，β線はエネルギーが低く飛跡をつくらない．λ_fは括弧内の数値で示したように，使われる定数により約20％もの年代値の差を生じる．そのために壊変定数を使わなくとも年代値が得られるゼータ（ζ）法がFleischerとHart（1972）により提案され，国際的に広く使われている（Hurford, 1990）．これはK-Ar系あるいはAr-Ar系などにより年代値が得られている標準試料を用いる方法で，原理を簡単に説明する．

　^{238}Uの原子数（モル数）を得るのに，その1/137.88の同位体存在度をもつ^{235}Uを使う．これは原子炉で熱（低速）中性子照射を行うと^{235}Uが誘発核分裂を起こすのに対し，^{238}Uは核分裂を起こさないことによる．このようにして生じた飛跡を計数（ρ_i）する．一方で年代既知の標準試料も熱中性子照射を行う．ゼータ（ζ）値は，中性子照射に関するファクター（ϕ_e, σ_e；付録I.2のAr-Ar系参照），ρ_d（熱中性子線量測定用標準ガラスの誘導飛跡数密度），λ_f,

^{235}U/^{238}U = 1/137.88 から定義される．このゼータ値を加えた年代値を算出する式は（A.20）式で与えられる．

$$t = (1/\lambda)\ln[1 + (\zeta\lambda\rho_s\rho_d/\rho_i)] \qquad (A.20)$$

したがって，年代既知の標準試料（t 以外の ρ_s/ρ_i 比，ρ_d も既知）からゼータ値が得られる．このゼータ値を使用し未知試料について（ρ_s/ρ_i 比）を求めることにより，λ_f（自発核分裂壊変定数）の値がなくても試料の年代値が得られることになる．ゼータ値は年代既知の標準試料を使うため，得られた年代値はほかの年代測定系に準拠した相対的年代値ともいえる．

核分裂による飛跡は絶縁体にのみ観察され，年代測定法に使われるのはアパタイト，ジルコン，チタナイト，黒雲母などの鉱物のほかに火山ガラスなどである．この飛跡は 500℃ ほどの温度で消えてしまうため複雑な地質学出来事を経験した岩石には使いにくく，火山岩・火山噴出物などの時代決定への適応例が圧倒的に多い．しかし飛跡の消える温度（閉鎖温度）が低いことを生かした冷却史の研究も可能である．なお FT 法による年代測定は，試料を選ぶことによって 20 億年（2×10^9 年）程度まで可能である．

付　録　II

2つの物質の混合による同位体組成変化

　マントルの2つの端成分から派生したマグマが混合し1つの火成岩を生じるといったことが起こる．また，マントルから派生したマグマが地殻物質を混入し1つの火成岩をつくることもある．さらに地殻内部で生じたマグマがほかの地殻物質を混入することも起こる．このように2つの物質が混合し新たに生成された物質の同位体比の算出法をSrを例に述べる．

　たとえば，あるマグマ（A）が地殻物質（B）を混入したとする．両者の混入により新たに形成された物質（Mixture；Mと略す）の ^{87}Sr のモル数は，マグマ（A）と地殻物質（B）のそれぞれの ^{87}Sr のモル数を加えることによって得られ，次式により与えられる．なお，この式は§4.2.Aの(4.5)式と同じであるが，モル数の算出の項を詳細に示した．

$$(^{87}\text{Sr})_M = (^{87}\text{Sr}_{A;ia} \times \text{Sr}_{A;c} \times f)/\text{Sr}_{A;aw} + [^{87}\text{Sr}_{B;ia} \times \text{Sr}_{B;c} \times (1-f)]/\text{Sr}_{B;aw} \quad (A.21)$$

　この式で ia は同位体存在度（isotopic abundance），c は濃度（concentration），aw は原子量（atomic weight）をそれぞれ示す．また，f は混合の割合を示したものである．たとえば，AとBが重量比1：1で混合した場合，f は0.5，1：4で混合した場合0.2である．また，(A.21)式に ^{87}Sr/^{86}Sr 比を加えた場合は次式となる．

$$(^{87}\text{Sr})_M = [(^{87}\text{Sr}/^{86}\text{Sr})_A \times {}^{86}\text{Sr}_{A;ia} \times \text{Sr}_{A;c} \times f]/\text{Sr}_{A;aw} +$$
$$[(^{87}\text{Sr}/^{86}\text{Sr})_B \times {}^{86}\text{Sr}_{B;ia} \times \text{Sr}_{B;c} \times (1-f)]/\text{Sr}_{B;aw} \quad (A.22)$$

　一方，混合物の ^{86}Sr のモル数は ^{87}Sr と同様に次式により与えられ，この式は§4.2.Aの(4.7)式と同じである．

$$(^{86}\text{Sr})_M = (^{86}\text{Sr}_{A;ia} \times \text{Sr}_{A;c} \times f)/\text{Sr}_{A;aw} + [^{86}\text{Sr}_{B;ia} \times \text{Sr}_{B;c} \times (1-f)]/\text{Sr}_{B;aw} \quad (A.23)$$

　したがって，新たに形成された混合物の $(^{87}\text{Sr}/^{86}\text{Sr})_M$ は (A.21)/(A.23) あるいは (A.22)/(A.23) で算出される．しかしながら，ある火成岩の成因を2つの物質の混合によって説明する場合，その火成岩から得られた実際の

Sr 同位体比と，モデル計算から算出された Sr 同位体比が完全に一致することに基づいた議論は普通行われない．これはある火成岩が 2 つの物質の混合で生成されたことがわかったとしても，それらの物質の Sr 同位体比，Sr 濃度は予想される値を使い計算するためである．このような理由から，混合物の Sr 同位体比計算には簡略化した次の式が使われることが多い．

マグマ（A）と地殻物質（B）の Sr 同位体比に差があっても，両物質の Sr 原子量（$Sr_{A;aw}$, $Sr_{B;aw}$）には大きな差が生じない．たとえば，A と B の同位体比がそれぞれ 0.705，0.750 であったとすると，それぞれの Sr 原子量は 87.617072，87.613942 とその差はわずかである．また A, B の ^{86}Sr の同位体存在度はそれぞれ 0.098651 と 0.098215 となり，その差はわずか 0.45 % である（§4.2.B）．そこで $Sr_{A;aw} = Sr_{B;aw}$, $^{86}Sr_{A;ia} = {}^{86}Sr_{B;ia}$ とする．したがって，(A.22)/(A.23) 比は次の式となり，(A.24) 式が得られる．

$$(^{87}Sr/^{86}Sr)_M = \{[(^{87}Sr/^{86}Sr)_A \times Sr_{A;c} \times f] + [(^{87}Sr/^{86}Sr)_B \times Sr_{B;c} \times (1-f)]\} / \{(Sr_{A;c} \times f) + [Sr_{B;c} \times (1-f)]\} \quad (A.24)$$

A 物質の Sr 同位体比を 0.705，Sr 濃度を 400 ppm，B 物質の Sr 同位体比を 0.750，Sr 濃度を 100 ppm とし，1:1 の割合で混入すると最初の正式な式 [(A.21)/(A.23) あるいは (A.22)/(A.23)] から 0.713968 が得られ，一方 (A.24) 式から 0.714000 が得られる．このように両者の値の差はわずかである．A と B 物質の Sr 同位体比の差が小さいと，両者の差はさらに小さくなる．たとえば，B 物質の Sr 同位体比を 0.720 に変え，1:1 の混合を (A.24) 式で計算すると 0.708000 が得られる．一方，正式な式からは 0.707994 が得られ，2 つの数値の差はわずか 0.000006 にすぎない．この差は質量分析計で個々の試料の Sr 同位体比の測定誤差（0.000010～0.000014）にも満たない．したがって (A.24) 式を使っても特に問題はない．

Nd 同位体比についての混合式は Sr と同じようにして得られる．

$$(^{143}Nd/^{144}Nd)_M = \{[(^{143}Nd/^{144}Nd)_A \times Nd_{A;c} \times f] + [(^{143}Nd/^{144}Nd)_B \times Nd_{B;c} \times (1-f)]\} / \{(Nd_{A;c} \times f) + [Nd_{B;c} \times (1-f)]\} \quad (A.25)$$

ある元素（Z）についての A, B 両物質の混合した際の一般式は (A.26) 式によって与えられる．

$$(D/Dx)_M = \{[(D/Dx)_A \times Q_{A;c} \times f] + [(D/Dx)_B \times Q_{B;c} \times (1-f)]\} / \{(Q_{A;c} \times f) + [Q_{B;c} \times (1-f)]\} \quad (A.26)$$

ここで f は上で説明したとおりであるが，D は娘核種，Dx は娘核種の属する元素の安定同位体，Q は成因を論じるために使われる元素の濃度である．

以上は 2 つの物質が単に混合した場合である．2 つの物質の混合した際の Sr，Nd 同位体比の模式的混合曲線を DePaolo・Wasserburg（1979）にしたがって付図.6 に示す．左上がマグマ（M），右下が地殻物質（C）で，K は各物質の Sr と Nd 濃度比をさらに $(Sr/Nd)_M/(Sr/Nd)_C$ で計算した値である．また，X_C はマグマに混入した地殻物質の割合を示している．マグマと地殻物質の Sr/Nd 濃度比が同じ場合，混合線は直線となる（K＝1 の線）．また，マグマに対して地殻物質の Sr/Nd 濃度比が大きいと上に凸の曲線となる．たとえば，長石類は Sr に富むのに対して Nd に乏しい（表2.1 と表3.1）．また，海水も Sr に富んでいるが Nd にきわめて乏しい（表3.6）．したがって，マグマが長石類に富む物質を混入したり，あるいは海水で汚染されると，上に凸の混合線を示す（K＝0.5 あるいは 0.1）．一方，マグマに対して地殻物質の Sr/Nd 濃度比が小さいと下に凸の曲線（K＝2 あるいは 10）となり，このような実例

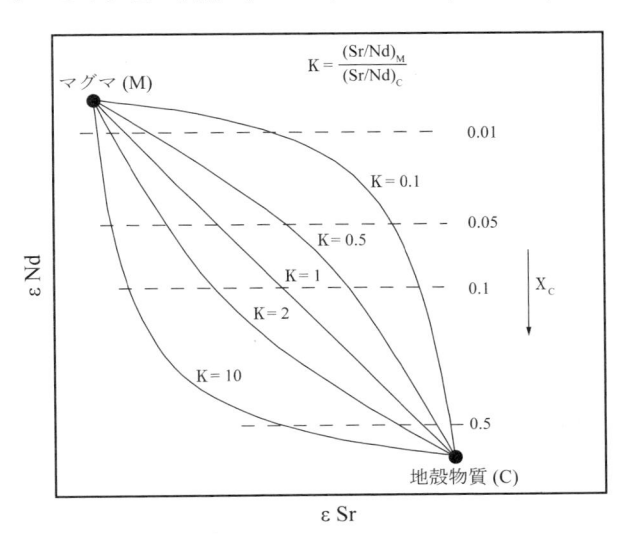

付図.6　εNd-εSr 図における 2 つの物質の混合線（DePaolo・Wasserburg, 1979）
　　　　X_c はマグマ中における地殻物質の混入の割合を示す．

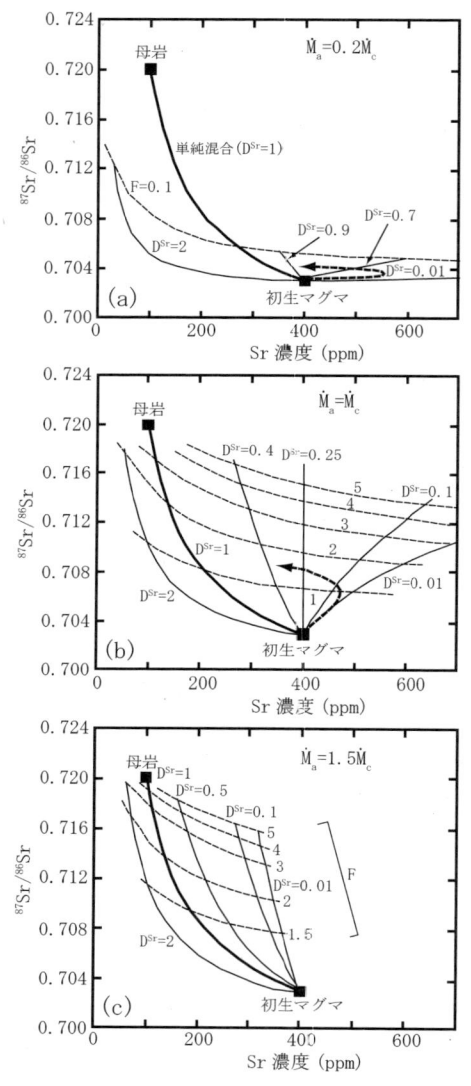

付図.7　^{87}Sr/^{86}Sr 比 -Sr 濃度図における AFC モデルによる混合線（DePaolo, 1981b）

はたいへん多い.これはマントル由来の玄武岩質マグマに対して花崗岩物質のSr/Nd 濃度比が小さいためで,K 値として 2 ～ 10 が普通である.

　以上は 2 つの物質の単純な混合による例である.そのほかに分別結晶作用を伴ったモデルなどが提案されている.その代表は DePaolo (1981b) によって提案された assimilation (同化作用),fractional crystallization (分別結晶作用),通称 **AFC** と呼ばれており,マグマが地殻内に定置した際,鉱物の晶出により発する潜熱 (latent heat) で母岩を溶かし込み,マグマの組成を変えていくモデルである.付図.7 の (a),(b),(c) はそれぞれ晶出する鉱物量 ($\dot{M_c}$) ごとにその潜熱で同化する母岩の量 ($\dot{M_a}$) を 0.2 倍,1 倍,1.5 倍とした時の Sr 同位体比と Sr 濃度の変化を示している.すなわち 1 倍の場合,晶出する鉱物と同量の母岩を同化し続けることを示している.図中の破線の数値は M_a/M_m 比 (= F) は最初のマグマ (M_m) に対して最終的に同化した母岩の量 (M_a) の比率を示し,たとえばこの比が 3 の場合,最初のマグマに対して 3 倍の母岩を同化したことを示している.したがって,この比が大きいほど母岩の Sr 同位体比に近づく.また,実線で示した曲線は母岩を同化した後に晶出した鉱物組合せのもつ Sr 全分配係数 (bulk distribution coefficient;D^{Sr}) により算出した残りのマグマの Sr 同位体比と濃度の変化を示している.たとえば,1 の曲線は母岩を同化したマグマから $D^{Sr} = 1$ の組合せの鉱物を晶出し続けた場合における変化で,この曲線は先に述べた単純な混合曲線と一致する.また,$D^{Sr} = 2$ の曲線は母岩を同化したマグマから Sr を濃集する組合せの鉱物を晶出した場合を示し,単純な混合より低 Sr 濃度側に位置する.一方,$D^{Sr} < 1$ のようなマグマ側に Sr が濃集する場合の曲線は,単純な混合線より高 Sr 濃度側に位置する.矢印付きの点線は分別結晶作用の途中で Sr の分配係数が大きい斜長石が晶出を始める場合を示し,マグマの Sr 濃度が高から低と大きく変化する.

　付図.8 は AFC を εNd 値と εSr 値の関係で表した DePaolo (1981b) による図で,記号は付図.7 と同じである.なお,実線上の数値はマグマの残量の割合,破線上の数値は付図.7 と同様,M_a/M_m 比 (= F) を示している.

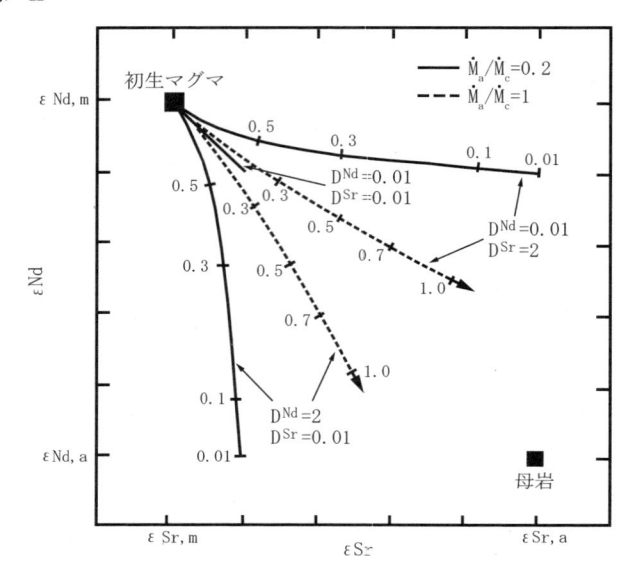

付図.8 εNd-εSr 図における AFC モデルによる混合線（DePaolo, 1981b）
εNd, m, εSr, m は初生マグマの ε 値，εNd, a, εSr, a は母岩の ε 値を示す．

引 用 文 献

阿部志保・山元正継, 1999, 岩鉱, **94**, 295-310.
Albarède, F., 2003, Geochemistry: An Introduction. Cambridge Univ. Press, pp. 248.
Aldrich, L. T., Wetherill, G. W., Tilton, G. R., Davies, G. L., 1956, *Phys. Rev.*, **104**, 1045-1047.
Allègre, C. J., Rousseau, D., 1984, *Earth Planet. Sci. Lett.*, **67**, 19-34.
Allsop, H. L., 1961, *J. Geophys. Res.*, **66**, 1499-1508.
Arita, K., Ikawa. T., Ito, T., Yamamoto, A., Saito, M., Nishida, Y., Satoh, H., Kimura, G., Watanabe, T., Ikawa, T., Kuroda, T., 1998, *Tectonophysics*, **290**, 197-210.
爆波地震動研究グループ, 1980, 爆波地震動研究グループ会誌, **31**, 6-38.
Ben Othman, D., Polve, M., Allègre, C. J., 1984, *Nature*, **307**, 510-515.
Best, M. G., 2003, Igneous and Metamorphic Petrology (2nd edition). Blackwell Publs., pp.729.
Blusztajn, J., Hart, S. R., Shimizu, N., McGuire, A. V., 1995, *Chem. Geol.*, **123**, 53-65.
Boltwood, B. B., 1905, *Am. J. Sci.*, **20**, 253-267.
Boltwood, B. B., 1907, *Am. J. Sci.*, **23**, 77-88.
Boynton, W. V., 1984, *In* : Henderson, P. (ed.) Rare Earth Element Geochemistry. Elsevier, 63-114.
Brandon, A. D., Creaser, R. A., Shirey, S. B., Carlson, R. W., 1996, *Science*, **272**, 861-864.
Brandon, M. T., Roden-Tice, M. K., Garver, J. I., 1998, *Geol. Soc. Am. Bull.*, **110**, 985-1009.
Burton, K. W., O'Nions, R. K., 1990, *Contrib. Mineral. Petrol.*, **106**, 66-89.
Carter, S. R., Evensen, N. M., Hamilton, P. J., O'Nions, R. K., 1978, *Science*, **202**, 743-747.
Chappell, B. W., White, A. J. R., 1984, *Pacific Geol.*, **8**, 173-174.
Chen, C. -H., DePaolo, D. J., Lan, C. -Y., 1996, *Earth Planet. Sci. Lett.*, **143**, 125-135.
Chen, Y., Yang, Z., 2000, *Geochem. J.*, **34**, 263-270.
Cherniak, D. J., 1993, *Chem. Geol.*, **110**, 177-194.
Cherniak, D. J., 2000, *Contrib. Mineral. Petrol.*, **139**, 198-207.
Cherniak, D. J., Lanford, W. A., Ryerson, F. J., 1991, *Geochim. Cosmochim. Acta*, **55**,

1663-1673.
Cherniak, D. J., Watson, E. B., 2000, *Chem. Geol.*, **172**, 5-24.
Cherniak, D. J., Watson, E. B., Grove, M., Harrison, T. M., 2002, *Geol. Soc. Am. Abst. Prog.*, **34**, 6.
Clauer, N., Chaudhuri, S., Kralik, M., Bonnot-Courtois, C., 1993, *Chem. Geol.*, **103**, 1-16.
Cohen, R. S., O'Nions, R. K., Dawson, J. B., 1984, *Earth Planet. Sci. Lett.*, **68**, 209-220.
Compston, W., Jeffery, P. M., 1960, *Nature*, **184**, 1792-1793.
Compston, W., Jeffery, P. M., Riley, G.H., 1960, *Nature*, **186**, 702-703.
Condie, K. C., Sloan, R. E., 1997, Origin and Evolution of Earth : Principles of Historical Geology. Prentice-Hall, Inc. pp.498.
Cousens, B. L., Allan, J. F., 1992, *Proc. Ocean Drill. Program, Sci. Results*, 805-816.
Cousens, B. L., Allan, J. F., Gorton, M. P., 1994, *Contrib. Mineral. Petrol.*, **117**, 421-434.
Cullers, R. L., Graf, J. L., 1984, *In*: Henderson, P. (ed.) Rare Earth Element Geochemistry, Elsevier, 275-316.
Dallmeyer, R. D., Takasu, A., 1991, *Tectonophysics*, **200**, 281-297.
Dalrymple, G. B., 1991, The Age of the Earth. Stanford Univ. Press, pp.474.
Dalrymple, G. B., 2001, *In*: Lewis, C. L. E. & Knell, S. J. (eds.), The Age of the Earth: from 4004 BC to AD 2002. *Geol. Soc. Spec. Publ.*, No.190, 205-221.
Daogong, C., Xiachen, Z., Binxian, L., 1995, *Chinese J. Geochem.*, **14**, 276-287.
Daogong, C., Xiachen, Z., Binxian, L., Yinxin, W., Jiedong, Y., 1997, *Geochimica*, **26**, 1-12（中国語；英文要旨付き）.
Davis, D. W., Gray, J., Cumming, G. L., 1977, *Geochim. Cosmochim. Acta*, **41**, 1745-1749.
Davis, G. L., Aldrich, L. T., 1953, *Geol. Soc. Am. Bull.*, **64**, 379-380.
Defant, M. J., Drummond, M. S., 1990, *Nature*, **347**, 662-665.
Defant, M. J., Richerson, P. M., De Boer, J. Z., Stewart, R. H., Maury, R. C., Bellon, H., Drummond, M. S., Feigenson, M. D., Jackson, T. E., 1991, *J. Petrol.*, **32**, 1101-1142.
Defant, M. J., Jackson, T. E., Drummond, M. S., De Boer, J. Z., Bellon, H., Feigenson, M. D., Maury, R. C., Stewart, R. H., 1992, *J. Geol. Soc. London*, **149**, 569-579.
Dempster, T. J., Hay, D. C., Bluck, B. J., 2004, *Geology*, **32**, 221-224.
DePaolo, D. J., 1981a, *Nature*, **291**, 193-196.
DePaolo, D. J., 1981b, *Earth Planet. Sci. Lett.*, **53**, 189-202.
DePaolo, D. J., 1988, Neodymium Isotope Geochemistry. Springer-Verlag, pp.187.

DePaolo, D. J., Wasserburg, G. J., 1976a, *Geophys. Res. Lett.*, **3**, 249-252.
DePaolo, D. J., Wasserburg, G. J., 1976b, *Geophys. Res. Lett.*, **3**, 743-746.
DePaolo, D. J., Wasserburg, G. J., 1979, *Geochim. Cosmochim. Acta*, **43**, 615-627.
Dickin, A. P., 1995, Radiogenic Isotope Geology. Cambridge Univ. Press, pp.490.
Dinelli, E., Lucchini, F., Mordenti, A., Paganelli, L., 1999, *Sediment. Geol.*, **127**, 193-207.
Dodson, M. H., 1973, *Contrib. Mineral. Petrol.*, **40**, 259-274.
Dodson, M. H., 1979, *In*: Jäger, E. & Hunziker, J. C. (eds.), Lectures in Isotope Geology. Springer-Verlag, 194-202.
Donhoffer, D., 1963, *Nucl. Phys.*, **50**, 489-496.
Downes, H., Leyreloup, A., 1986, *In* : Dawson, J. B., Carswell, D. A., Hall, J. & Wedepohl, K. H. (eds.), The Nature of the Lower Continental Crust. *Geol. Soc. Spec. Publ.*, No.24, 319-339.
Ernst, W. G., 2000, *In*: Ernst, W. G. (ed.) Earth Systems-Processes and Issues, Cambridge Univ. Press, 26-40.
Esperança, S., Carlson, R. W., Shirey, S. B., 1988, *Earth Planet. Sci. Lett.*, **90**, 26-40.
Eugster, O., Tera, F., Burnett, D. S., Wasserburg, G. J., 1970, *J. Geophys. Res.*, **75**, 2753-2768.
Evensen, N. M., Hamilton, P. J., O'Nions, R. K., 1978, *Geochim. Cosmochim. Acta*, **42**, 1199-1212.
Faure, G., 1977, Principles of Isotope Geology (1st edition). John Wiley & Sons, pp.464.
Faure, G., 1986, Principles of Isotope Geology (2nd edition). John Wiley & Sons, pp.589.
Faure, G., 2001, Origin of Igneous Rocks : The Isotopic Evidence. Springer-Verlag, pp.496.
Faure, G., Hurley, P. M., 1963, *J. Petrol.*, **4**, 31-50.
Faure, G., Mensing, T. M., 2005, Isotopes : Principles and Applications. John Wiley & Sons, pp.897.
Fenner, C. N., Piggot, C. S., 1929, *Nature*, **123**, 793-794.
Fleischer, R. L., Hart, S. R., 1972, *In* : Bishop, W., Miller, J. & Cole, S. (eds.) Calibration of Hominoid Evolution. Scottisch Academic Press, 135-170.
Flynn, K. F., Glendenin, L. E., 1959, *Phys. Rev.*, **116**, 744-748.
Foland, K. A., 1994, *In* : Parsons, I. (ed.) Feldspars and their Reactions. Kluwer, 415-447.

Fowler, C. M. R., 1990, The Solid Earth : an Introduction to Global Geophysics. Cambridge Univ. Press, pp.685.

Fujibayashi, N., Nagao, K., Kagami, H., Iwata, M., Tazaki, K., 1989, *J. Min. Pet. Econ. Geol.*, **84**, 429-443.

藤本幸雄・山元正継, 2007, *MAGMA*, No. 88, 17-34.

古山勝彦, 1996, 総合研究(A)西南日本の新生代火山活動とテクトニクス研究報告, 73-79.

Furuyama, K., Mitsui, S., Kagami, H., Nagao, K., 1992, *29th International Congress Abstract*, **2**, 547.

Futa, K., Stern, C. R., 1988, *Earth Planet. Sci. Lett.*, **88**, 253-262.

Ganguly, J., Tirone, M., Hervig, R. L., 1998, *Science*, **281**, 805-807.

Gast, P. W., 1960, *J. Geophys. Res.*, **65**, 1287-1297.

Giletti, B. J., 1974, *In* : Hofmann, A. W., Giletti, B. J., Yoder, H. S. & Yund, R. A. (eds.) Geochemical Transport of Kinetics. *Carnegie Inst. Washington Publ.*, **634**, 107-115.

Glazner, A. E., 2007, *Geology*, **35**, 319-322.

Goldberg, S. A., Dallmeyer, R. D., 1997, *Am. J. Sci.*, **297**, 488-526.

Goldstein, S. L., O'Nions, R. K., Hamilton, P. J., 1984, *Earth Planet. Sci. Lett.*, **70**, 221-236.

Gorai, M., 1960, *Earth Sci. (Chikyu-kagaku)*, No.52, 1-8.

牛来正夫, 1963, 地質雑, **69**, 241-242.

Grove, M., Harrison, T. M., 1996, *Am. Mineral.*, **81**, 940-951.

Gruau, G., Tourpin, S., Fourcade, S., Balis, S., 1992, *Contrib. Mineral. Petrol.*, **112**, 66-82.

Guohui, Z., Xinhua, Z., Min, S., Shaohai, C., Jialing, F., 1998, *Acta Petrol. Sinica*, **14**, 190-197 (中国語；英文要旨付き).

Gupta, M. C., McFarlane, R. D., 1970, *J. Inorg. Nucl. Chem.*, **32**, 3425-3432.

Haack, U., 1977, *Am. J. Sci.*, **277**, 459-464.

Hahn, O., Rothenback, K. M., 1919, *Z. Phys.*, **20**, 194-202.

Hahn, O., Strassmann, F., Walling, E., 1937, *Naturwissenschaften*, **25**, 189.

Hales, A.L., 1961, *Ann. N. Y. Acad. Sci.*, **91**, 524-529.

Halliday, A. N., Fallick, A. E., Dickin, A. P., Mackenzie, A. B., Stephens, W. E., Hildreth, W., 1983, *Earth Planet. Sci. Lett.*, **63**, 241-256.

Hamamoto, T., Osanai, Y., Kagami, H., 1999, *Island Arc*. **8**, 323-334.

Hamelin, B., Allègre, C. J., 1985, *Nature*, **315**, 196-199.

Hames, W. E., Bowring, S. A., 1994, *Earth Planet. Sci. Lett.*, **124**, 161-167.
Hamilton, E. I., 1965, Applied Geochronology. Academic Press, pp.267.
Hamilton, P. J., Evensen, N. M., O'Nions, R. K., Tarney, J., 1979, *Nature*, **277**, 25-28.
Hammouda, T., Cherniak, D. J., 2000, *Earth Planet. Sci. Lett.*, **178**, 339-349.
Hanski, E. J., 1980, *Geol. Soc. Fin. Bull.*, **52**, 67-100.
Harland, W. B., Armstrong, R. L., Cox, A. V., Craig, L. E., Smith, A. G., Smith, D. G., 1989, A Geologic Time Scale. Cambridge Univ. Press.
Harrison, T. M., 1981, *Contrib. Mineral. Petrol.*, **78**, 324-331.
Harrison, T. M., Armstrong, R. L., Naeser, C. W., Harakal, J. E., 1979, *Can. J. Earth Sci.*, **16**, 400-410.
Harrison, T. M., McDougall, I., 1980, *Geochim. Cosmochim. Acta*, **44**, 1985-2003.
Harrison, T. M., Duncan, I., McDougall, I., 1985, *Geochim. Cosmochim. Acta*, **49**, 2461-2468.
Harrison, W. J., Wood, B. J., 1980, *Contrib. Mineral. Petrol.*, **72**, 145-155.
Hart, S. R., 1988, *Earth. Planet. Sci. Lett.*, **90**, 273-296.
Hart, S. R., Gerlach, D. C., White, W. M., 1986, *Geochim. Cosmochim. Acta*, **50**, 1551-1557.
Hashizume, M., Ito, K., Yoshii, T., 1981, *Eophys. J. R. Abst. Soc.*, **66**, 157-168.
Hawkesworth, C. J., Van Calsteren, P. W. C., 1984, *In*: Henderson, P. (ed.), Rare Earth Element Geochemistry. Elsevier, 376-421.
Hemmendinger, A., Smythe, W. R., 1937, *Phys. Rev.*, **51**, 1052-1053.
Henderson, P., 1984, *In*: Henderson, P. (ed.), Rare Earth Element Geochemistry. Elsevier, 1-32.
Hilde, T. W. C., Lee, C.-S., 1984, *Tectonophysics*, **102**, 85-104.
Hoang, N., Uto, K., 2006, *Earth Planet. Sci. Lett.*, **249**, 229-240.
Hodges, K. V., 1991, *Ann. Rev. Earth Planet. Sci.*, **19**, 207-236.
Hodges, K. V., 2005, *In*: Rudnick, R. L. (ed.), The Crust, Elsevier, 263-292.
Holmes, A., 1911, *Rroc. Roy. Soc. London, Ser. A.*, **85**, 248-256.
Honma, H., Kusakabe, M., Kagami, H., Iizumi, S., Sakai, H., Kodama, Y., Kimura, M., 1991, *Geochem. J.*, **25**, 121-136.
堀川義之・永尾隆志, 2007, 日本火山学会2007年度秋季大会講演要旨集, 8.
Hoshino, M., Kimata, M., Arakawa, Y., Shimizu, M., 2007, *Can. Mineral.*, **45**, 1329-1336.
Hoskin, P. W. O., Schaltegger, U., 2003, *In* : Hanchar, J. M. & Hoskin, P.W. O. (eds.) Zircon. *Mineral. Soc. Am.*, **53**, 27-62.

Hosono, T., Nakano, T., Murakami, H., 2003a, *Chem. Geol.*, **201**, 19-36.
Hosono, T., Nakano, T., 2003b, *Resource Geol.*, **53**, 239-259.
Hsu, C. -N., Chen, J. -C., Ho, K. -S., 2000, *Geochem. J.*, **34**, 33-58.
Hsu, S.-K., Shibuet, J. C., Shyu, C.-T., 2001, *Tectonophysics*, **333**, 111-122.
Hurford, A. J., 1990, *Chem. Geol.*, **80**, 171-178.
Humphris, S. E., 1984, *In*: Henderson, P. (ed.), Rare Earth Element Geochemistry. Elsevier, 317-342.
Hunter, A. G., 1998, *J. Petrol.*, **39**, 1255-1284.
Hurley, P. M., Hughes, H., Faure, G., Fairbairn, H. W., Pinson, W. H., 1962, *J. Geophys. Res.*, **67**, 5315-5334.
Ichikawa, K., 1990, *In*: Ichikawa, K., Mizutani, S., Hara, I., Hada, S. & Yao, A. (eds.), Pre-Cretaceous Terranes of Japan. *Publ. IGCP Project*, **224**, 1-11.
Ikawa, T., 1999, Geologic and petrologic evolutionary history of Cretaceous Abu Group in central part of Yamaguchi Prefecture, Southwest Japan. Doctoral Thesis, Niigata Univ.
井川寿之・永尾隆志, 1996, 岩鉱, **91**, 321-338.
井川寿之・鬼村雅和・今岡照喜・加々美寛雄, 1999, 地質学論集, No.53, 333-347.
Ikeda, Y., Shiraishi, K., Yanai, K., 1997, *Proc. NIPR Symp. Antarctic Geosci.*, No.10, 102-110.
Ikeda, Y., Stern, R., Kagami, H., Sun, C. H., 2000, *Island Arc*, **9**, 161-172.
Ikeda, Y., Nagao, K., Kagami, H., 2001, *Chem. Geol.*, **175**, 509-522.
今岡照喜・永松秀崇・井川寿之・秋山美代・加々美寛雄, 2000, 月刊地球, 号外 No.30, 127-133.
Ishihara, S., Terashima, S., 1985, *Bull. Geol. Surv. Japan,*. **36**, 653-680.
Ishikawa, M., Shiraishi, K., Motoyoshi, Y., Tsuchiya, N., Shimura, T., Yanai, K., 1994, Antarctic Geol. Map Ser., Sheet 36. Tokyo, Natl. Inst. Polar Res.
Ishimoto, H., Shuto, K., Goto, Y., 2006, *Island Arc*, **15**, 251-268.
Ishiwatari, A., 1985, *J. Petrol.*, **26**, 1-30.
Ishizaka, K., Carlson, R. W., 1983, *Earth Planet. Sci. Lett.*, **64**, 327-340.
Isozaki, Y., 1997, *Island Arc*, **6**, 2-24.
伊藤順一, 1990, 岩鉱, **85**, 541-558.
Iwamori, H., 1989, *Bull. Volcanol. Soc. Japan*, **34**, 105-123.
Iwamori, H., 1991, *J. Geophys. Res.*, **96**, 6157-6170.
Iwamori, H., 1992, *J. Geophys. Res.*, **97**, 10983-10995.
Jacobsen, S. B., Wasserburg, G. J., 1980, *Earth Planet. Sci. Lett.*, **50**, 139-155.

Jacobsen, S. B., Wasserburg, G. J., 1981, *Tectonophysics*, **75**, 163-179.
Jacobsen, S. B., Wasserburg, G. J., 1984, *Earth Planet. Sci. Lett.*, **67**, 137-150.
Jacobsen, S. B., Kaufman, A. J., 1999, *Chem. Geol.*, **161**, 37-57.
Jaffey, A. H., Flynn, K. F., Glendenin, L. E., Bentley, W. C., Essling, A. M., 1971, *Phys. Rev.*, **4**, 1889-1906.
Jäger, E., 1973, *Eclogae Geol. Helv.*, **66**, 11-21.
Jäger, E., Niggli, E., Wenk, E., 1967, *Beitr. Geol. Karte Schweiz N. F.*, **134**, 1-67.
Jenkin, G. R. T., Rogers, G., Fallick, A. E., Farrow, C. M., 1995, *Chem. Geol.*, **122**, 227-240.
加々美寛雄, 2005, 地質雑, **111**, 441-457.
加々美寛雄, Oberli, F., Meier, M., Steiger, R. H., 1985, 日本地質学会第92年学術大会講演要旨集, 365.
Kagami, H., Iwata, M., Takahashi, E., 1986, *Technical Rep. ISEI, Okayama Univ., Ser.A.*, **7**, 1-13.
加々美寛雄・小出良幸, 1987, 地球科学, **41**, 1-22.
Kagami, H., Honma, H., Shirahase, T., Nureki, T., 1988, *Geochem. J.*, **22**, 69-79.
加々美寛雄・玄武洞団研グループ, 1990, 地質雑, **96**, 471-474.
Kagami, H., Iizumi, S., Tainosho, Y., Owada, M., 1992, *Contrib. Mineral. Petrol.*, **112**, 165-177.
Kagami, H., Iizumi, S., Iwata, M., Nureki, T., 1993, *Proc. Japan Acad.*, **69**, Ser.B., 1-6.
加々美寛雄・柚原雅樹・飯泉 滋・田結庄良昭・大和田正明・端山好和・濡木輝一, 1995, 地質学論集, No.44, 309-320.
Kagami, H., Yuhara, M., Tainosho, Y., Iizumi, S., Owada, M., Hayama, Y., 1995, *Geochem. J.*, **29**, 123-135.
加々美寛雄・森口由美・長尾敬介・沢田順弘・永尾隆志, 1996, 総合研究(A)西南日本の新生代火山活動とテクトニクス研究報告, 67-71.
加々美寛雄・川野良信・井川寿之・石岡 純・加々島慎一・柚原雅樹・周藤賢治・飯泉 滋・今岡照喜・大和田正明・小山内康人・田結庄良昭, 1999a, 地質学論集, No.53, 1-19.
加々美寛雄・大和田正明・大石裕之・岩田昌寿, 1999b, 地質学論集, No.53, 47-55.
加々美寛雄・川野良信・井川寿之・石岡 純・加々島慎一・志村俊昭・周藤賢治・飯泉 滋・今岡照喜・大和田正明・小山内康人・田結庄良昭・田中久雄・土谷信高・柚原雅樹, 2000, 月刊地球, 号外 No.30, 185-190.
Kagami, H., Yuhara, M., Iizumi, S., Tainosho, Y., Owada, M., Ikeda, Y., Okano, O., Ochi, S., Hayama, Y., Nureki, T., 2000, *Island Arc*, **9**, 3-20.

Kagami, H., Shimura, T., Yuhara, M., Owada, M., Osanai, Y., Shiraishi, K., 2003, *Polar Geosci.*, No.16, 227-242.

Kagami, H., Kawano, Y., Ikawa, T., Nishi, N., Toyoshima, T., Hamamoto, T., Hayasaka, Y., Ikeda, Y., Yuhara, M., 2004, *Proc. Japan Acad.*, **80**, Ser.B., 1-6.

加々美寛雄・志村俊昭, 2005, 新潟の花こう岩の生い立ちを読む. 新潟日報事業社, pp.70.

Kagami, H., Kawano, Y., Akiyama, Y., Imaoka, T., Ikawa, T., Ishioka, J., Toyoshima, T., Hamamoto, T., Hayasaka, Y., Ikeda, Y., Yuhara, M., Tainosho, Y., 2006, *Gondwana Res.*, **9**, 142-151.

加々美寛雄・今岡照喜・石岡　純・加々島慎一・川野良信・小山内康人・大和田正明・志村俊昭・白石和行・柚原雅樹, 2007, *MAGMA*, No.87, 1-29.

加々美寛雄・今岡照喜, 2008, 地球科学, **62**, 131-138.

加々美寛雄・柚原雅樹・川野良信, 2008, *MAGMA*, No.89, 43-60.

Kagashima, S., 2001, Evolution, magma ascent, and emplacement of the granitic complex : geologic and petrologic approach to the Iwafune granitoids, Niigata Prefecture, Japan. Doctoral Thesis, Niigata Univ.

角縁　進・永尾隆志.1994, 日本火山学会講演予稿集, **2**, 173.

角縁　進・永尾隆志・加々美寛雄・藤林紀枝, 1995, 地質学論集, No.44, 321-335.

Kamei, A., 2004, *J. Asian Earth Sci.*, **24**, 43-58.

亀井淳志・大和田正明・小山内康人・濱本拓志・加々美寛雄, 1997, 岩鉱, **92**, 316-326.

Kamei, A., Owada, M., Hamamoto, T., Osanai, Y., Yuhara, M., Kagami, H., 2000, *Island Arc*, **9**, 97-112.

兼岡一郎, 1998, 年代測定概論. 東京大学出版会, pp.315.

加藤祐三・新城竜一・川野良信, 1992, 松本徰夫教授記念論文集, 39-48.

Kawabata, H., Shuto, K., 2005, *J. Volcanol. Geotherm. Res.*, **140**, 241-271.

川上源太郎・大平寛人・在田一則・板谷徹丸・川村信人, 2006, 地質雑, **112**, 684-698.

川浪聖志・中野伸彦・小山内康人・加々美寛雄・大和田正明, 2006, 地質雑, **112**, 639-653.

川野良信, 2007, 佐賀大学文化教育学部研究論集, **11**, 251-259.

Kawano, Y., Kagami, H., 1993, *Geochem. J.*, **27**, 171-178.

川野良信・加々美寛雄, 1999, 地質論集, No. 53, 235-245.

Kawano, Y., Meno, A., Nishi, N., Kagami, H., 2005, *Polar Geosci.*, No. 18, 114-129.

Kawano, Y., Akiyama, M., Ikawa, T., Roser, B. P., Imaoka, T., Ishioka, J., Yuhara, M.,

Hamamoto, T., Hayasaka, Y., Kagami, H., 2006, *Gondwana Res.*, **9**, 126-141.
川野良信・武蔵野　實・楠　利夫・加納　隆・加々美寛雄, 2007, *MAGMA*, No.88, 35-52.
Kay, S. M., Ramos, V. A., Marquez, M., 1993, *J. Geol.*, **101**, 703-714.
Kemp, A. I. S., Wormald, R. J., Whitehouse, M. J., Price, R. C., 2005, *Geology*, **33**, 797-800.
Kemp, A. I. S., Shimura, T., Hawkesworth, C. J., 2007, *Geology*, **35**, 807-810.
Kersting, A. B., Arculus, R. J., Gust, D. A., 1996, *Science*, **272**, 1464 -1468.
貴治康夫・小澤大成・村田　守, 2000, 岩石鉱物科学, **29**, 136-149.
Kimbrough, D.L., Herzig, C.T., Watanabe, T., Arita, K., Kuriya, M., Kagami, H., Hayasaka, Y., Tainosho, Y., 1994, From Paleoasian Ocean to Paleo-Pacific Ocean, Abst. International Joint Symp. IGCP Projects 283, 321, 359, Sapporo, 48-51.
Kimura, J-I., Manton, W. I., Sun, C.-H., Iizumi, S., Yoshida, T., Stern, R. J., 2002, *J. Petrol.*, **43**, 1923-1946.
Kimura, J-I., Kunikiyo, T., Osaka, I., Nagao, T., Yamauchi, S., Kakubuchi, S., Okada, S., Fujibayashi, N., Okada, R., Murakami, H., Kusano, T., Umeda, K., Hayashi, S., Ishimaru, T., Ninomiya, A., Tanase, A., 2003a, *Island Arc*, **12**, 22-45.
Kimura, J-I., Kunikiyo, T., Iizumi, S., 2003b, 地球惑星科学連合予稿集, G017-001.
Kimura, J-I., Stern, R. J., Yoshida, T., 2005a, *Geol. Soc. Am. Bull.*, **117**, 969-986.
Kimura, J-I., Tateno, M., Osaka, I., 2005b, *Island Arc*, **14**, 115-136.
Kimura, J-I., Yoshida, T., 2006, *J. Petrol.*, **47**, 2185-2232.
Koide, Y., 1990, *Proc. Ophiolite & Oceanic Lithosphere, Cyprus*, 477-483.
Koide, Y., Sano, S., Ishiwatari, A., Kagami, H., 1987a, *J. Fac. Sci., Hokkaido Univ., Ser. IV*, **22**, 297-312.
Koide, Y., Tazaki, K., Kagami, H., 1987b, *J. Japan. Assoc. Min. Pet. Econ. Geol.*, **82**, 1-15.
Koide, Y., Sano, S., 1992, *Bull. Kanagawa Prefec. Muse.*, No. 21, 1-20.
近藤寛子, 1999, 山形県温海地域に分布する中期中新世火山岩類に包有されるはんれい岩類の岩石学的, 年代学的研究. 新潟大学大学院自然科学研究科地球環境科学専攻修士論文.
小松正幸・宮下純夫・在田一則, 1986, 地団研専報, No.31, 189-203.
Kulp, J. L., Engels, J., 1963, *In* : Radioactive Dating. Intern. At. Energy Agency (IAEA), Vienna, 219-238.
Kuno, H., 1966, *Bull. Volcanol.*, **29**, 195-222.
倉沢　一・今田　正, 1986, 地質雑, **92**, 205-217.

楠　利夫・武蔵野　實, 1989, 地球科学, **43**, 75-83.
楠　利夫・丹波地帯研究グループ, 2007, 地学団体研究会第16回総会シンポジウム資料集, 31-36.
Laslett, G. M., Green, P. F., Duddy, I. R., Gleadow, A. J. W., 1987, *Chem. Geol.*, **65**, 1-13.
Le Bas, M. J., Le Maitre, R. W., Streckeisen, A., Zanettin, B., 1986, *J. Petrol.*, **27**, 745-750.
Le Maitre, R. W., Bateman, P., Dudek, A., Keller, J., Lameyre, M., Le Bas, M. J., Sabine, P. A., Schmid, R., Sørensen, H., Streckeisen, A., Woolley, A. R., Zanettin, B., 1989, A classification of igneous rocks and a glossary of terms. Recommendations of the International Union of Geological Sciences, Subcommission on the Systematics of Igneous Rocks. Blackwell Sci. Publs., pp.193.
Liew, T. C., McCulloch, M. T., 1985, *Geochim. Cosmochim. Acta*, **49**, 587-600.
Lovera, O. M., Richter, F. M., Harrison, T. M., 1989, *J. Geophys. Res.*, **94**, 17917-17936.
Lugmair, G. W., Marti, K., 1978, *Earth Planet. Sci. Lett.*, **39**, 349-357.
Lutgens, F. K., Tarbuck, E. J., 1998, Essentials of Geology (6th edition). Prentice-Hall, Inc., pp.450.
前田仁一郎, 1986, 地団研専報, No.31, 459-473.
前田仁一郎・末武晋一・池田保夫・戸村誠司・本吉洋一・岡本康成, 1986, 地団研専報, No.31, 223-246.
Maeda, J., Kagami, H., 1994, *J. Geol. Soc. Japan*, **100**, 185-188.
Maeda, J., Kagami, H., 1996, *Geology*, **24**, 31-34.
Martin, H., 1995, *In*: Condie, K. C. (ed.) Archean Crustal Evolution. Elsevier, 205-259.
Martin, H., Smithies, R. H., Rapp, R., Moyen, J. -F., Champion, D., 2005, *Lithos*, **79**, 1-24.
松本一郎・沢田順弘・加々美寛雄, 1994, 地質雑, **100**, 399-407.
Mattauch, J., 1937, *Naturwissenschaften*, **25**, 189-191.
Mattauch, J., 1938, *Z. Anorg. Chem.*, **236**, 209-220.
McArthur, J. M., Howarth, R. J. Bailey, T. R., 2001, *J. Geol.*, **109**, 155-170.
McCulloch, M. T., Arculus, R. J., Chappell, B. W., Ferguson, J., 1982, *Nature*, **300**, 166-169.
McDonough, W. F., Rudnick, R. l., McCulloch, M. T., 1991, *Geol. Soc. Aust. Spec. Publ.*, **17**, 163-188.

Menzies, M. A., Murthy, V. R., 1980, *Nature*, **283**, 634-636.
Mezger, K., Hanson, G. N., Bohlen, S. R., 1989, *Contrib. Mineral. Petrol.*, **101**, 136-148.
Miki, M., Matsuda, T., Otofuji, Y., 1990, *Tectonophysics*, **175**, 335-347.
Milisenda, C. C., Liew, T. C., Hofmann, A. W., Kröner, A., 1988, *J. Geol.*, **96**, 608-615.
Minster, J. -F., Birck, J. -L., Allègre, C. J., 1982, *Nature*, **300**, 414-419.
Misra, N. K., Venkatasubramanian, V. S., 1977, *Geochim. Cosmochim. Acta*, **41**, 837-838.
三井誠一郎, 1992, 西南日本, 東山陰地域に分布するアルカリに富む玄武岩類－日本海拡大後の火成活動－. 大阪市立大学大学院理学研究科修士論文.
三好雅也・長谷中利昭・佐野貴司, 2005, 火山, **50**, 269-283.
宮地六美・松本徰夫, 1992, 松本徰夫教授記念論文集, 187-191.
Morris, P. A., 1995, *Geology*, **23**, 395-403.
Morris, P. A., Kagami, H., 1989, *Earth Planet. Sci. Lett.*, **92**, 335-346.
村田 守・貴治康夫・小澤大成, 2000, 月刊地球, 号外 No.30, 204-208.
武蔵野 實, 1992, 地質学論集, No.38, 85-97.
中田節也, 1986, 火山, **31**, 95-110.
中田節也・高橋正樹, 1979, 地質雑, **85**, 571-582.
永尾隆志, 1976, 地球科学, **30**, 110-121.
永尾隆志・藤林紀枝・加々美寛雄・田崎耕市・高田小百合, 1990, 地質雑, **96**, 795-803.
永尾隆志・長谷義隆・長峰 智・角縁 進・坂口知之, 1999, 岩鉱, **94**, 461-481.
中嶋聖子・周藤賢治・加々美寛雄・大木淳一・板谷徹丸, 1995, 地質学論集. No.44, 197-226.
Nakajima, T., Shirahase, T., Shibata, K., 1990, *Contrib. Mineral. Petrol.*, **104**, 381-389.
Nakajima, T., Nakagawa, K., Obata, M., Uchiumi, S., 1995, *J. Geol. Soc. Japan*, **101**, 615-620.
Nakamura, E., Campbell, I. H., Sum, S. S., 1985, *Nature*, **316**, 55-58.
Nakamura, E., Campbell, I. H., McCulloch, M.T., 1990a, *J. Geophys. Res.*, **94**, 4634-4654.
Nakamura, E., McCulloch, M. T., Campbell, I. H., 1990b, *Tectonophysics*, **174**, 207-233.
Nelson, B. K., DePaolo, D. J., 1984, *Nature*, **312**, 143-146.
Nelson, D. R., 2004, In : Eriksson, P. G., Altermann, W., Nelson, D. R., Mueller, W. U. & Catuneanu, O. (eds.), The Precambrian Earth : Tempos and Events. Elsevier, 1-63.
Neuman, W., Huster, E., 1974, *Z. Physik.*, **270**, 121-127.

Nicolaysen, L. O., 1961, *Ann. N. Y. Acad. Sci.*, **91**, 198-206.
Nier, A. O., 1938, *J. Am. Chem. Soc.*, **60**, 1571-1576.
Nier, A. O., Thompson, R. W., Murphey, B. F., 1941, *Phys. Rev.*, **60**, 112-116.
Nishi, N., Kawano, Y., Kagami, H., 2002, *Polar Geosci.*, No.15, 1-21.
西田和浩・今岡照喜・飯泉　滋，2005，地質雑，**111**, 123-140.
西川祐輔・今岡照喜・岸　司・加々美寛雄・亀井淳志，2008，地質雑，投稿中．
Nishimura, Y., 1990, *In* : Ichikawa, K., Mizutani, S., Hara, I., Hada, S. & Yao, A. (eds.) Pre-Cretaceous Terranes of Japan. *Publ. IGCP Project*, No.224, 63-79.
Nishimura, Y., 1998, *J. metamorphic Geol.*, **16**, 129-140.
西村祐二郎・柴田　賢，1989，地質学論集，No.33, 343-357.
Nishio, Y., Nakai, S., Yamamoto, J., Sumino, H., Matsumoto, T., Prihhod'ko, V. S., Arai, S., 2004, *Earth Planet. Sci. Lett.*, **217**, 245-261.
Nohda, S., Tatsumi, Y., Otofuji, Y., Matsuda, T., Ishizaka, K., 1988, *Chem. Geol.*, **68**, 317-327.
Notsu, K., 1983, *J. Volcanol. Geotherm. Res.*, **18**, 531-548.
Notsu, K., Mabuchi, H., Yoshioka, O., Masuda, J., Ozima, M., 1973, *Earth Planet. Sci. Lett.*, **19**, 29-36.
Notsu, K., Arakawa, Y., Kobayashi, T., 1990, *J. Volcanol. Geotherm. Res.*, **40**, 181-196.
Oberli, F., Kagami, H., Meier, M., Steiger, R. H., 1984, *Fort. Mineral.*, **62**, 176-178.
小形昌徳，1989，地質雑，**95**, 755-768.
小形昌徳，高岡宣雄，1991，火山，**36**, 197-191.
Oh, C. W., 2006, *Gondwana Res.*, **9**, 47-61.
Ohki, J., Shuto, K., Kagami, H., 1994, *Geochem. J.*, **28**, 473-487.
岡村　聰・菅原　誠・加々美寛雄，1995，地質学論集．No.44, 165-180.
Okano, O., Sato, T., Kagami, H., 2000, *Island Arc*, **9**, 21-36.
Okino, K., Shimakawa, Y., Nagaoka, S., 1994, *J. Geomag. Geoelectr.*, **46**, 463-479.
O'Nions, R. K., Hamilton, P. J., Evensen, N. M., 1977, *Earth Planet. Sci. Lett.*, **34**, 13-22.
O'Nions, R. K., Carter, S. R., Evensen, N. M., Hamilton, P. J., 1979, *Annu. Rev. Earth Planet. Sci.*, **7**, 11-38.
小野晃司・渡辺一徳，1985，阿蘇火山地質図（5万分の1）．火山地質図4，地質調査所．
大石祥之，1993，山口県宇田島の下部地殻物質．山口大学大学院理学研究科地質学鉱物科学専攻修士論文．
太田岳洋・青木謙一郎，1991，岩鉱，**86**, 1-15

Osanai, Y., Komatsu, M., Owada, M., 1991, *J. metamorphic Geol.*, **9**, 111-124.

小山内康人・濱本拓志・亀井淳志・大和田正明・加々美寛雄, 1996, テクトニクスと変成作用（原　郁夫先生退官記念論文集）. 創文社, 113-124.

Osanai, Y., Hamamoto, T., Maishima, O., Kagami, H., 1998, *J. metamorphic Geol.*, **16**, 53-66.

Osanai, Y., Hamamoto, T., Kagami, H., Suzuki, K., Owada, M., Kamei, A., 1999, *Gondwana Res.*, **2**, 599-601.

Osanai, Y., Owada, M., Kamei, A., Hamamoto, T., Kagami, H., Toyoshima, T., Nakano, N., Tran Ngoc Nam., 2006, *Gondwana Res.*, **9**, 152-166.

小山内康人・大和田正明・志村俊昭・中野伸彦・川浪聖志・小松正幸, 2006, 地質雑, **112**, 623-638.

Otofuji, Y., Matsuda, T., 1983, *Earth Planet. Sci. Lett.*, **62**, 349-359.

Otofuji, Y., Matsuda, T., Nohda, S., 1985, *Earth Planet. Sci. Lett.*, **75**, 265-277.

Otsuka, T., 1988, *J. Geosci., Osaka City Univ.*, **31**, 63-122.

大和田正明・小山内康人, 1989, 月刊地球, **11**, 252-257.

Owada, M., Osanai, Y., Kagami, H., 1991, *J. Geol. Soc. Japan*, **97**, 751-754.

大和田正明・小山内康人・加々美寛雄, 1992, 月刊地球, **14**, 291-295.

Owada, M., Osanai, Y., Kagami, H., 1997, *Mem. Geol. Soc. Japan*, No.47, 21-27.

大和田正明・山崎　徹・小山内康人・吉元一峰・濱本拓志・加々美寛雄, 2006, 地質雑, **112**, 666-683.

Parrish, R. R., 1983, *Tectonics*, **2**, 601-631.

Parrish, R. R., 1990, *Can. J. Earth Sci.*, **27**, 1431-1450.

Patterson, C. C., 1956, *Geochim. Cosmochim. Acta*, **10**, 230-237.

Patterson, C. C., Brown, H., Tilton, G. R., Ingham, M. G., 1953a, *Phys. Rev.*, **92**, 1234-1235.

Patterson, C. C., Goldberg, E. D., Ingham, M. G., 1953b, *Geol. Soc. Am. Bull.*, **64**, 1387-1388.

Pearce, J. A., Parkinson, I. J., 1993, *In* : Prichard, H. M., Alabaster, T., Harris, N. B. W. & Neary, C. R. (eds.), Magmatic Processes and Plate Tectonics. *Geol. Soc. London Spec. Publ.*, **76**, 373-403.

Percival, J. A., Fountain, D. M., Salisbury, M. H., 1992, *In* : Fountain, D. M., Arculus, R. & Kay, R. W. (eds.), Continental Lower Crust. Elsevier, 317-362.

Petford, N., Cruden, A. R., McCaffrey, K. J. W., Vigneresse, J. -L., 2000, *Nature*, **408**, 669-673.

Pin, C., Sills, J. D., 1986, *In*: Dawson, J. B., Carswell, D. A., Hall, J. & Wedepohl, K. H.

(eds.), The Nature of the Lower Continental Crust. *Geol. Soc. Spec. Publ.*, No.24, 231-249.

Piquet, D., 1982, Mecnismes de recrystallisation metamorphique dans les ultrabasites : exemple des roches vertes Archeennes de Finlande Orientale (ceinture de Suomussalmi-kuhmo). Theses 3^e cycle, Rennes, pp.246.

Pitcher, W. S., 1993, The Nature and Origin of Granite (1st edition). Blackie Academic & Professional, pp.321.

Pitcher, W. S., 1997, The Nature and Origin of Granite (2nd edition). Chapman & Hall, pp.387.

Rasmussen, B., 2005, *Contrib. Mineral. Petrol.*, **150**, 146-155.

Reid, M. R., 2005, *In* : Rudnick R. L. (ed.), The Crust. Elsevier, 167-193.

Reisberg, L., Zindler, A., Jagoutz, E., 1989, *Earth Planet. Sci. Lett.*, **96**, 161-180.

Rezanov, A. I., Shuto, K., Iizumi, S., Shimura, T., 1999, *Mem. Geol. Soc. Japan*, No.53, 269-286.

Richard, P., Shimizu, N., Allègre, C. J., 1976, *Earth Planet. Sci. Lett.*, **31**, 269-278.

Richardson, S. H., Gurney, J. J., Erlank, A. J., Harris, J. W., 1984, *Nature*, **310**, 198-202.

Ringwood, A. E., 1982, *J. Geol.*, **90**, 611-643.

Robbins, G. A., 1972, Radiogenic argon diffusion in muscovite under hydrothermal conditions. M. S., Brown Univ.

Rogers, J. J. W., Adams, J. A. S., 1974, *In*: Wedepohl, K. H., Correns, C. W., Shaw, D. M., Turekian, K. K., Zemann, J. (eds.) Handbook of Geochemistry (II-2). Springer-Verlag.

Rogers, N. W., Hawkesworth, C. J., 1982, *Nature*, **299**, 409-413.

Rollinson, H. R., 1993, Using Geochemical Data : Evaluation, Presentation, Interpretation. Longman Group Limited, pp.352.

Rudnick, R. L., 1992, *In* : Fountain, D. M., Arculus, R. & Kay, R. W. (eds.), Continental Lower Crust. Elsevier, 269-316.

Rudnick, R. L., McDonough, W. F., McCulloch, M. T., Taylor, S R., 1986, *Geochim. Cosmochim. Acta*, **50**, 1099-1115.

Ruiz, J., Patchett, P. J., Arculus, R. J., 1988, *Contrib. Mineral. Petrol.*, **99**, 36-43.

Russell, H. N., 1921, *Proc. Roy. Soc. London*, **99**, 84-86.

Rutherford, E., 1906, Radioactive Transformations. Charles Scribner's Sons, New York, pp.287.

Rutherford, E., Soddy, F., 1902a, *Philo. Mag.*, **4**, 370-396.

Rutherford, E., Soddy, F., 1902b, *Philo. Mag.*, **4**, 569-585.

Rutherford, E., Soddy, F., 1902c, *J. Chem. Soc. London*, **81**, 321-350.
Rutherford, E., Soddy, F., 1902d, *J. Chem. Soc. London*, **81**, 837-860.
領家研究グループ, 1972, 地球科学, **26**, 205-216.
佐伯圭右・柴　正敏・板谷徹丸・大貫　仁, 1995, 岩鉱, **90**, 297-309.
Sahl, K., Doe, B. R., Wedepohl, K. H., 1974, *In* : Wedepohl, K. H., Correns, C. W., Shaw, D. M., Turekian, K. K., Zemann, J. (eds.) Handbook of Geochemistry (II-4). Springer-Verlag.
坂島俊彦・高木秀雄・寺田健太郎・竹下　徹・早坂康隆・佐野有司, 2000, 日本地質学会第107年学術大会講演要旨集, 155.
Sakashima, T., Terada, K., Takeshita, T., Sano, Y., 2003, *J. Asian Earth Sci.*, **21**, 1019-1039.
先山　徹, 1978, 岡山大学温研報, No.47, 33-40.
Sakuyama, M., Nesbitt, R. W., 1986, *J. Volcanol. Geotherm. Res.*, **29**, 413-450.
佐野　栄, 1992, 岩鉱, **87**, 272-282.
Sano, S., Tazaki, K., Kagami, H., 1987, *Technical Rep. ISEI, Okayama Univ., Ser.A*, **13**, 1-16.
佐野　栄・田崎耕市, 1989, 地質学論集, No.33, 53-67.
Sano, S., Hayasaka, Y., Tazaki, K., 2000, *Island Arc*, **9**, 81-96.
笹田政克, 1978, 地質雑, **84**, 23-34.
Sasada, M., 1979, *J. Japan. Assoc. Min. Pet. Econ. Geol.*, **74**, 1-15.
Sato, M., Shuto, K., Yagi, M., 2007, *Lithos*, **96**, 453-474.
佐藤　誠・藤本幸雄・山元正継・加々美寛雄, 2008, *MAGMA*, No.89, 33-41.
沢田順弘・板谷徹丸, 1993, 地質雑, **99**, 975-990.
沢田順弘・加々美寛雄・松本一郎・杉井完治・中野聡志・周琵琶湖花崗岩団体研究グループ, 1994, 地質雑, **100**, 217-233.
Schreiner, G. D. O., 1958, *Proc. Roy. Soc.* 245A, 112-117.
瀬戸憲彦・溝上　恵, 1983, 地震学会講演予稿集, **2**, 120.
Shaw, R. K., Arima, M., Kagami, H., Fanning, C. M., Shiraishi K., Motoyoshi, Y., 1997, *J. Geol.*, **105**, 645-656.
Shibata, K., Adachi, M., 1974, *Earth Sci. Planet. Lett.*, **21**, 277-287.
Shibata, K., Igi, S., Uchiumi, S., 1977a, *Geochem. J.*, **11**, 57-64.
Shibata, K., Mizuno, A., Yuasa, M., Uchiumi, S., 1977b, *Bull. Geol. Soc. Japan*, **28**, 503-506.
Shibata, K., Ishihara, S., 1979a, *Geochem. J.*, **13**, 113-119.
Shibata, K., Ishihara, S., 1979b, *Contrib. Mineral. Petrol.*, **70**, 381-390.

柴田　賢・内海　茂・中川忠夫，1979，地調月報，**30**, 675-686.

Shibata, K., Mizutani, S., 1980, *Geochem. J.*, **14**, 235-241.

Shibata, K., Mizutani, S., 1982, *Geochem. J.*, **16**, 213-223.

柴田　賢・高木秀雄，1988，地質雑，**94**, 35-50.

柴田　賢・西村祐二郎，1989，地質学論集，No.33, 317-341.

Shibata, T., Nakamura, E., 1997. *J. Geophys. Res.*, **102**, 8051-8064.

柴田知之・伊藤順一・氏家　治・竹村恵二，2005，大分県温泉調査研究会報告，57, 7-9.

島崎英彦，2005，地団研専報，No.53, 129-135.

Shimizu, H., Lee, S. G., Masuda, A., Adachi, M., 1996, *Geochem. J.*, **30**, 57-69.

Shimoda, G., Tatsumi, Y., Nohda, S., Ishizaka, K., Jahn, B. M., 1998, *Earth Planet. Sci. Lett.*, **160**, 479-492.

Shimoda, G., Tatsumi, Y., 1999, *Island Arc*, **8**, 383-392.

志村俊昭，1999，地質雑，**105**, 536-551.

Shimura, T., Owada, M., Osanai. Y., Komatsu, M., Kagami, H., 2004, *Trans. Roy. Soc. Edinburgh, Earth Sci.*, **95**, 161-179.

志村俊昭・高橋　浩・加々島慎一・川井稔子・安藤　勤・小林基比古・落合（奥田）律子・横川尚子，2005，「日本海超深度掘削実現を目指して」シンポジウム報告書．新潟大学，37-41.

新城竜一・長谷中利昭・藤巻宏和，1990，岩鉱，**85**, 282-297.

Shinjo, R., Woodhead, J. D., Hergt, J. M., 2000, *Contrib. Mineral. Petrol.*, **140**, 263-282.

Shinjoe, H., 1997, *Chem. Geol.*, **134**, 237-255.

白波瀬輝夫，2005，地団研専報，No.53, 119-127.

Shiraishi, K., Ellis, D. J., Hiroi, Y., Fanning, C. M., Motoyoshi, Y., Nakai, Y., 1994, *J. Geol.*, **102**, 47-65.

Shiraishi, K., Kagami, H., Yanai, K., 1995, *Proc. NIPR Symp. Antarctic Geosci.*, No.8, 130-136.

Shiraishi, K., Hokada, T., Fanning, C.M., Misawa, K., Motoyoshi, Y., 2003, *Polar Geosci.*, No.16, 76-99.

Shiraishi, K., Dunkley, D. J., Hokada, T., Fanning, C. M., Kagami, H., Hamamoto, T., 2008, *Geol. Soc. Spec. Publ.*, in press.

角井朝昭，2000，岩石鉱物科学，**29**, 67-71.

Shuto, K., Kagami, H., Shimazu, M., Yano, T., 1988, *J. Japan. Assoc. Min. Pet. Econ. Geol.*, **83**, 77-84.

Shuto, K., Ohki, J., Kagami, H., Yamamoto, M., Watanabe, N., Yamamoto, K., Anzai,

N., Itaya, T., 1993, *Mineral. Petrol.*, **49**, 71-90.
Shuto, K., Hirahara, Y., Ishimoto, H., Aoki, A., Jinbo, A., Goto, Y., 2004. *J. Volcanol. Geotherm. Res.*, **134**, 57-75.
Shuto, K., Ishimoto, H., Hirahara, Y., Sato, M., Matsui, K., Fujibayashi, N., Takazawa, E., Yabuki, K., Sekine, M., Kato, M., Rezanov, A.I., 2006, *Lithos*, **86**, 1-33.
首藤拓郎・大塚　勉，2004，地質雑，**110**, 67-84.
Soddy, F., Hyman, H., 1914, *J. Chem. Soc. London*, **105**, 1402-1408.
Song, Y., Frey, F. A., 1989, *Geochim. Cosmochim. Acta*, **53**, 97-113.
Steiger, R. H., Jäger, E., 1977, *Earth Planet. Sci. Lett.*, **36**, 359-362.
Steiger, R. H., Hanson, B. T., Schuler, C., Bär, M. T., Henriksen, N., 1979, *J. Geol.*, **87**, 475-495.
Stern, C. R., Kilian, R., 1996, *Contrib. Mineral. Petrol.*, **123**, 263-281.
Stern, R. J., 2002, *J. Afr. Earth Sci.*, **34**, 109-117.
Stosch, H. -G., Lugmair, G. W., 1984, *Nature*, **311**, 368-370.
Stosch, H. -G., Lugmair, G. W., Kovalenko, V. I., 1986, *Geochim. Cosmochim. Acta*, **50**, 2601-2614.
Strutt, R. J., 1908, *Proc. Royal Soc. London, Ser. A*, **81**, 272-277.
須藤　宏・本間弘次・笹田政克・加々美寛雄，1988，地質雑，**94**, 113-128.
Sugimoto, T., Shibata, T., Yoshikawa, M., Takemura, K., 2006, *J. Min. Petr. Sci.*, **101**, 270-275.
Suzuki, K., Adachi, M., 1991, *Geochem. J.*, **25**, 357-376.
Suzuki, K., Adachi, M., Tanaka, T., 1991, *Sediment. Geol.*, **75**, 141-147.
Suzuki, K., Nakazaki, M., Adachi, M., 1998, *J. Earth Planet. Sci., Nagoya Univ.*, **45**, 17-27.
Tagami, T., Lal, N., Sorkhabi, R. B., Nishimura, S., 1988, *J. Geophys. Res.*, **93**, 13705-13715.
Tagami, T., Shibata, K., 1993, *Geochem. J.*, **27**, 403-406.
田結庄良昭，1971，地質雑，**77**, 57-70.
田結庄良昭・飯泉　滋・加々美寛雄・端山好和，1989，地球科学，**43**, 16-27.
田結庄良昭・加々美寛雄・柚原雅樹・中野　聡・澤田一彦・森岡幸三郎，1999，地質学論集，No.53, 309-321.
Takagi, T., 2004, *Am. J. Sci.*, **304**, 169-202.
Takagi, T., Kagami, H., Iizumi, S., 1989, *J. Geol. Soc. Japan*, **95**, 905-918.
Takahashi, E., 1978, *Bull. Volcanol.*, **41**, 529-547.
Takahashi, Y., Kagashima, S., Mikoshiba, M. U., 2005, *Island Arc*, **14**, 150-164.

Takazawa, E., Frey, F. A., Shimizu, N., Saal, A., Obata, M., 1999, *J. Petrol.*, **40**, 1827-1851.

Tamaki, K., Suyehiro, K., Allan, J., Ingle, J. C. Jr., Pisciotto, K. A., 1992, *In*: Tamaki, K. Suyehiro, K J. Allan, J., McWilliams, M. (eds.), *Proc. Ocean Drill. Program, Sci. Results*, 1333-1348.

Tamura, Y., 2003, *Geol. Soc. London, Spec. Publ.*, **219**, 221-237.

Tamura, Y., Tatsumi, Y., Zhao, D., Kido, Y., Shukuno, H., 2002, *Earth Sci. Planet. Sci. Lett.*, **197**, 105-116.

Tamura, Y., Yuhara, M., Ishii, T., Iriono, N., Shukuno, H., 2003, *J. Petrol.*, **44**, 2243-2260.

Tanai, K., Shibata, T., Yoshikawa, M., 2006, *J. Petrol.*, **47**, 595-629.

田中　剛・星野光雄，1987，日本地質学会第94年学術大会講演要旨集，492.

Tatsumi, Y., 1981, *Earth Planet. Sci. Lett.*, **54**, 357-365.

Tatsumi, Y., 1982, *Earth Planet. Sci. Lett.*, **60**, 305-317.

巽　好幸，1995，沈み込み帯のマグマ学－全マントルダイナミクスに向けて－，東京大学出版会，pp.186.

Tatsumi, Y., Ishizaka, K., 1981, *Earth Planet Sci. Lett.*, **53**, 124-130.

Tatsumi, Y., Ishizaka, K., 1982a, *Lithos*, **15**, 161-172.

Tatsumi, Y., Ishizaka, K., 1982b, *Earth Planet. Sci. Lett.*, **60**, 293-404.

Tatsumi, Y., Nohda, S., Ishizaka, K., 1988, *Chem. Geol.*, **68**, 309-316.

Tatsumi, Y., Arai, R. and Ishizaka, K., 1999, *J. Petrol.*, **40**, 497-509.

Tatsumi, Y., Nakashima, T., Tamura, Y., 2002, *J. Petrol.*, **43**, 3-16.

Tatsumi, Y., Hanyu, T., 2003, Geochem. *Geophys. Geosyst.*, **4**, 1081.

Tatsumi, Y., Shukuno, H., Sato, K., Shibata, T., Yoshikawa, M., 2003, *J. Petrol.*, **44**, 1561-1578.

Tatsumi, Y., Suzuki, T., Kawabata, H., Sato, K., Miyazaki, T., Chang, Q., Takahashi, T., Tanai, K., Shibata, T., Yoshikawa, M., 2006, *J. Petrol.*, **47**, 595-629.

Tatsumoto, M., Nakamura, Y., 1991, *Geochim. Cosmochim. Acta*, **55**, 3697-3708.

Tatsumoto, M., Basu, A. R., Wankang, H., Junwen, W., Guanghong, X., 1992, *Earth Planet. Sci. Lett.*, **113**, 107-128.

Taylor, S. R., McLennan, S. M., 1985, The Continental Crust : Its Composition and Evolution. Blackwell Scientific, Oxford. pp.312.

田崎耕市・佐野　栄・加々美寛雄・西村裕二郎，1989，地質学論集，No.33, 69-80.

Tera, F., Wasserburg, G. J., 1972, *Earth Planet. Sci. Lett.*, **14**, 281-304.

Terakado, Y., Nakamura, N., 1984, *Contrib. Mineral. Petrol.*, **87**, 407-417.

Terakado, Y., Shimizu, H., Masuda, A., 1988, *Contrib. Mineral Petrol.*, **99**, 1-10.
Tetley, N. W., Williams, I. S., McDougall, I., Compston, W., 1976, Comparison of K-Ar and Rb-Sr Ages in rapidly cooled igneous rocks. Preprint, pp.3.
Thomson, J. J., 1905, *Phil. Mag.*, **10**, 584-590.
Tilton, G. R., 1960, *J. Geophys. Res.*, **65**, 2933-2945.
Tourpin, S., Gruau, G., Blais, S., Fourcade, S., 1991, *Chem Geol.*, **90**, 15-29.
土谷信高, 2008, 地球科学, **62**, 161-182.
Tsuchiya, N., Kanisawa, S., 1994, *J. Geophys. Res.*, **99**, 22205-22220.
土谷信高・遠藤美智子・木村純一・加々美寛雄, 2000, 月刊地球, 号外No.30, 209-216.
Tsuchiya, N., Suzuki, S., Kimura. J-I., Kagami, H., 2005, *Lithos*, **79**, 179-206.
Tsuchiya, N., Kimura, J-I., Kagami, H., 2007, *J. Volcanol. Geotherm. Res.*, **167**, 134-159.
Ujike, O., Tsuchiya, N., 1993, *Chem. Geol.*, **104**, 61-74.
Usuki, T., Kaiden, H., Misawa, K., Shiraishi, K., 2006, *Island Arc*, **15**, 503-516.
Uto, K., Hoang, N., Matsui, K., 2004, *Tectonophysics*, **393**, 281-299.
Valli, K., Aaltonen, J., Graeffe, G., Nurmia, M., Poyhonen, R., 1965, Half-life of Sm-147: ionization chamber and liquid scintillation results. Ann. Acad. Sci. Fenn., A6, 177, pp.21.
Veizer, J., Compston, W., 1976, *Geochim. Cosmochim. Acta*, **40**, 905-914.
Wartho, J. -A., Kelley, S. P., Brooker, R. A., Carroll, M. R., Villa, I. M., Lee, M. R., 1999, *Earth Planet. Sci. Lett.*, **170**, 141-153.
Wasserburg, G. J., Papanastassiou, D. A., Nenow, E. V., Bauman, C. A., 1969, *Rev. Sci. Instr.*, **40**, 288-295.
Wasserburg, G. J., Jacobsen, S. B., DePaolo, D. J., McCulloch, M. T., Wen, T., 1981, *Geochim. Cosmochim. Acta*, **45**, 2311-2323.
Wendlandt, R. F., Harrison, W. J., 1979, *Contrib. Mineral. Petrol.*, **69**, 409-419.
Wetherill, G. W., 1956, *Trans. Am. Geophys. Union*, **37**, 320-326.
Wetherill, G. W., Tilton, G. R., Davies, G. L., Aldrich, L., 1956, *Geochim. Cosmochim. Acta*, **9**, 292-297.
Wilson, M., 1989, Igneous Petrogenesis : A Global Tectonic Approach. Unwin Hyman Ltd., pp.466.
Wright, P. M., Steinberg, E. P., Glendenin, L. E., 1961, *Phys. Rev.*, **123**, 205-208.
八木正彦・国安 稔・周藤賢治・平原由香, 2004, 三鉱学会講演要旨, 211.
山田直利・河田清雄・小井土由光, 2005, 地団研専報, No.53, 1-13.

山元正継・安井光郎・石川泰己，2008，岩石鉱物科学，**37**, 15-25.
Yamashita, K., Yanagi, T., 1994, *Geochem. J.*, **28**, 333-339.
York, D., 1966, *Can. J. Phys.*, **44**, 1079-1086.
York, D., 1969, *Earth Planet. Sci. Lett.*, **5**, 320-324.
Yoshikawa, M., Nakamura, E., 2000, *J. Geophys. Res.*, **105**, 2879-2901.
弓削智子・今岡照喜・飯泉　滋，1998，地質雑，**104**, 159-170.
柚原雅樹・加々美寛雄，1995，地質雑，**101**, 434-442.
柚原雅樹・加々美寛雄，1998，日本地質学会第105年学術大会講演要旨集，175.
柚原雅樹・原　文宏・加々美寛雄，2000，地質学論集，No.56, 241-253.
Yuhara, M., Sano, S., Kagami, H., 2003, Hutton Symp. V (The Origin of Granites and Related Rocks), 176.
柚原雅樹・鮎沢　潤・大平寛人・西　奈保子・田口幸洋・加々美寛雄，2005，岩石鉱物科学，**34**, 275-287.
柚原雅樹・加々美寛雄，2006，福岡大学理学集報，**36**, 37-61.
柚原雅樹・加々美寛雄，2007，福岡大学理学集報，**37**, 57-78.
柚原雅樹・加々美寛雄，2008，福岡大学理学集報，**38**, 75-88.
Zindler, A., Jagoutz, E., Goldstein, S., 1982, *Nature*, **298**, 519-523.
Zindler, A., Hart, S. R., 1986, *Ann. Rev. Earth Planet. Sci.*, **14**, 493-571.
Zhou, X., Sun, M., Zhang, G., Chen, S., 2002, *Lithos*, **62**, 111-124.

索　引

【欧文】

AFC　*261*
Ar-Ar系　*241*
assimilation　*261*

CHIME法　*254*
CHUR　*41*
CO_2　*72*

DM　*41*
DMM　*41*

EM I　*129*
EM II　*129*

fractional crystallization　*261*
FT法　*255*

Ga　*2*

HFSE　*41*
HIMU　*130*
HREE　*53*

inherited zircon　*159*
Iタイプトーナル岩　*141*

Ka　*2*
K-Ar系　*239*

La-Ba系　*51*
La-Ce系　*51*

LILE　*41*
LREE　*52*
Lu-Hf系　*51*

Ma　*2*
MORB　*41*
MREE　*53*

Nd原子量　*56*
Nd同位体進化線　*73*
Nd同位体存在度　*56*
Nd同位体比初生値　*58*
Ndモデル年代　*73*
N-MORB　*129*

P-T-t path　*70*

Rb-Sr系　*13*
Rb-Sr全岩アイソクロン年代　*23*
Rb-Sr全岩—鉱物アイソクロン年代　*23*
Rb-Sr内的アイソクロン年代　*23*
Rb原子量　*17*
Rb同位体存在度　*17*
REE　*52*

Sm-Ndアイソクロン図　*57*
Sm-Nd系　*51*
Sm-Nd全岩アイソクロン年代　*58*
Sm-Nd全岩—鉱物アイソクロン年代　*58*
Sm-Nd内的アイソクロン年代　*59*
Sm原子量　*55*
Sm同位体存在度　*54*
Sr原子量　*18*

Sr 同位体進化線　*41*
Sr 同位体存在度　*18*
Sr 同位体比　*19*
Sr 同位体比初生値　*22*
Sr 同位体平衡　*34*
Sr モデル年代　*40*
S タイプトーナル岩　*141*

Tera-Wasserburg コンコルディア図　*251*
Th-Pb 系　*244*
TTG　*47*

UR　*42*
U-Pb 系　*244*

WPB　*213*

α 壊変　*5*
α 線　*4*

β 壊変　*5*
β 線　*4*

εNd-εSr 図　*129*
εNd 初生値　*94*
εNd 値　*93*
εSr 初生値　*160*
εSr 値　*94*
εSrI 値　*160*
ε 値　*93*

【邦文】

[あ行]

アイソクロン　*23*
愛別花崗岩体　*166*
秋吉帯　*82*
アクチニウム系列　*249*
アクチノイド　*244*
足尾帯　*81*

アセノスフェア性マントル　*196*
アダカイト　*230*
アダカイト質花崗岩　*175*
アダメロ岩　*28*
温海（山形県）　*148*
アナテクサイト　*188*
アノーサイト　*14*
アパタイト　*65*
阿武隈帯　*174*
アプライト　*29*
アプライト質花崗岩　*29*
アマゾナイト　*16*
アルカリ金属　*14*
アルカリ玄武岩　*160*
アルカリ土類金属　*14*
アルバイト　*14*
アルンタ地塊　*149*
安定同位体　*3*

生駒はんれい岩体　*63*
一の目潟　*143*
偽りのアイソクロン　*97*
茨木複合花崗岩体　*27*
井原ディスメンバード・オフィオライト
　162
イブレアーフェルバノ帯　*149*
隕石　*40*

ウエブステライト　*162*
宇田島（山口県）　*149*
ウラン系列　*249*
雲母類　*14*

液相濃集元素　*41*
エクロジャイト　*45*
エクロジャイト相　*37*
縁海　*162*
エンリッチしたマントル　*131*

隠岐島後　*143*

奥津花崗岩体　27
沖縄トラフ　143
オフィオライト　127
親核種　4
オングル島　104
温度—圧力—時間経路　70

[か行]
海山　160
海水　45
外帯酸性岩　224
壊変定数　5
海盆群　198
海洋性リソスフェア　139
海洋地殻　139
海洋底拡大説　197
海洋島　160
海洋島玄武岩　127
海洋プレート　128
海緑石　36
化学年代法　245
角閃岩　79
角閃岩相　60
角閃石類　14
花崗岩　14
花崗閃緑岩　24
火砕岩　31
火山—深成複合岩体　27
火山フロント　207
火成活動場の変遷　163
かつれん石　65
カプシカシング隆起体　149
下部地殻　139
下部地殻源捕獲岩　148
カーボナタイト　54
カーボナタイトメタソマティズム　216
上麻生礫岩　80
神居古潭帯　140
カリ長石　15
カレドニア変動　65

眼球片麻岩　65
かんらん石　14
かんらん岩　45

規格化　18
輝岩　145
輝石類　14
木曽美濃帯　81
北アメリカプレート　141
北上帯　174
北九州帯　173
北崎トーナル岩体　121
北中国地塊　84
希土類元素　52
九州-パラオ海嶺　230
経ヶ岳コンプレックス　88
キリン（中国）　146
きん青石　68
キンバーライト　44

苦鉄質岩　62
苦鉄質グラニュライト　60
クーモ・グリーンストーン帯　71
グラニュライト相　37
グレンビル変動　121
黒雲母　24
黒瀬（北九州）　146

珪岩　79
軽希土類元素　52
珪酸塩溶融物　133
珪線石　62
経年変化　194
頁岩　35
結晶分化作用　24
結晶片岩　38
原子　2
原子核　3
原子質量単位　17
玄武岩　14

洪水玄武岩　126
後背地　86
高マグネシア安山岩　219
枯渇したマントル　41
枯渇的　194
固相線　118
コートランダイト　62
コヒスタン弧　149
コマチアイト　47
混合線　97
コンコルディア　248
コンコルディア図　248
コンコルディア法　247
コンドライト　41

[さ行]
ざくろ石　68
ざくろ石レルゾライト　126
佐渡帯　174
サニデイン　36
サヌカイト　219
サヌキトイド　211
サモア諸島　130
沢渡コンプレックス　88
山陰帯　211
三郡変成帯　38
山陽帯　211

志賀島花崗閃緑岩体　121
四国海盆　212
磁鉄鉱　92
自発核分裂壊変定数　255
島々コンプレックス　88
四万十帯　224
斜長花崗岩　162
斜長岩　62
斜長石　14
斜方輝石　17
斜方輝石グラニュライト　60

重希土類元素　52
十字石　68
集積岩　145
初生安山岩マグマ　220
初生マグマ　215
ジルコン　65
白雲母　7
シンプレクタイト　68

水平変化　205
数値年代　2
周防帯　81
スパイダー図　157
スピネル　68
スピネルレルゾライト　145
スペリアー区　185

西南日本外帯　211
西南日本弧　141
正累帯深成岩体　27
石英　14
石英閃緑岩　24
ゼータ（ζ）法　255
脊梁帯　211
石灰岩　45
絶対年代　2
瀬戸内火山岩類　219
瀬戸内火山帯　219
ゼノタイム　53
セリサイト　31
漸移帯　173
全鉛　248
全地球　41

層状チャート　35
相対年代　1
続成作用　35
ソシエテ諸島　130
ソレアイト　160

[た行]
堆・海台群　198
ダイアモンド　44
帯状配列　205
堆積岩の成熟度　157
堆積作用　34
太平洋プレート　141
大陸性リソスフェア　190
大陸地殻　142
大陸地殻断面　185
大陸プレート　141
台湾-宍道褶曲帯　211
高島（北九州）　149
棚倉破砕線　80
ダービエ・スルテレーン　86
段階加熱法　242
単斜輝石　15
端成分　129
丹波帯Ⅰ型地層群　81
丹波帯Ⅱ型地層群　82
丹波帯Ⅲ型地層群　82

地質時代　2
地質図　1
地質断面図　1
地質年代表　2
千島海盆　142
千島弧　141
チタナイト　65
チタン鉄鉱　92
チャーノカイト　79
中央海嶺玄武岩　40
中希土類元素　53
中性子　3
超丹波帯　82

ツバイ諸島　129
津山　143

低Nd列　130

泥岩　35
泥質変成岩　62
ディスコルディア　248
デレゲイト（オーストラリア）　149
電気石　16
電子　3
電子捕獲　5

同位体　3
同位体希釈法　13
同位体年代　2
同位体分別　26
島弧横断変化　205
島弧火山岩　213
島弧火成活動　170
島弧縦断変化　198
動的再結晶作用　111
東北日本弧　141
トーナル岩　24
トリウム系列　249
トリスタン・ダ・クーニャ島　129
ドレライト　187
ドロニエム岩　47

[な行]
長門構造帯　81
南帯　173
南部北上古陸　180

ニオベツ岩体　168
日本海盆　142

粘土岩　34
粘土鉱物　34

濃飛流紋岩　106
能勢岩体　27
ノーライト　62

[は行]
背弧海盆玄武岩　214
ハイランド・コンプレックス　79
ハヌオバ（中国）　146
パンアフリカ変動　62
半減期　9
パンペリー石-アクチノ閃石帯　39
はんれい岩　62

東ガート帯　60
東グリーンランド　65
東山陰アレイ　218
東シナ海　164
非枯渇的　194
肥後帯　68
肥薩火山岩類　228
菱刈火山岩　228
非持トーナル岩体　111
ビジャヤン・コンプレックス　79
飛跡　255
飛驒-隠岐帯　81
飛驒外縁帯　81
日高帯　166
日高変成帯　166
日の出岬変トロニエム岩体　121
表面電離型質量分析計　18
肥沃的　195

フィッション・トラック法　255
フィリピン海プレート　141
風化作用　73
付加体　180
不活性ガス　239
複合溶岩流　223
普通鉛　248
沸石　121
不適合元素　41
部分溶融　38
プラトー年代　242
プレート内火山岩　213

プレート内玄武岩　213
プロトリス　169

閉鎖温度　113
ペグマタイト　31
変輝緑岩　62
変成作用　37
ベントナイト　36

方解石　17
放射壊変　4
放射性核種　4
放射性元素　9
放射性源同位体　4
放射性同位体　3
放射線　3
放射年代　2
放射能　9
捕獲岩　126
北帯　173
北部フォッサマグナ　148
ホットスポット　213
ポルクス石　13
ホルンブレンド　15
幌満かんらん岩体　146

[ま行]
マイクロ大陸塊　180
舞鶴帯　82
マイロナイト化作用　111
マントルウェッジ　206
マントル源捕獲岩　143
マントルダイアピル　218
マントル対流　47
マントル端成分　131
マントルプリューム　128
マントルメタソマティズム　133
マントル面　129
マントル列　126

味噌川コンプレックス　88
ミグマタイト　141
南中国地塊　84
未分化マグマ　213
宮の原トーナル岩体　119

娘核種　4

メタソマティズム　213

モナズ石　53
モル数　19
モンゴル　146

[や行]
夜久野オフィオライト　162
大和海盆　197

有孔虫　45
湯原岩体　101
湯原北岩体　101
湯原南岩体　101
ユーラシア大陸　139
ユーラシアプレート　141

陽子　3

[ら行]
ラシャイン（タンザニア）　149
ランタノイド　51

リシア雲母　13
リソスフェア性マントル　196
リフト帯　211
琉球弧　141
流体相　72
流紋岩質溶岩　31
リュツォ・ホルム岩体　104
領家帯　62
緑色片岩相　60
緑泥石　72
緑れん石　17
緑れん石-藍閃石帯　38

ルーイシアン（スコットランド）　149
累帯構造　68
ルチル　68

冷却曲線　121
レスタイト　179
レプチナイト　60
蓮華帯　81

ロンダ超苦鉄質岩体　148

[わ行]
鷲の山（香川県）　148
ワニ・コンプレックス　79
ワルビス海嶺　129

著者紹介

加々美寛雄（かがみ　ひろお）
東京教育大学大学院理学研究科博士課程修了
専攻：地質学，鉱物学
現在：元　新潟大学教授・理学博士

周藤賢治（しゅうとう　けんじ）
東京教育大学大学院理学研究科博士課程修了
専攻：岩石学
現在：新潟大学自然科学系理学部教授・理学博士

永尾隆志（ながお　たかし）
北海道大学大学院理学研究科博士課程修了
専攻：岩石学，火山学
現在：山口大学大学院理工学研究科准教授

同位体岩石学
Isotope Petrology

2008 年 7 月 25 日　初版 1 刷発行

検印廃止
NDC 450,456
ISBN 978-4-320-04649-8

著　者　加々美寛雄
　　　　周藤　賢治　　©2008
　　　　永尾　隆志

発行者　南條光章

発行所　共立出版株式会社
東京都文京区小日向 4-6-19
電話　東京 3947 局 2511 番（代表）
郵便番号 112-8700／振替 00110-2-57035
URL http://www.kyoritsu-pub.co.jp/

印　刷　錦明印刷
製　本　ブロケード

NSPA　社団法人
　　　　自然科学書協会
　　　　会員

Printed in Japan

JCLS　＜㈱日本著作出版権管理システム委託出版物＞
本書の無断複写は著作権法上での例外を除き禁じられています。複写される場合は，そのつど事前に
㈱日本著作出版権管理システム（電話 03-3817-5670, FAX 03-3815-8199）の許諾を得てください。

縦書き：
『日本の地質（全9巻）』刊行後の新知見をコンパクトに編纂‼

日本の地質
増補版 〔CD-ROM付〕

日本の地質増補版編集委員会 編

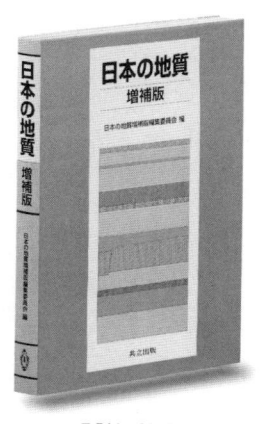

『日本の地質(全9巻)』を改訂・補遺し、増補する『日本の地質 増補版』には、つぎのような各地の新しい地質情報が盛り込まれている。「北海道地方」では、白亜紀～古第紀付加体・石油や天然ガス地域の地質特性、「東北地方」では、岩手火山の火山災害などの地質災害と各地の地質、「関東地方」では、関東平野の孔井地質層序・沿岸海域の地質・800以上の文献、「中部地方Ⅰ」は、中越地震をはじめとする災害地質など、「中部地方Ⅱ」は、後期白亜紀～古第三紀火成活動の総合的記述をはじめとする地質情報、「近畿地方」は、兵庫県南部地震の地盤と震動被害・活断層・物理探査・地質汚染、「中国地方」は、新生界の大幅改訂と鳥取西部・芸予の地震災害など、「四国地方」は、南海トラフや三波川帯・四国東部の秩父帯・同四万十帯の記述、「九州地方」は、三郡帯の年代・水質汚染・考古地質学情報・琉球弧などをはじめとする内容が記述されている。これらの地質情報は、ふるさとの創生、新しい街づくり、火山や地震の防災、自然との共生をはじめとする地域設計などに役立つと思う。本文中に盛り込めなかった情報は、付録のCD-ROMに文献リスト（MS-Wordファイル）として載せたので、各地域ごとの情報は一通り検索できる。地域差は多少あるものの、『日本の地質(全9巻)』と同じように、地域地質事典としてつくられている。この1冊で、1980年代後半以降の日本の地質情報が入手できる。

B5判・384頁
定価13650円(税込)
【ISBN4-320-04644-7 C3344】

好評発売中!! 『日本の地質 全9巻／別巻』
日本の地質刊行委員会 企画

1. 北海道地方 ……… 定価9450円(税込)
2. 東北地方 ………… 定価9450円(税込)
3. 関東地方 ………… 定価9450円(税込)
4. 中部地方Ⅰ ……… 定価9450円(税込)
5. 中部地方Ⅱ ……… 定価9450円(税込)
6. 近畿地方 ………… 定価9450円(税込)
7. 中国地方 ………… 定価9450円(税込)
8. 四国地方 ………… 定価9450円(税込)
9. 九州地方 ………… 定価9450円(税込)
別. 総索引 …………… 定価7350円(税込)

◆各巻：B5判・288～388頁◆

共立出版　http://www.kyoritsu-pub.co.jp/

フィールドジオロジー
Field Geology

野外で学ぶ地質学シリーズ
野外調査をふまえた研究の手引き

全9巻

日本地質学会フィールドジオロジー刊行委員会 編
秋山雅彦(委員長)　天野一男・高橋正樹(編集幹事)

【刊行の趣旨】
「フィールドジオロジー」は，地質学を初歩から学ぶための入門コースとして「日本地質学会フィールドジオロジー刊行委員会」で企画されたシリーズである。実際に野外に出て学ぶ地質学をフィールドジオロジーといい，これが本シリーズの名称の由来である。地質学への第一歩は野外に出て地球に直接ふれてみることにある。実際にふれるものは岩石や地層であり，鉱物や化石である。また，ある場合には断層や褶曲かもしれない。

本シリーズは，地質学や環境科学を学ぶ学部学生，地質学とは専門は異なるが地質学の基本を学びたい大学院生・地質関係実務担当者・コンサルタントなどの地質技術者，アマチュアの人たちを対象としている。

1 フィールドジオロジー入門
天野一男・秋山雅彦著／168頁・定価2100円(税込)
本書を片手にフィールドに出て直接自然を観察することにより，フィールドジオロジーの基本が身につくように解説。調査道具の使用法や調査法のコツも詳しく説明してある。
[日本図書館協会選定図書]

2 層序と年代
長谷川四郎・中島 隆・岡田 誠著／192頁・定価2100円(税込)
本書は，地質現象の前後関係を明らかにするための手法である層序学と，それらの現象が，地球が何歳のときに起きたかを明らかにする手法である年代学を解説した。

3 堆積物と堆積岩
保柳康一・公文富士夫・松田博貴著／184頁・定価2100円(税込)
堆積過程の基礎と堆積物と堆積岩から変動を読み取るための方法をやさしく解説。砂岩，泥岩，礫岩などの砕屑性堆積岩と同様に石灰岩についても十分な説明を加えた。
[日本図書館協会選定図書]

4 シーケンス層序と水中火山岩類
保柳康一・松田博貴・山岸宏光著／192頁・定価2100円(税込)
第4巻では，第3巻で扱えなかった地層と海水準変動との関係を考察する仕方と，日本列島でのフィールド調査では避けて通れない，水中火山岩類の観察の仕方を取り上げた。

5 付加体地質学
小川勇二郎・久田健一郎著／184頁・定価2100円(税込)
「付加体」とは何であろうか？どのようにして，また何故できるのだろうか？どこへ行けば見られるのだろうか？というような問いに具体的に答えようとした入門書である。

7 変成・変形作用
中島 隆・高木秀雄・石井和彦・竹下 徹著／208頁・定価2100円(税込)
変成岩の形成は，物理化学的，そして構造地質学的な2つの側面をもっている。本書では，それらをそれぞれの専門家が「変成岩類」と「変形岩類」に分けて執筆。

続刊項目
6 構造地質学
天野一男・狩野謙一著

8 火成作用
高橋正樹・石渡 明著

9 第四紀
遠藤邦彦・小林哲夫著

【各巻】 B6判・168〜208頁
(価格は税込価格。価格は変更される場合がございます。)

共立出版　http://www.kyoritsu-pub.co.jp/

■地球科学・宇宙科学関連書

http://www.kyoritsu-pub.co.jp/　共立出版

地質学用語集 —和英・英和—	日本地質学会編
応用地学ノート	武田裕幸他責任編集
人類紀自然学	人類紀自然学編集委員会編著
化石の研究法	化石研究会編
重力と地球 (モダンサイエンスシリーズ)	岡山誠司訳
生命の誕生 (双書 地球の歴史 1)	秋山雅彦著
氷河時代と人類 (双書 地球の歴史 7)	酒井潤一他著
測地・地球物理 第2版 (地球科学講座 5)	友田好文他著
フィールドジオロジー入門 (フィールドジオロジー 1)	天野一男他著
層序と年代 (フィールドジオロジー 2)	中島　隆他著
堆積物と堆積岩 (フィールドジオロジー 3)	保柳康一他著
シーケンス層序と水中火山岩類 (フィールドジオロジー 4)	保柳康一他著
付加体地質学 (フィールドジオロジー 5)	小川勇二郎他著
変成・変形作用 (フィールドジオロジー 7)	中島　隆他著
地質図の読み方・書き方 (地学ワンポイント 1)	羽田　忍著
汚染される地下水 (地学ワンポイント 2)	藤縄克之著
地すべり (地学ワンポイント 3)	藤田　崇著
黒　鉱 (地学ワンポイント 4)	石川洋平著
よみがえる分子化石 (地学ワンポイント 5)	秋山雅彦著
石油の成因 (地学ワンポイント 6)	田口一雄著
サージテクトニクス	西村敬一他訳
地球・生命	大谷栄治他著
陸の古生態 (共立全書 210)	日本地質学会・日本古生物学会編
地球の構成と活動 (物理科学のコンセプト 7)	小出昭一郎監修
躍動する地球 第2版	石井健一他著
地震学 第3版	宇津徳治著
地震予知論入門 (共立全書 209)	力武常次著
レーザホログラフィと地震予知	竹本修三著
大学教育 地学教科書 第2版	小島丈兒他著
国際層序ガイド	国際層序区分小委員会委員長 A.Salvador編
地質学調査の基本	日本地質学会地質基準委員会編著
地質基準	日本地質学会地質基準委員会編著
日本の地質 増補版	日本の地質増補版編集委員会編
岩石学概論(上) 記載岩石学	周藤賢治他著
岩石学概論(下) 解析岩石学	周藤賢治他著
岩石学Ⅰ —偏光顕微鏡と造岩鉱物— (共立全書 189)	都城秋穂他著
岩石学Ⅱ —岩石の性質と分類— (共立全書 205)	都城秋穂他著
岩石学Ⅲ —岩石の成因— (共立全書 214)	都城秋穂他著
大陸地殻進化論序説	牛来正夫著
地殻・マントル構成物質	周藤賢治他著
はじめて出会う岩石学	山崎貞治著
岩石熱力学	川嵜智佑著
水素同位体比から見た水と岩石・鉱物	黒田吉益著
地下水汚染論	地下水問題研究会編
地下水資源・環境論	水収支研究グループ編
地球資源学入門 第2版 (地球科学入門シリーズ 7)	日下部　実訳
偏光顕微鏡と岩石鉱物 第2版	黒田吉益他著
狂騒する宇宙	井川俊彦訳
ジャストロウトンプソン天文学	佐藤文隆他訳
現代天文学が明かす宇宙の姿	桜井邦朋著
宇宙物理学	桜井邦朋著
めぐる地球 ひろがる宇宙	林　憲二他著